高等职业教育教材

无机及分析化学

INORGANIC
AND
ANALYTICAL
CHEMISTRY

曲禹颖　李 伟　王 欣　主编

化学工业出版社
·北京·

内容简介

本教材将无机化学、分析化学及相关实验有机整合，理论与实践相结合，简明精练。内容包括物质结构基础、物质及其变化、化学反应速率和化学平衡、化学分析基础、四大平衡理论与滴定分析。本教材内容辅以【知识拓展】利于把握知识前沿，借助【立德树人】落实立德树人根本任务。本教材教学内容富有弹性，带有“*”的内容为选学内容，教师可以依据培养对象的要求选择授课内容。

与本教材配套的数字化资源包括部分动画、微视频及知识检测答案等，可通过移动终端扫描书中二维码学习使用。

本教材可供高等职业院校化工类、制药类、环境类、轻纺类、冶金类等应用型专业的教学使用，也可作为其他企业在职人员的培训用书或相关技术人员的参考用书。

图书在版编目（CIP）数据

无机及分析化学 / 曲禹颖，李伟，王欣主编. 北京：化学工业出版社，2025. 6. --（高等职业教育教材）. -- ISBN 978-7-122-48554-0

Ⅰ. O61；O65

中国国家版本馆 CIP 数据核字第 20259Z5S63 号

责任编辑：李　琰　宋林青　　　文字编辑：白华霞
责任校对：张茜越　　　　　　　装帧设计：韩　飞

出版发行：化学工业出版社
（北京市东城区青年湖南街 13 号　邮政编码 100011）
印　　装：三河市君旺印务有限公司
787mm×1092mm　1/16　印张 14　字数 344 千字
2025 年 6 月北京第 1 版第 1 次印刷

购书咨询：010-64518888　　售后服务：010-64518899
网　　址：http：//www.cip.com.cn
凡购买本书，如有缺损质量问题，本社销售中心负责调换。

定　　价：45.00 元

《无机及分析化学》编写人员名单

主　编　曲禹颖（山东化工职业学院）

　　　　李　伟（山东化工职业学院）

　　　　王　欣（山东化工职业学院）

副主编　侯立雪（山东化工职业学院）

　　　　张宝玲（山东科技职业学院）

参　编　陈学惠（山东化工职业学院）

　　　　薛　含（山东化工职业学院）

　　　　马玉凤（山东化工职业学院）

　　　　张丽媛（山东化工职业学院）

　　　　孟红云（山东化工职业学院）

　　　　成文文（滨州职业学院）

　　　　饶　珍（广州工程职业学院）

　　　　于江涛（中国石油化工股份有限公司齐鲁分公司）

　　　　阎培军（山东新华制药股份有限公司）

　　　　吴多坤（山东天信医药科技有限公司）

前 言

本教材编写依据国家职业教育生物与化工大类专业教学标准体系，紧扣当前化工产业数字化、智能化、绿色化发展的新趋势，对接新产业、新业态、新模式下化工岗位（群）新要求，深入贯彻落实职业教育“立德树人、德技并修”的根本要求，将知识传授、能力培养与价值引领有机融合，着力培养既掌握扎实专业技能，又具备良好职业素养的新时代化工人才。

教材编写立足高职教育特点，突出“三个结合”：一是理论与实践相结合，通过真实工作场景中的实验项目，将理论知识与实践操作紧密结合，实现“教学做”一体化；二是知识与素养相结合，通过【立德树人】融入“化学家的故事”，在知识传授中注重培养学生职业精神和严谨求实的科学态度；三是基础与前沿相结合，既注重化学基础知识的系统传授，又及时引入行业新技术、新工艺和新标准，设置【知识拓展】模块，帮助学生了解学科前沿，拓宽职业视野。

在结构设计上，每个模块均以【学习目标】开篇，以思维导图式【模块总结】收尾，帮助学生系统掌握知识脉络。每个模块均设有实验考核点，帮助学生及时检验学习效果，强化动手能力。教材中标注“*”的为选学内容，教师可根据不同专业的教学需求灵活安排，既保证教学内容的完整性，又体现因材施教的原则。书中附有二维码，学生可以通过扫描二维码进行学习。

本教材由曲禹颖、李伟、王欣担任主编，侯立雪、张宝玲担任副主编，参加编写的还有陈学惠、薛含、马玉凤、张丽媛、孟红云、成文文、饶珍、于江涛、阎培军、吴多坤。全教材由曲禹颖统稿。

鉴于编者的学识及能力水平有限，书中难免有疏漏和不足之处，恳请各位专家、老师和广大读者多提宝贵意见，便于再版时修订提高。

编者

2025 年 3 月

目 录

模块一

物质结构基础

【学习目标】

知识目标

1. 理解原子核外电子运动状态的基本特点；
2. 理解四个量子数的意义及取值；
3. 掌握核外电子的排布规律；
4. 掌握元素周期律和元素周期表的结构，并理解元素周期表中元素的递变规律；
5. 理解 s-p 型杂化与分子构型的关系；
6. 掌握化学键类型、共价键本质和特征；
7. 掌握分子极性、分子间力、氢键的相关概念。

能力目标

1. 能熟练写出 1～36 号元素原子的核外电子排布式；
2. 能用量子数描述原子核外电子的运动状态；
3. 能分析原子的核外电子层结构与元素周期表、元素性质之间的关系；
4. 能根据中心原子的杂化方式判断其分子构型；
5. 能判断分子间力对分子物理性质的影响。

素质目标

1. 培养逻辑思维能力、抽象思维能力；
2. 从科学家探索物质构成奥秘的史实中体会科学探究的过程和方法，培养创新能力；
3. 培养坚韧不拔的毅力和不惧困难的精神。

【项目引入】

图 1-1　新石器时代龙山文化薄胎黑陶高柄杯

文物年代测定

新石器时代龙山文化薄胎黑陶高柄杯（图 1-1），距今约 4600～

4000 年，口径 15.1cm，底径 6.5cm，高 17.5cm。1975 年出土于胶县（现为胶州市）三里河。其材质为细泥质黑陶，顶部盘状器口较大、稍浅，杯身器壁上部较直，下部收缩呈较深的尖底垂入高柄内；杯身上下两部分之间有一折棱；柄呈束腰竹节形，胎厚约 1mm。

薄胎高柄杯俗称“蛋壳陶”，其有“薄如纸、明如镜、黑如漆、硬如瓷”的特点，是中国古代黑陶技艺最高水平的代表作，是古代劳动人民精益求精的工匠精神的直观体现。

问题：你知道科学家是如何得知文物年代的吗？

【知识链接】

知识点一 原子结构与元素周期律

一、原子结构

原子由原子核和核外电子组成，其中原子核位于原子的中心，由质子和中子组成，每个质子带一个单位正电荷，中子不带电，因而原子核所带正电荷数等于核内质子数；每个核外电子带一个单位的负电荷，电子在核外空间一定范围内绕核做高速运动。

原子核所含的正电荷数等于其核外电子所带的负电荷数，所以原子呈电中性。

- 原子
  - 原子核
    - 质子（带正电荷）
    - 中子（不带电）
  - 核外电子（带负电荷）

质子数决定元素的种类，即不同元素的原子核内质子数不同。例如：氢原子的质子数是 1，氧原子的质子数是 8。

将不同种类元素按核电荷数从小到大依次排列起来得到的顺序号，称为元素的原子序数，用 Z 表示。

原子序数(Z)＝核电荷数＝核内质子数＝核外电子数

在一些化学反应中，尤其是氧化还原反应中，发生变化的只是核外电子，电子发生转移是反应的本质。因此，了解原子核外电子的运动状态和排布规律对理解和掌握化学反应变化至关重要，只有学习了这些知识才能认识物质的微观世界及化学变化的本质。

尼尔斯·玻尔（Niels Bohr，1885—1962 年），在卢瑟福模型的基础上，提出了电子在核外的量子化轨道。

根据玻尔的理论，可得出以下结论：

① 电子在一些特定的可能轨道上绕核做圆周运动，离核愈远能量愈高，电子运动时所处的能量状态称能级，轨道不同，能级不同。

② 电子只有从一个轨道跃迁到另一个轨道时，才有能量的吸收或放出。

③ 量子化，指微观粒子运动状态的某些物理量呈不连续的变化。

基态：原子或分子处在最低能级状态，电子在离核最近的轨道上运动。

激发态：原子或分子吸收一定的能量后，电子被激发到较高能级但尚未电离的状态。

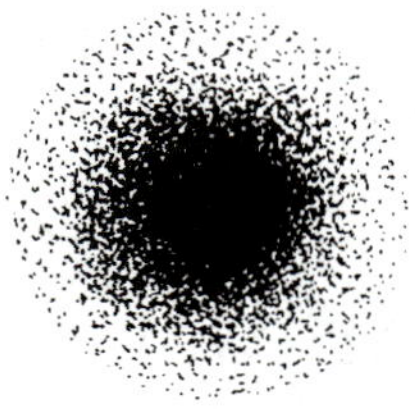

图 1-2 基态氢原子电子云示意图

科学家后来发现，电子在核外的运动没有确定的轨道，为了直观描述电子在原子中概率密度分布情况，常用小黑点来表示，这种图像被称为电子云。小黑点密集处，单位体积内电子出现的概率较大；小黑点稀疏处，单位体积内电子出现的概率较小。图 1-2 就是在通常状况下氢原子电子云的示意图。需要说明的是，电子云中的许许多多小黑点只是形象表明氢原子仅有的一个电子在核外空间出现的统计情况，并不代表核外有大量电子。

二、描述电子运动状态的参数

1. 主量子数 n

多电子原子中，各电子所具有的能量不同，具有不同能量的电子分布在离核远近不同的区域内。能量低的电子分布在离核近的区域，能量高的电子分布在离核较远的区域。电子持续做高速运动，而非静止。把不同的区域形象地简化为不连续的壳层，称作电子层，分别用 $n=1$、2、3、4、5、6、7 或 K、L、M、N、O、P、Q（图 1-3）来表示从内到外的电子层（表 1-1）。

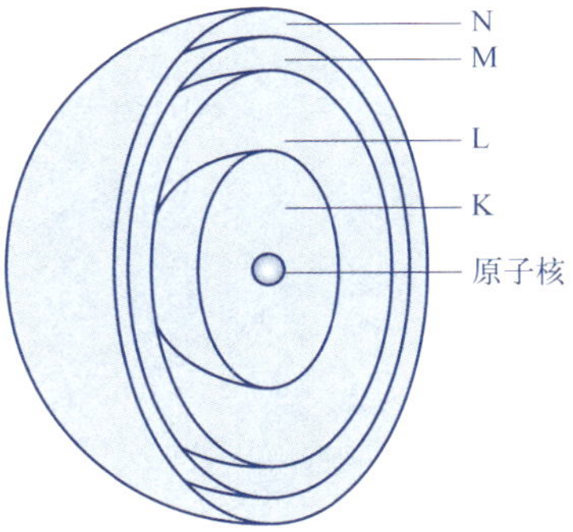

图 1-3　主量子数分布

主量子数（即电子层数）是决定电子能量的主要量子数。

表 1-1　电子层与电子层符号

n	1	2	3	4	5	6
电子层	第一层	第二层	第三层	第四层	第五层	第六层
电子层符号	K	L	M	N	O	P

2. 角量子数 l

根据一些光谱实验及量子理论推导得出：即使在同一电子层内，电子的能量也并非完全相同，且电子的运动状态也有所不同。即同一电子层还可继续分割为若干个能量有差别、原子轨道形状不同的亚层。

角量子数（又称副量子数）l 就是用来描述不同亚层的量子数。l 的取值受主量子数 n 的制约，可以取从 0 到 $n-1$ 的正整数。

表 1-2　角量子数与主量子数的取值关系

n	1	2	3	4
l	0	0、1	0、1、2	0、1、2、3

每个 l 值代表一个亚层。

通过表 1-2 可以看出，第一电子层只有一个亚层，第二电子层有两个亚层，以此类推。不同的亚层用 s、p、d、f 等光谱符号表示。角量子数、亚层符号及原子轨道形状的对应关系如表 1-3 所示，不同原子轨道的形状如图 1-4 所示。

表 1-3　角量子数、亚层符号及原子轨道形状的对应关系

l	0	1	2	3
亚层符号	s	p	d	f
原子轨道或电子云形状	球形	哑铃形	主要呈花瓣形	多种复杂形态

同一电子层中，随着 l 数值的增大，原子轨道能量依次升高，即 $E_{ns}<E_{np}<E_{nd}<E_{nf}$。

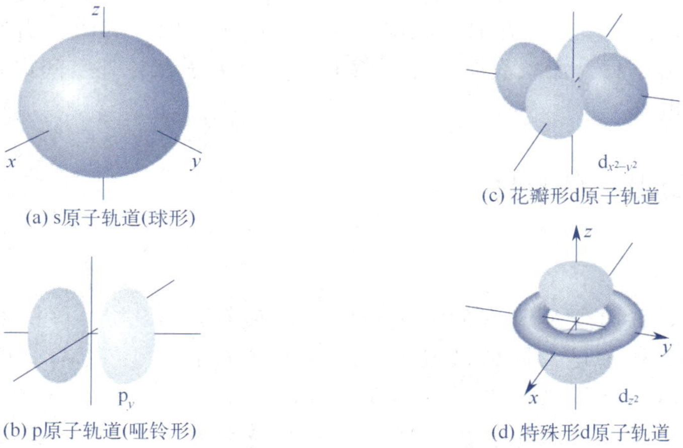

图 1-4 不同原子轨道的形状

故从能量角度讲，每一个亚层有不同的能量，常称之为相应的能级。与主量子数决定的电子层间的能量差别相比，角量子数决定的亚层间的能量差要小得多。

3. 磁量子数 *m*

原子轨道除形状有差别外，在空间伸展方向上也有差别，通常用磁量子数（m）来描述原子轨道在空间的伸展方向。磁量子数 m 的取值受制于角量子数。当角量子数 l 确定时，m 的取值可以是从 $+l$ 到 $-l$ 且包括 0 在内的所有整数。因此，每个亚层中磁量子数 m 取值个数为 $2l+1$。每个取值表示亚层中的一个有一定空间伸展方向的轨道。因此，一个亚层中，m 有几个数值，该亚层中就有几个伸展方向不同的轨道。n、l 和 m 的关系见表 1-4。

表 1-4 n、l 和 m 的关系

电子层	K	L		M			N			
主量子数 n	1	2		3			4			
角量子数 l	0	0	1	0	1	2	0	1	2	3
亚层符号	s	s	p	s	p	d	s	p	d	f
磁量子数 m	0	0	0、±1	0	0、±1	0、±1、±2	0	0、±1	0、±1、±2	0、±1、±2、±3
亚层轨道数	1	1	3	1	3	5	1	3	5	7
电子层轨道数 n^2	1	4		9			16			

由表可见，当 $n=1$，$l=0$ 时，$m=0$，表示 1s 亚层在空间只有一种伸展方向。当 $n=2$，$l=1$ 时，$m=0$、$+1$、-1，表示 2p 亚层中有 3 个空间伸展方向不同的轨道，即 p_x、p_y、p_z。这 3 个轨道的 n、l 值相同，轨道的能量相同，称为等价轨道或简并轨道。当 $n=3$，$l=2$ 时，$m=0$、±1、±2，表示 3d 亚层中有 5 个空间伸展方向不同的 d 轨道。这 5 个轨道的 n、l 值也相同，轨道能量也应相同，所以也是等价轨道或简并轨道。

所以，用 n、l、m 三个量子数即可决定一个特定原子轨道的大小、形状和伸展方向。

4. 自旋量子数 m_s

电子除绕核运动外，本身还做两种相反方向的自旋运动，描述电子自旋运动的量子数称为自旋量子数 m_s。其只有两个取值，分别为 $+1/2$ 和 $-1/2$，用“↑”和“↓”表示。由于自旋量子数只有 2 个取值，因此每个原子轨道最多能容纳 2 个自旋方向相反的电子。

四个量子数之间相互联系又相互制约，能够比较全面地描述一个核外电子的运动状态。通过相互间的联系和制约关系，可推算出各电子层和各亚层上的轨道总数，再结合 m_s，也很容易得出各电子层和各亚层的电子最大容量。

【例 1-1】 某一多电子原子，试讨论在其第三电子层中：

① 亚层数是多少，并用符号表示各亚层；

② 各亚层上的轨道数是多少，该电子层上的轨道总数是多少；

③ 哪些是等价轨道。

解： 第三电子层，即主量子数 $n=3$。

① 亚层数是由角量子数 l 的取值数确定的。$n=3$ 时，l 的取值可有 0、1、2。所以第三电子层中有 3 个亚层，它们分别是 3s、3p、3d。

② 各亚层上的轨道数是由磁量子数 m 的取值确定的。各亚层中可能有的轨道数是：

当 $n=3$，$l=0$ 时，$m=0$，即只有一个 3s 轨道；

当 $n=3$，$l=1$ 时，$m=-1$、0、$+1$，即可有 3 个 3p 轨道，分别为 $3p_x$、$3p_y$、$3p_z$；

当 $n=3$，$l=2$ 时，$m=-2$、-1、0、$+1$、$+2$，即可有 5 个 3d 轨道，分别为 $3d_{z^2}$、$3d_{xz}$、$3d_{yz}$、$3d_{xy}$、$3d_{x^2-y^2}$。

由上可知，第三电子层中总共有 9 个轨道。

③ 等价轨道（或简并轨道）是能量相同的轨道，轨道能量主要取决于 n，其次是 l，所以 n、l 相同的轨道具有相同的能量。故等价轨道分别为 3 个 3p 轨道和 5 个 3d 轨道。

三、核外电子排布

1. 能量最低原理

自然界任何体系总是能量越低，所处状态越稳定，这个规律称为能量最低原理。原子核外电子的排布也遵循这个原理。所以，随着原子序数的递增，电子通常优先进入能量较低的能级但实际填充时会出现能级交错现象（如 4s 能级比 3d 能级优先填充），可依鲍林近似能级图逐级填入。

基态原子电子填充顺序如图 1-5 所示。

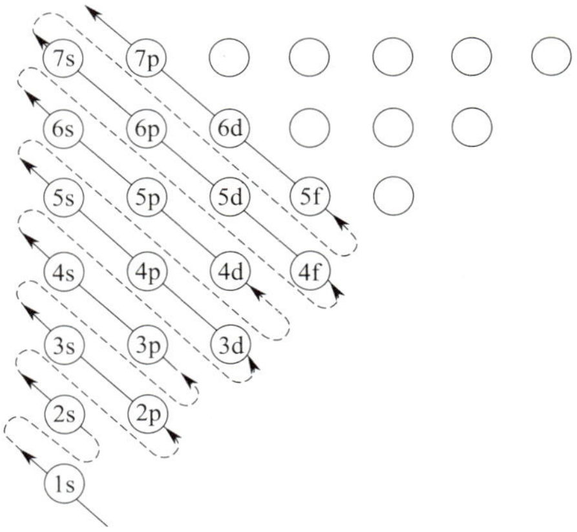

图 1-5　基态原子电子填充顺序

基态原子外层电子填充顺序为 $ns \rightarrow (n-2)f \rightarrow (n-1)d \rightarrow np$。

例如，Fe 的最高能级组电子填充的顺序为先填 4s 轨道上的 2 个电子，再填 3d 轨道上的 6 个电子。

需要指出，无论是实验结果或理论推导都证明：原子在失去电子时的顺序与填充时的顺序并不对应，失电子顺序为 $np \rightarrow ns \rightarrow (n-1)d \rightarrow (n-2)f$。

如，Fe 在失去电子时，先失 2 个 4s 电子（成为 Fe^{2+}），再失 1 个 3d 电子（成为 Fe^{3+}）。

2. 泡利不相容原理

1925 年，奥地利物理学家泡利（W. Pauli）提出：在同一原子中不可能有四个量子数完全相同的 2 个电子。换句话说，在同一轨道上最多只能容纳 2 个自旋方向相反的电子。应用泡利不相容原理，可以推算出每一电子层上电子的最大容量。

3. 洪德定则

德国物理学家洪德（F. Hund）提出：在同一亚层的等价轨道上，电子将尽可能占据不同的轨道，且自旋方向相同（这样排布时总能量最低）。例如，C 的电子排布为 $1s^2 2s^2 2p^2$，其轨道上的电子排布为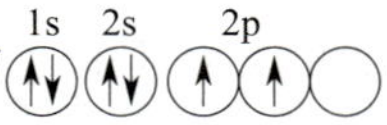

，而不是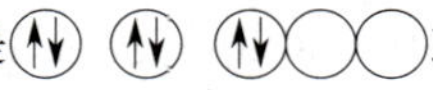或。

此外，根据光谱实验结果，又归纳出一个规律：等价轨道在全充满、半充满或全空的状态是比较稳定的。

全充满：p^6 或 d^{10} 或 f^{14}；

半充满：p^3 或 d^5 或 f^7；

全空：p^0 或 d^0 或 f^0。

例如，24 号 Cr 不是 $1s^2 2s^2 2p^6 3s^2 3p^6 3d^4 4s^2$，而是 $1s^2 2s^2 2p^6 3s^2 3p^6 3d^5 4s^1$，$3d^5$ 为半充满；29 号 Cu 不是 $1s^2 2s^2 2p^6 3s^2 3p^6 3d^9 4s^2$，而是 $1s^2 2s^2 2p^6 3s^2 3p^6 3d^{10} 4s^1$。$3d^{10}$ 为全充满。

四、元素周期表与元素周期律

1. 元素周期表

根据元素周期律，把现在已知的一百多种元素中电子层数目相同的各种元素，按原子序数递增的顺序从左到右排成横行，再把不同横行中最外层电子数相同的元素按电子层数递增的顺序由上而下排成纵行，这样得到的一个表，叫作元素周期表。

最常用的是维尔纳长式周期表，共分 7 个周期：

① 第 1 周期只有 2 种元素，为特短周期；

② 第 2 周期和第 3 周期各有 8 种元素，为短周期；

③ 第 4 周期和第 5 周期各有 18 种元素，为长周期；

④ 第 6、7 周期有 32 种元素，为特长周期；

⑤ 除第 1 周期和第 2 周期的元素数目与原子的第 1 和第 2（或 K、L）层中的电子数目相同外，其余各周期的各层并不相同。

各周期的元素数目是与其对应的能级组中的电子数目相一致的。即每建立一个新的能级组，就出现一个新的周期。周期数即为能级组数或核外电子层数。各周期的元素数目等于该能级组中各轨道所能容纳的电子总数。

根据图 1-6 所示鲍林近似能级图，从下往上的每个矩形框分别代表：第 1 周期至第 7 周期。

每一周期中的元素随着原子序数的递增，总是从活泼的碱金属开始（第 1 周期例外），逐渐过渡到稀有气体为止。对应于其电子结构的能级组则总是从 ns^1 开始至 np^6 结束，如此周期性地重复出现。在长周期或特长周期中，其电子层结构还夹着 $(n-1)$d 或 $(n-2)$f，$(n-1)$d 亚层，可见，元素划分为周期的本质在于能级组的划分。元素性质呈周期性的变化，是原子核外电子层结构周期性变化的反映。

将周期表中的元素划分成五个区域，如图 1-7 所示。

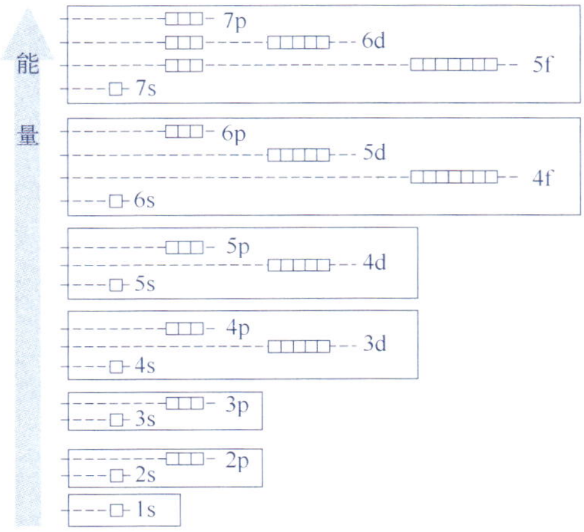

图 1-6　鲍林近似能级图

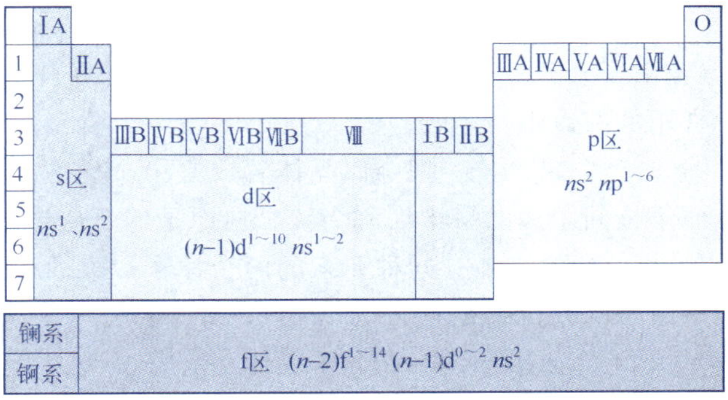

图 1-7　周期表中元素分区示意图

周期表中共有 18 个纵行，分为 7 个主（A）族、7 个副（B）族、1 个 0 族和 1 个Ⅷ族。同族元素虽然电子层数不同，但价层电子构型基本相同（少数例外），所以原子价层电子构型相同是元素分族的实质。

（1）主族元素　在各族号罗马数字旁加 A 表示主族。周期表中共有 7 个主族，即ⅠA～ⅦA。凡原子核外最后一个电子填入 ns 或 np 亚层上的元素，都是主族元素。其价层电子构型为 $ns^{1\sim2}$ 或 $ns^2np^{1\sim5}$，价电子总数等于其族数。例如，元素 S 核外电子排布式是 $1s^22s^22p^63s^23p^4$，最后的电子填入 3p 亚层，为主族元素，价层电子构型为 $3s^23p^4$，属ⅥA 族。

（2）0 族元素　0 族为稀有气体。这些元素原子的最外层（ns 和 np）上电子都已填满，价层电子构型为 ns^2np^6，为 8 电子稳定结构（He 只有 2 个电子，即 $1s^2$）。它们的化学性质很不活泼，故称为零族或惰性气体。

（3）副族元素　在各族号罗马数字旁加 B 表示副族。周期表中共有 7 个副族，即ⅢB～ⅦB、ⅠB、ⅡB。凡是原子核外最后一个电子填入 $(n-1)$d 或 $(n-2)$f 亚层上的元素，都是副族元素，也称过渡元素［最后一个电子填在 $(n-2)$f 亚层上的元素，称内过渡元素］。$(n-1)d^{1\sim10}ns^{1\sim2}$ 为过渡元素的价层电子构型。第ⅢB 族到第ⅦB 族元素原子的价层电子总数等于其族数。例如，元素 Mn，其核外电子排布式是 $1s^22s^22p^63s^23p^63d^54s^2$，最后电子填入 3d 亚层，为副族元素或过渡元素，其价层电子构型为 $3d^54s^2$，属第ⅦB 族。第ⅠB 族、第ⅡB 族元素由于其 $(n-1)$d 亚层已经填满，所以最外层（即 ns）上的电子数等于其族数。

（4）Ⅷ族元素　第Ⅷ族有三个纵行，它们的价层电子构型为 $(n-1)d^{6\sim10}ns^{0\sim2}$（Pd 无 ns 电子），价层电子总数为 8～10 个，第Ⅷ族的多数元素在化学反应中表现出的价电子数并不等于其族数。

总之，原子的电子层结构与元素周期表之间有着密切的对应联系。对于多数元素来说，如果已知元素的原子序数，便可以按照能级顺序写出该元素原子的电子层结构，从而判断它所在的周期和族。反之，如果已知某元素所在的周期和族，便可以写出该元素的电子层结构，结合核电荷数、电子数、原子序数等之间的相互关系，也能推知它的原子序数。

2. 元素周期律

元素性质随着核电荷数的递增而呈现周期性变化，这个规律称为元素周期律。元素周期律正是原子内部结构周期性变化的反映，元素性质的周期性变化源于原子的核外电子排布的周期性变化。下面通过元素几个主要性质的周期性变化规律来呈现这种内在的联系。

（1）原子半径　核外电子始终处于运动状态，出现在距离原子核远近不同的位置，原子（或离子）并没有确定的边界。通常说的原子半径，是根据原子不同的存在形式来定义的，常用的有以下三种：

① 金属半径　把金属晶体看成是由金属原子紧密堆积而成的，因此，测得两相邻金属原子核间距离的一半，称为该金属原子的金属半径。

② 共价半径　同种元素的两个原子以共价键结合时，测得它们核间距离的一半，称为该原子的共价半径。

③ 范德华半径　在分子晶体中，分子间以范德华力相结合，这时相邻分子间两个非键结合的同种原子，其核间距离的一半，称为该原子的范德华半径。同一元素原子的范德华半径大于共价半径。例如，氯原子的共价半径为 99pm，其范德华半径则为 180pm。

原子半径的大小主要取决于核外电子层数和有效核电荷。同一周期的主族元素其电子层数相同，但核电荷数从左到右逐渐增加，有效核电荷 z^*（多电子原子考虑到电子间的排斥作用，使该电子实际上受到的核电荷的引力比原子序数所表示的核电荷的引力要小）从左到右也依次明显递增，正负电荷间的吸引力增加，原子半径则随之递减；同族元素从上到下由于电子层数增加，原子半径逐渐增大。

需要注意的是：过渡元素的 z^* 增加缓慢，原子半径减小也较缓慢；镧系元素从镧到镱因增加的电子填入靠近内层的 f 亚层，而使有效核电荷 z^* 增加得更为缓慢，故镧系元素的原子半径自左而右的递减也更趋缓慢。镧系元素原子半径的这种缓慢递减的现象称为镧系收缩。尽管每个镧系元素的原子半径减小得都不多，但 14 种镧系元素半径减小的累计值还是可观的，且恰好使其后的几个第 6 周期副族元素与对应的第 5 周期同族元素的原子半径十分接近，以致 Y 和 Lu，Zr 和 Hf，Nb 和 Ta，Mo 和 W 等的半径和性质十分相近，此即镧系收缩效应。元素的原子半径如表 1-5 所示。

（2）电离能　从基态原子移去电子，需要消耗能量以克服核电荷的吸引力。单位物质的量的基态气态原子失去第一个电子成为气态 1 价阳离子所需要的能量称为该元素的第一电离能，以 I_1 表示，单位为 $kJ \cdot mol^{-1}$。从气态 1 价阳离子再失去一个电子成为气态 2 价阳离子所需要的能量，称为第二电离能，以 I_2 表示，以此类推。通常 $I_1 < I_2 < I_3 \cdots\cdots$，例如：

$$Al(g) - e^- \longrightarrow Al^+(g); I_1 = 577.6kJ \cdot mol^{-1}$$

$$Al^+(g) - e^- \longrightarrow Al^{2+}(g); I_2 = 1817kJ \cdot mol^{-1}$$

$$Al^{2+}(g) - e^- \longrightarrow Al^{3+}(g); I_3 = 2745kJ \cdot mol^{-1}$$

电离能有加合性，如上例中：

$$Al(g) - 3e^- \longrightarrow Al^{3+}(g); I = I_1 + I_2 + I_3 = 5139.6kJ \cdot mol^{-1}$$

电离能的大小反映原子失电子的难易。电离能越大，原子失电子越难；反之，电离能越小，原子失电子越容易。通常用第一电离能 I_1 来衡量原子失去电子的能力。

表 1-5　元素的原子半径 r（单位：pm）

H 32																	He 93
Li 123	Be 89											B 82	C 77	N 70	O 66	F 64	Ne 112
Na 154	Mg 136											Al 118	Si 117	P 110	S 104	Cl 99	Ar 154
K 203	Ca 174	Sc 144	Ti 132	V 122	Cr 118	Mn 117	Fe 117	Co 116	Ni 115	Cu 117	Zn 125	Ga 126	Ge 126	As 121	Se 117	Br 114	Kr 169
Rb 216	Sr 191	Y 162	Zr 145	Nb 134	Mo 130	Tc 127	Ru 125	Rh 125	Pd 128	Ag 134	Cd 148	In 144	Sn 140	Sb 141	Te 137	I 133	Xe 190
Cs 235	Ba 198	△Lu 158	Hf 144	Ta 134	W 130	Re 128	Os 126	Ir 127	Pt 130	Au 134	Hg 144	Tl 148	Pb 147	Bi 146	Po 145	At 145	Rn 220

△是指镧系元素的原子半径，具体数值为：

La	Ce	Pr	Nd	Pm	Sm	Eu	Gd	Tb	Dy	Ho	Er	Tm	Yb
169	165	164	164	163	162	185	162	161	160	158	158	158	170

结论：对同一周期的主族元素来说，随着有效核电荷 z^* 增加，原子半径减小，失电子由易变难，电离能明显增大。当电子要从轨道全空、半充满、全充满的稳定状态中电离出去时，需要消耗更多的能量，导致处于这些电子状态的原子第一电离能会突然增大，如 N、P。过渡元素电离能升高比较缓慢，这种现象和它们有效核电荷增加缓慢、半径减小缓慢是一致的。

同一主族元素从上到下有效核电荷增加不明显，但原子的电子层数相应增多，原子半径增大显著，因此，核对外层电子的引力逐渐减弱，电子移去就较为容易，故电离能逐渐减小。第一电离能大小如表 1-6 所示。

表 1-6　元素的第一电离能（单位：$kJ \cdot mol^{-1}$）

H 1312																	He 2372
Li 520	Be 899											B 801	C 1086	N 1402	O 1314	F 1613	Ne 2081
Na 496	Mg 738											Al 578	Si 786	P 1012	S 1000	Cl 1251	Ar 1521
K 419	Ca 590	Sc 631	Ti 658	V 650	Cr 623	Mn 717	Fe 759	Co 758	Ni 737	Cu 745	Zn 906	Ga 579	Ge 762	As 947	Se 841	Br 1140	Kr 1351
Rb 403	Sr 550	Y 616	Zr 660	Nb 664	Mo 685	Tc 702	Ru 711	Rh 720	Pd 805	Ag 804	Cd 868	In 558	Sn 709	Sb 834	Te 869	I 1008	Xe 1170
Cs 376	Ba 503	Lu 523	Hf 675	Ta 761	W 770	Re 760	Os 839	Ir 878	Pt 868	Au 890	Hg 1007	Tl 589	Pb 716	Bi 703	Po 812	At	Rn 1041
Fr	Ra 509	Lr															

（3）电子亲和能　基态原子得到电子会放出能量，单位物质的量的基态气态原子得到一个电子成为气态 1 价阴离子时所放出的能量，称为电子亲和能，用符号 Y 表示，单位为 $kJ \cdot mol^{-1}$。电子亲和能也有 Y_1、Y_2……之分，例如，按热力学表示：

$$O(g) + e^- \longrightarrow O^-(g); Y_1 = -141 kJ \cdot mol^{-1}$$

$$O^-(g) + e^- \longrightarrow O^{2-}(g); Y_2 = +780 kJ \cdot mol^{-1}$$

如果没有特别说明，通常说的电子亲和能，就是指第一电子亲和能。电子亲和能的大小反映原子获得电子的难易。电子亲和能越负，原子获得电子的能力越强。

同一周期的主族元素，从左到右第一电子亲和能 Y_1（绝对值）依次增大（稀有气体除外），表明原子越来越容易结合电子形成阴离子，即从左到右非金属性递增；同一主族从上到下第一电子亲和能 Y_1（绝对值）依次减小，表明原子越来越不容易结合电子形成阴离子，即从上到下非金属性递减（其中 F 的 Y_1 反而比 Cl 的绝对值小，这可能是由 F 原子半径太小所致的）。

(4) 电负性　元素电负性是指在分子中原子吸引成键电子的能力。指定最活泼的非金属元素氟的电负性为 4.0，然后通过计算得出其他元素电负性的相对值。

元素电负性越大，表示该元素在分子中吸引成键电子的能力越强；反之，则越弱。

同一周期主族元素的电负性从左到右依次递增，也是因为原子的有效核电荷逐渐增大，半径依次减小，从而使原子在分子中吸引成键电子的能力逐渐增加。

在同一主族中，从上到下电负性趋于减小，说明原子在分子中吸引成键电子的能力趋于减弱。过渡元素电负性的变化没有明显的规律。

电负性有如下应用：

① 判断元素的金属性和非金属性。一般认为，电负性大于 2.0 的是非金属元素，小于 2.0 的是金属元素，在 2.0 左右的元素既有金属性又有非金属性。

② 判断化合物中元素氧化值的正负。电负性数值小的元素在化合物中吸引电子的能力弱，元素的氧化值为正值；电负性大的元素在化合物中吸引电子的能力强，元素的氧化值为负值。

③ 判断分子的极性和键型。电负性相同的非金属元素形成化合物时，形成非极性共价键，其分子都是非极性分子；电负性差值小于 1.7 的两种元素的原子之间形成极性共价键，相应的化合物是共价化合物；电负性差值大于 1.7 的两种元素化合时，形成离子键，相应的化合物为离子化合物。

(5) 金属性与非金属性　元素的金属性是指原子失去电子成为阳离子的能力，元素的非金属性是指原子得到电子成为阴离子的能力。元素的电负性综合反映了原子得失电子的能力，故可作为元素金属性与非金属性统一衡量的依据。同一周期的主族元素从左到右，元素的金属性逐渐减弱，非金属性逐渐增强。同一主族从上到下，元素的非金属性逐渐减弱，金属性逐渐增强。

知识点二　化学键与分子间力

事实上，自然界的物质除稀有气体是单原子分子外，其他元素的原子都是通过一定的相互作用结合而存在的。这种相互作用不仅仅存在于直接相邻的两个原子之间，而且存在于分子间的非直接相邻的原子之间。前一种相互作用之间的作用力较大，破坏它要消耗较高的能量，同时，它是使原子（或离子）互相结合成分子的主要因素。化学上把分子或晶体中相邻原子（或离子）之间强烈的相互吸引作用称为化学键。后一种相互作用比较微弱，这种相互作用比化学键弱得多，被称为分子间力，分子间这种微弱的作用力对物质的熔点、沸点、稳定性有很大的影响。

根据原子（或离子）间相互作用方式的不同，化学键可分成离子键、共价键、金属键三种基本类型。在三种类型的化学键中，共价键具有重要且特殊的地位，在已知的全部化合物中，以共价键结合的化合物约占 90%，主要原因是在自然界已知的众多化合物中，绝大多数是有机物，而有机物中原子间的结合主要靠共价键。

一、化学键

1. 共价键

两个键合原子互相接近时，各提供 1 个自旋方向相反的电子彼此配对，即形成共价键。

如 H_2 分子的形成可表示为：

$$H(\uparrow) + H(\downarrow) \longrightarrow H(\uparrow\downarrow)H \text{（表示为：} H:H \text{ 或 } H—H\text{）}$$

注意：电子配对后不能再配对，即一个原子有几个未成对电子，只能和同数目的自旋方向相反的未成对电子成键，如 N 为 $2s^2 2p^3$，可形成 $N \equiv N$ 或 NH_3，这就是共价键的饱和性，是共价键的特征之一。

共价键的另外一个特征是方向性。原子轨道中，除 s 轨道是球形对称没有方向性外，其他轨道均有一定的伸展方向。在形成共价键时，原子轨道只有沿电子云密度最大的方向进行同号重叠，才能达到最大有效重叠，使系统能量处于最低状态，这称为共价键的方向性。

原子轨道在最大程度重叠形成共价键时，将尽可能使成键电子的原子轨道按对称性匹配原则进行最大程度的重叠，这样所形成的共价键最牢固。根据原子轨道重叠方式不同，把共价键分为 σ 键和 π 键。

σ 键：原子轨道沿两原子核的连线（键轴），以“头碰头”方式重叠，重叠部分集中于两核之间，通过并对称于键轴，如此形成的键称为 σ 键（图 1-8）。形成 σ 键的电子称为 σ 电子。

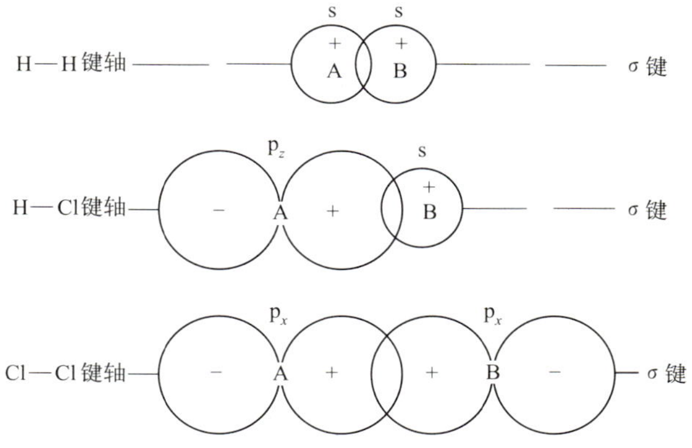

图 1-8　σ 键示意图

s-s：σ 键，如 H—H。

s-p：σ 键，如 H—Cl。

p-p：σ 键，如 Cl—Cl。

π 键：原子轨道垂直于两核连线，以“肩并肩”方式重叠，重叠部分在键轴的两侧并对称于与键轴垂直的平面，这样形成的键称作 π 键（见图 1-9）。形成 π 键的电子为 π 电子。通常 π 键形成时原子轨道重叠程度小于 σ 键，故 π 键常没有 σ 键稳定，π 电子容易参与化学反应。

单键：σ 键。双键：一个 σ 键，一个 π 键。叁键：一个 σ 键，两个 π 键。例如 N≡N，其成键方式见图 1-10。

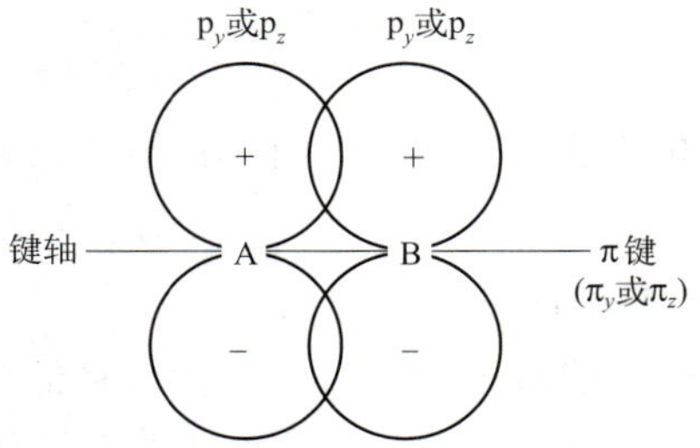

图 1-9　π 键示意图

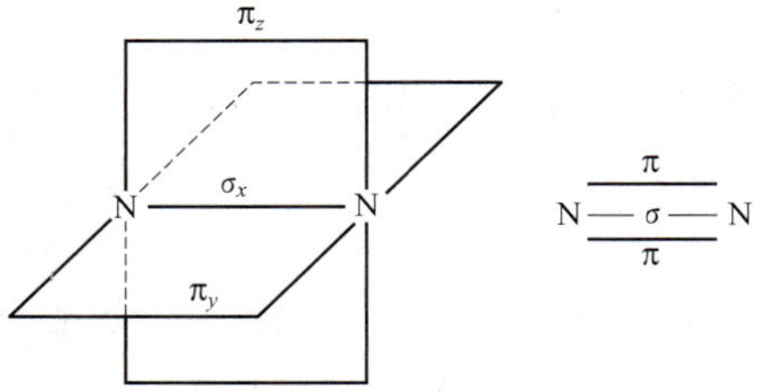

图 1-10　N_2 分子中 σ 键和 π 键示意图

含共价双键和三键的化合物 π 键容易打开，易参与反应。

根据共价键的极性，由同种原子组成的共价键为非极性共价键，如 H_2、O_2、N_2 等中的共价键。一般来说，不同种原子组成的共价键为极性共价键，例 HCl、H_2O、NH_3 等中的共价键。共价键极性的强弱，可由成键原子的电负性差值的大小来表示。

价键理论比较简明地阐述了共价键的形成过程和本质，并成功地解释了共价键的饱和性和方向性，但在解释分子的空间构型（结构）方面有一定困难，杂化轨道理论弥补了价键理论的不足。

杂化轨道理论认为，原子在成键时会将其价层的成对电子中的 1 个电子激发到邻近的空轨道上，以增加能成键的单个电子，这样使成键后释放出的能量多，故系统的总能量是降低的。能量相近的原子轨道混合起来，重新组成一组能量相同的轨道，这一过程称为原子轨道杂化，组成的新轨道叫杂化轨道。杂化轨道成键能力比未杂化前更强，使系统能量降低得更多，生成的分子也更加稳定。

例如，CH_4 分子中 C 原子是 sp^3 杂化（图 1-11）。

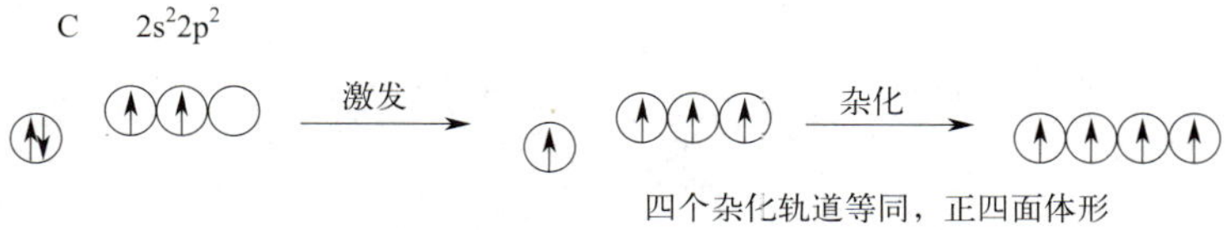

图 1-11　CH_4 分子中 C 原子的 sp^3 杂化

杂化轨道（等性杂化）的特性：

① 只有能量相近的轨道才能杂化；

② 杂化轨道成键能力大于未杂化轨道；

③ 杂化前后轨道数目不变；

④ 杂化后轨道伸展方向和形状发生改变；

⑤ 杂化后的轨道能量相同。

通过表 1-7、图 1-12 能更直观清晰地看到等性杂化的基本情况。

表 1-7　s-p 杂化及其空间构型

杂化轨道类型	参与杂化的轨道	杂化后轨道数	杂化轨道夹角	空间构型	举例
sp 杂化	1 个 s 轨道，1 个 p 轨道	2 个	180°	直线形	$HgCl_2$，$BeCl_2$
sp^2 杂化	1 个 s 轨道，2 个 p 轨道	3 个	120°	平面三角形	BF_3
sp^3 杂化	1 个 s 轨道，3 个 p 轨道	4 个	109°28′	正四面体形	CCl_4，SiH_4，CH_4

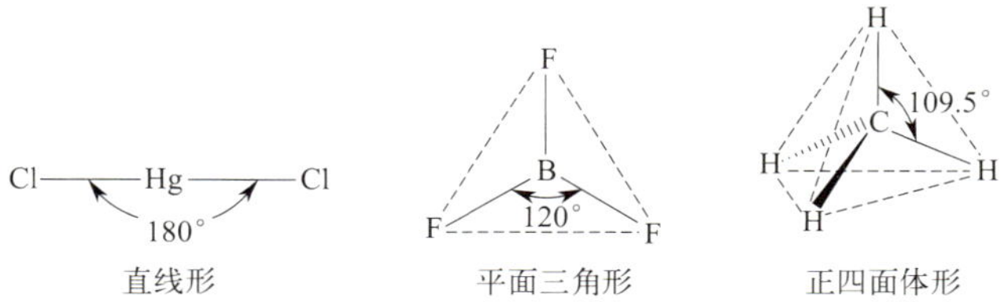

图 1-12　不同杂化方式对应的分子空间构型

如果参加杂化的原子轨道中有不参加成键的孤对电子存在，杂化后形成的杂化轨道的形状和能量不完全等同，这类杂化称为不等性杂化。不等性杂化有两种：有孤对电子参加的不等性杂化和无孤对电子参加的不等性杂化。

如：H_2O 分子，属于有孤对电子参加的不等性杂化，氧原子有两个杂化轨道被孤对电子所占据，对成键的两个杂化轨道的排斥作用更大，使得两个 O—H 键间的夹角压缩成 104°30′，呈"V"形，如图 1-13 所示，类似的还有 NH_3 分子。

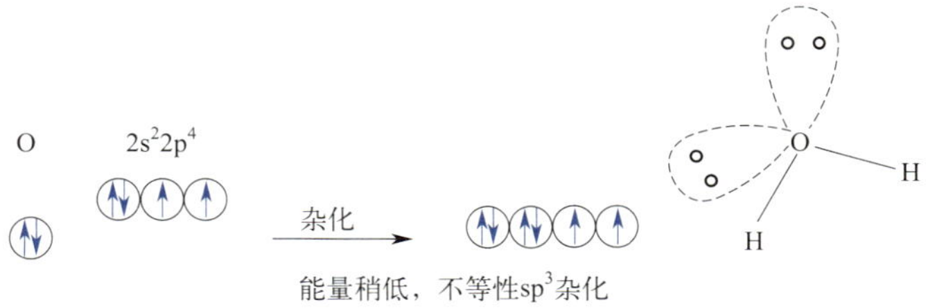

图 1-13　H_2O 分子的不等性 sp^3 杂化

如果键合原子不完全相同，也可引起中心原子的不等性杂化，属于无孤对电子参加的不等性杂化。

例如，C_2H_4 的分子构型为平面分子，为不等性 sp^2 杂化（图 1-14）。

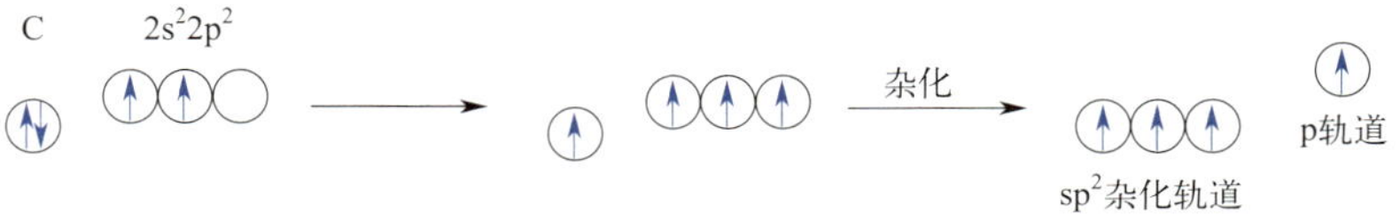

图 1-14　C_2H_4 分子的不等性 sp^2 杂化

3 个 sp^2 杂化轨道与 2 个 H 及另 1 个 C 形成 σ 键，未参与杂化的 p 轨道与 C 形成 π 键。再如 C_2H_6、$CHCl_3$ 等也为不等性杂化。

2. 离子键

活泼的金属元素和活泼的非金属元素极易相互结合。

例如，当 Na 和 Cl 相遇时，在 Cl 作用下，Na 易失去 1 个电子：

$$Na(1s^2 2s^2 2p^6 3s^1) - e^- \longrightarrow Na^+ (1s^2 2s^2 2p^6)$$

$$Cl(1s^2 2s^2 2p^6 3s^2 3p^5) + e^- \longrightarrow Cl^- (1s^2 2s^2 2p^6 3s^2 3p^6)$$

Na^+ 和 Cl^- 由于静电引力相互吸引，当它们充分接近时，两核之间和电子云之间存在着排斥力，只有当正负离子靠近到吸引力和排斥力处于平衡状态时，体系能量才最低，于是 Na^+ 和 Cl^- 之间形成了稳定的化学结合力——离子键，同时形成了离子化合物。

离子键：正离子和负离子之间因静电引力而形成的化学键。

离子化合物：由离子键形成的化合物。

离子可以在任何方向上吸引相反电荷的离子，使得离子键没有方向性，而且每个离子总是尽可能多地吸引电荷相反的离子，所以离子键也没有饱和性。例如，每个 Na^+ 周围有 6 个 Cl^-，而每个 Cl^- 周围有 6 个 Na^+。

离子的电荷越多或核间距离越小，离子之间的引力越强，离子键的强度越大，这一规律在离子晶体的溶解度、熔点、硬度等性质中能充分体现出来，如卤化物大多数易溶于水，而氧化物和硫化物由于离子的电价高，键的强度大，一般难溶于水。

3. 金属键

金属键无方向性，无饱和性，无固定的键能。金属键的强弱和自由电子的多少有关，也和离子半径、电子层结构等其他许多因素有关。金属键的强弱可以用金属原子化热等来衡量。金属原子化热是指 1mol 金属变成气态原子所需要的热量。

金属键的强弱差别很大，因此金属的熔点、硬度相差较大。金属原子化热数值小时，其熔点低，质地软；反之，则熔点高，硬度大。例如 Hg、Na 的熔点分别是 −39℃、98℃，而 Cu、W 的熔点分别是 1083℃、3410℃；Na、Pb、Zn、Cr 的硬度分别为 0.4、1.5、2.5 和 9。

二、分子间力

化学键是分子中原子与原子之间一种较强的相互作用，它是决定物质化学性质的主要因素。但对于处于一定聚集状态的物质来讲，单凭化学键还不能说明它整体的性质，分子与分子之间还存着一种较弱的作用力，称为分子间力。早在 1873 年荷兰物理学家范德华（Vander Walls）就指出这种力的存在，它是影响物质的沸点、熔点、汽化热、熔化热、溶解度、表面张力、黏度等物理性质的主要因素。分子间力又分为范德华力和氢键。

1. 范德华力

共价化合物的熔化与汽化，需要克服分子间力。分子间力越强，物质的熔点、沸点越高。在元素周期表中，由同族元素生成的单质或同类化合物，其熔点、沸点往往随着相对分子质量增大而升高。例如，按 He、Ne、Ar、Kr、Xe 的顺序，相对分子质量增加，分子体积增大，变形性增大，色散力（本质是静电引力，与分子的变形性成正比，范德华力的一种）随着增大，故熔点、沸点因此升高。卤素单质都是非极性分子（分子正、负电荷中心重合），常温下 F_2 和 Cl_2 是气体，Br_2 是液体，而 I_2 是固体，也是从 F_2 到 I_2 色散力依次增大的结果。

“相似相溶”原理体现了范德华力对物质溶解性的影响。极性分子（分子正、负电荷中心不重合，分子极性的大小可用偶极矩来衡量）易溶于极性溶剂之中，非极性分子易溶于非极性溶剂之中，这个规律称为“相似相溶”规律。原因是这种形式的溶解前后分子间力的变化较小。

例如，结构相似的乙醇（CH_3CH_2OH）和水（H_2O）可以任意比例互溶，极性相似的 NH_3 和 H_2O 有较强的互溶能力；非极性的碘单质（I_2）易溶于非极性的苯或四氯化碳（CCl_4 中）溶剂中，而难溶于水。依据“相似相溶”规律，在工业生产中和实验室中可以选择合适的溶剂进行物质的溶解或混合物的萃取分离。

总之，范德华力具有以下一些特点：

① 范德华力是存在于分子间的一种永久性吸引作用。

② 是一种短程力，作用范围为 300～500pm，因此，只有当分子之间距离很近时，才有范德华力。当距离很远时，这种力消失。

③ 没有方向性和饱和性（分子间力实质为静电引力）。

④ 强度为化学键的 1/100～1/10。

⑤ 范德华力以色散力为主。

动画-分子间氢键

2. 氢键

按照前面对分子间力的讨论，在卤化氢中，NH_3、H_2O、HF 的熔点、沸点在同族氢化物中理应最低，但事实并非如此（见图 1-15）。

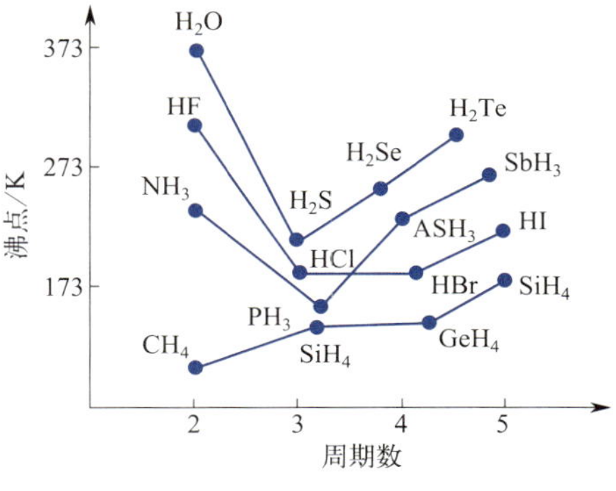

图 1-15 氢化物熔点、沸点比较

由图可知，同族氢化物中，NH_3、H_2O、HF 的相对分子质量最小，但熔点、沸点最高。这是由于 NH_3、H_2O、HF 等单质分子之间除范德华力外，还存在着另一种特殊的分子间力，这就是氢键，氢键的本质也是静电引力。

在 HF 分子中，由于 F 的半径小、电负性大，共用电子对强烈偏向于 F 一方，H 的核几乎“裸露”出来，能和相邻 HF 分子中的 F 的孤对电子相吸引，这种静电引力就是氢键。即已经和电负性很大的原子（如 F、O、N）形成共价键的 H，又与另一个电负性很大且含有孤对电子的原子（如 F、O、N）之间较强的静电吸引作用称为氢键。

氢键的组成可用 X—H┄Y 表示，其中 X 和 Y 代表电负性大、半径小、有孤对电子且具有局部负电荷的原子，一般是 F、O、N 等原子。X 和 Y 可以是不同原子，也可以是相同原子。氢键既可在同种分子（如 HF、H_2O、NH_3 等分子）中或不同种分子之间（如 H_2O 和 NH_3 之间）形成，又可在分子内（如 HNO_3 或 H_3PO_3 中）形成。

氢键有方向性和饱和性。即每个 X—H 只能与一个 Y 原子相互吸引形成氢键；Y 与 H 形成氢键时，会尽可能取 X—H 键键轴的方向，使 X—H┄Y 在一条直线上。

氢键的强度介于化学键和范德瓦耳斯力之间，和电负性有关。

氢键不是化学键，简单分子形成缔合分子后并不改变其化学性质，但会对物质的某些物理性质产生较大影响。

HF、H_2O 及 NH_3 由固态转化为液态，或由液态转化为气态时，需要消耗更多的能量，此即 HF、H_2O 和 NH_3 熔点、沸点反常的原因。

拓展-晶体结构预测

【知识拓展】

月球土壤助力科学研究

2020 年 12 月 17 日，嫦娥五号返回器携带 1731g 月壤样品成功返回地面（图 1-16）。研究者通过对月壤样品的分析，可以对其建立的用以估算天体表面年龄的数学模型的结果进行校正。科学家表示：已有的月球年代曲线是用人类现有的月球样品校正过的，基本覆盖从 39 亿年到 30 亿年的时间范围，但由于缺乏样品，从 30 亿年到十几亿年的数据无法校正，此次嫦娥五号带回的样品刚好弥补了这段时间的空白。

图 1-16　月壤样品解封

同时，此次获得的月壤还能够为人们了解月球地质演化提供重要参考。嫦娥五号着陆区是月球上规模最大的晚期玄武岩单元之一，嫦娥五号获取的玄武岩样品比美国阿波罗计划和苏联月球 16 号获取的样品都要“年轻”。吉林大学地球探测科学与技术学院教授孟治国说：“玄武岩的年龄越小，意味着其源区越深。以这些采样为代表的深部月幔物质和以阿波罗计划玄武岩为代表的浅部月幔物质，在钛铁含量、矿物成分上必定会存在差异。研究者希望从中获得晚期玄武岩源区地球化学和矿物学性质的新知识，包括同位素和微量元素特征；了解放射性元素钍（Th）的富集机制及其在后期火山活动中的作用；提高对晚期月球内部热演化历史的理解，进而检验和约束月球热演化的模型，解读月球火山活动晚期的一些悬而未决的问题。”

同时指出，“除了天文学领域，月壤对于微生物领域、资源领域等也有重大意义。对于前者而言，建立永久月球基地是未来行星探测的重要发展方向之一。要实现这一目标，研究微生物在月表的适宜性、月壤是否适合微生物生长和繁衍，是否适合农业开发都是绕不开的问题；而在月球资源方面，这次采样得到的是钛铁含量最高的月壤物质，其中氦-3 的含量也会更高，我们期待这次采样分析能对氦-3 的含量、分布特征和分布规律有更高层次的理解。同时，钛铁矿本身也是一种重要的月球资源，钛、铁提取的副产品是人类生活必需的水，水电解后的氢和氧也是人类在月球开展科研活动的必需资源。”

【立德树人】

分子工程学的开创者——唐有祺

唐有祺（1920 年 7 月 11 日—2022 年 11 月 8 日），生于江苏南汇，物理化学家、化学教育家、中国科学院学部委员（院士），北京大学化学与分子工程学院教授。主要从事晶体体相结构和晶体化学，生物大分子晶体结构和生命过程化学问题，功能体系的表面、结构和分子工程学等领域的研究。

1982 年“胰岛素晶体结构测定”获国家自然科学奖二等奖；1987 年“晶体体相结构与晶体化学的基础研究”获国家自然科学奖二等奖；1991 年“胰蛋白酶和 Bowman-Birk 型抑制剂复合物系列立体结构研究”获国家自然科学奖三等奖；2006 年“使用单层分散型 CuCl/分子筛吸附剂分离一氧化碳技术”获国家技术发明奖二等奖，以及国家教委（现为教育部）等颁发的九项省部级奖项。

唐有祺强调实验在科研中的重要性，但也非常重视正确的世界观以及在其影响下进行的科学的抽象和假设这两个探索真理的环节。在教学中唐有祺倡导越基础越优先原则，并强调通过实践不断培养学生自学以及归纳和演绎推理的思维能力。

唐有祺不仅是结构化学研究领域的专家，还是一位科研战略者，他为中国晶体结构和结构化学的研究奠定了坚实的基础并推动了该领域的发展，同时，他在推动中国化学乃至中国科学的国际化，倡导中国在国家层面重视基础研究，建立科学研究资源和奖励的分配机制，关注科学研究人才的培育等方面做出诸多贡献。

【模块总结】

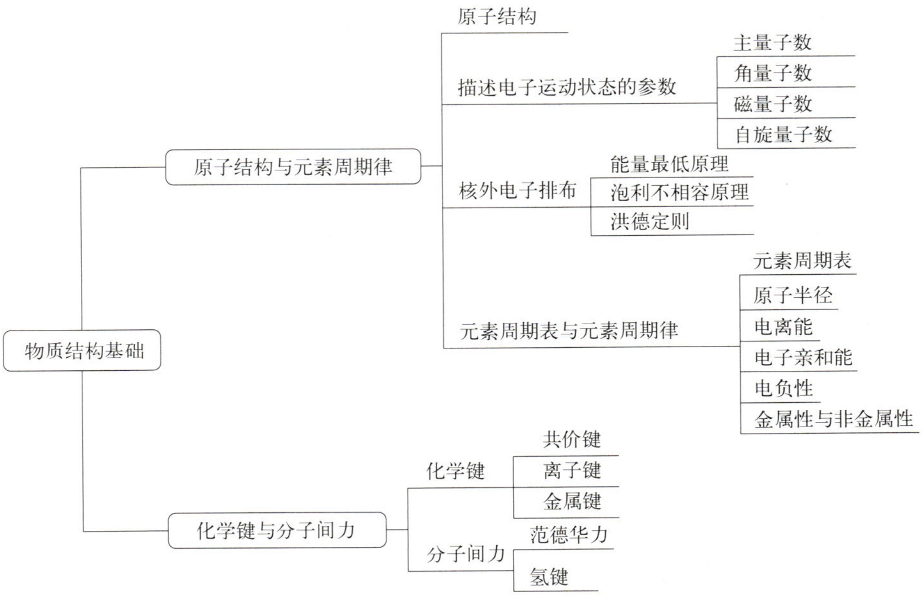

【知识检测】

一、选择题

1. 下列各组量子数中，合理的是（　　）。

A. $n=1$，$l=0$，$m=1$　　B. $n=3$，$l=2$，$m=-2$

C. $n=2$，$l=2$，$m=1$　　D. $n=4$，$l=-2$，$m=0$

2. 下列原子轨道不可能存在的是（　　）。

A. 8s　　B. 2d　　C. 4f　　D. 8p

3. 决定多电子原子核外电子运动能量的两个主要因素是（　　）。

A. 电子层和电子的自旋状态　　B. 电子云的形状和伸展方向

C. 电子层和电子亚层　　D. 电子云的形状和电子的自旋状态

4. 首次将量子化概念应用到原子结构，并解释了原子的稳定性的科学家是（　　）。

A. 道尔顿　　B. 爱因斯坦　　C. 玻尔　　D. 普朗克

5. 有关 C_2H_4 分子中的化学键描述正确的是（　　）。

A. 两个碳原子采用 sp 杂化方式

B. 两个碳原子采用 sp^2 杂化方式

C. 每个碳原子都有两个未杂化的 2p 轨道形成 π 键

D. 两个碳原子形成两个 π 键

6. 下列物质中，难溶于 CCl_4 的是（　　）。

A. 碘单质　　B. 水　　C. 苯酚　　D. 己烷

7. 下列分子或离子中，含有孤对电子的是（　　）。

A. H_2O　　B. CH_4　　C. SiH_4　　D. NH_4^+

8. 氨气分子空间构型是三角锥形，而甲烷是正四面体形，这是因为（　　）。

A. 氨气分子是极性分子而甲烷是非极性分子

B. 两种分子的中心原子杂化轨道类型不同，NH_3 为 sp^2 型杂化，而 CH_4 是 sp^3 型杂化

C. NH_3 分子中 N 形成三个杂化轨道，CH_4 分子中 C 形成四个杂化轨道

D. NH_3 分子中有一对未成键的孤对电子，它对成键电子的排斥作用较强

9. 若某原子在处于能量最低状态时，外围电子排布为 $4d^15s^2$，则下列说法正确的是（　　）。

A. 该元素原子处于能量最低状态时，原子中共有 3 个未成对电子

B. 该元素原子核外共有 6 个电子层

C. 该元素原子的 M 层共有 8 个电子

D. 该元素原子最外层共有 2 个电子

10. 下列各项中不存在氢键的是（　　）。

A. 纯水中的 H_2O 分子之间

B. 液态 HF 中的 HF 分子之间

C. $NH_3\cdot H_2O$ 分子中的 NH_3 与 H_2O 之间

D. 可燃冰 $CH_4\cdot nH_2O$ 中的 CH_4 与 H_2O 之间

二、判断题

1. 在多电子原子轨道中，主量子数及角量子数越大，轨道能级越高。（　　）

2. 任何粒子的质子数都等于电子数。（　　）

3. 核外电子一般总是优先排布在能量最低的电子层里。（　　）

4. 质子数大于核外电子数的粒子一定为阳离子。（　　）

5. ^{24}Cr的电子排布式是$1s^22s^22p^63s^23p^63d^44s^2$。（　　）

6. 2p能级有1个未成对电子的基态原子的价电子排布为$2s^2p^5$。（　　）

7. 原子的电子层数越多，原子半径越大。（　　）

8. 因同周期元素的原子半径从左到右逐渐减小，故第一电离能必依次增大。（　　）

9. 下列原子中原子半径最大的是①：①$1s^22s^22p^63s^23p^2$；②$1s^22s^22p^3$；③$1s^22s^22p^2$；④$1s^22s^22p^63s^23p^4$。（　　）

10. 第三周期所含的元素中钠的第一电离能最小。（　　）

三、简答题

1. 根据元素周期律，分别比较氮与氧、镁与铝的第一电离能大小。

2. 试解释电子云图中黑点的含义。

3. 下列多电子原子的原子轨道中，哪些是等价轨道？

$$2s,3s,2p_x,2p_y,2p_z,3p_x,4p_z$$

4. 高效液相色谱是在经典的液相色谱的基础上发展起来的一种分析方法。近年来，在保健食品功效成分、营养强化剂、维生素类、蛋白质的分离测定方面有着广泛的应用。高效液相色谱分很多种类型，正相分配色谱和反相分配色谱是重要的一类，你知道这种分配色谱的工作原理吗？

四、在下列各题中，填入合适的量子数。

1. $n=$（　　），$l=2$（最大），$m=0$，$m_s=\pm1/2$

2. $n=2$，$l=$（　　），$m=-1$，$m_s=\pm1/2$

3. $n=4$，$l=$（　　），$m=+2$（最大），$m_s=\pm1/2$

4. $n=3$，$l=0$，$m=$（　　），$m_s=\pm1/2$

模块一知识检测
参考答案

模块二

物质及其变化

【学习目标】

知识目标

1. 掌握理想气体状态方程、气体分压定律、气体分体积定律；
2. 掌握液体的蒸气压、液体沸点的含义及应用；
3. 理解热力学基本概念，掌握热力学第一定律和盖斯定律。

能力目标

1. 会利用理想气体状态方程、气体分压定律、气体分体积定律进行相关计算；
2. 会正确书写热化学方程式，并明确其含义。

素质目标

1. 培养学生认真严谨、一丝不苟的学习和工作态度；
2. 培养学生质量意识、环保意识、安全意识、信息素养、工匠精神、创新思维；
3. 具备利用所学知识解决实际问题的能力；
4. 具备良好的职业道德、团队协作精神以及勤于思考、严谨求实、勇于创新和实践的科学精神。

【项目引入】

化学反应热的测定

热效应是指化学反应过程中放热或吸热的现象。通过测定反应的热效应，人们可以评估反应的稳定性和反应的方向，进而控制化学反应的过程。

热效应在化学工程中有着广泛的应用。化学反应的热效应可以用来设计和优化化学工艺过程。在工业生产中，通过合理控制反应系统的温度变化，可以提高反应速率，减少副产物的生成，从而提高产品的纯度和产量。热效应在爆炸物的研究和制造中起着重要作用。通过测定爆炸物的热效应，可以评估爆炸物的稳定性和爆炸的强度。在工业生产中，人们可以根据爆炸物的热效应来设计安全措施，避免潜在的事故。热效应也应用在化学燃料的研究中。通过测定化学燃料的热效应，可以评估其燃烧性能及燃烧产物的稳定性，这对于合理选择和利用化学燃料具有重要意义。

热效应在环境保护中也具有重要的应用价值。热效应可用来研究各种化学反应对环境的影响，包括污染物的分解、废物处理等。通过测定反应过程中的热效应，可以评估反应的安全性和环境风险，为环境保护和治理提供科学依据。

热效应在生物学领域中也有一定的应用。生物体内的许多代谢反应都伴随着热效应的变化。通过测定生物反应的热效应，可以了解代谢过程中能量的转化和利用情况，为研究生物体的能量代谢提供依据。

在实际生产中，如何来测定化学反应热效应呢？在这一模块，将对物质及其变化进行相关讨论。

【知识链接】

知识点一 物质聚集状态

物质总是以一定的聚集状态存在，常温、常压下，物质通常有气态、液态和固态三种存在状态，这是由在自然条件下，不同物质的分子之间相互作用不同所导致的，但在一定条件下这三种状态可以相互转变。

一、气体

与液体、固体相比，气体是物质的一种较简单的聚集状态。许多生化过程和化学过程都是在空气中发生的，动物的呼吸、植物的光合作用、燃烧、生物固氮等都与空气密切相关，在实验研究和工业生产中，许多气体参与了重要的化学反应。气体的基本特征是具有扩散性和可压缩性。气体的特点：①气体没有固定的体积和形状；②不同的气体能以任意比例均匀地混合；③气体是最容易被压缩的一种聚集状态。

气体的存在状态主要取决于体积、压力、温度和物质的量四个因素。反映这四个物理量之间关系的方程为气体状态方程。

1. 理想气体状态方程

习题-理想气体状态方程

理想气体是一种假设的气体模型，它要求气体分子之间完全没有作用力，气体分子本身也只是一个几何点，只具有位置而不占有体积。实际使用的气体都是真实气体。只有在压力不太高和温度不太低的情况下，分子间的距离甚大，气体所占有的体积远远超过分子本身的体积，分子间的作用力和分子本身的体积均可忽略时，实际气体的存在状态才接近于理想气体，用理想气体的定律进行计算，才不会引起显著的误差。

理想气体状态方程：

$$pV=nRT \tag{2-1}$$

式中，p 为气体压力，Pa；V 为气体体积，m^3；n 为气体物质的量，mol；T 为气体的热力学温度，K；R 为摩尔气体常数，又称气体常数，实验证明其值与气体种类无关，$R=8.314N\cdot m\cdot mol^{-1}\cdot K^{-1}=8.314J\cdot mol^{-1}\cdot K^{-1}$。

2. 气体分压定律

习题-分压定律

在实际生活和工业生产中所遇到的气体大多为混合气体。空气就是一种混合气体，它含有 O_2、N_2、少量 CO_2 和数种稀有气体。如果混合气体的各组分之间不发生化学反应，则在高温、低压下，可将其看作理想气体混合物。

气体具有扩散性，在混合气体中，每一种组分气体总是均匀地充满整个容器，对容器内壁产生压力，并且不受其他组分气体的影响，如同它单独存在于容器中那样。各组分气体占有与混合气体相同体积时所产生的压力叫作分压力（p_i）。1801 年英国科学家道尔顿（J. Dalton）从大量实验中归纳出组分气体的分压与混合气体总压之间的关系为混合气体的总压等于各组分气体的分压之和，这一关系称为道尔顿分压定律。例如，混合气体由 A、B、C 三种气体组成，则分压定律可表示为：

$$p=p(A)+p(B)+p(C)$$

式中，p 为混合气体总压，Pa；$p(A)$，$p(B)$，$p(C)$ 分别为 A、B、C 三种气体的分压，Pa。

图 2-1 是分压定律的示意图，(a)、(b)、(c)、(d) 为体积相同的四个容器。

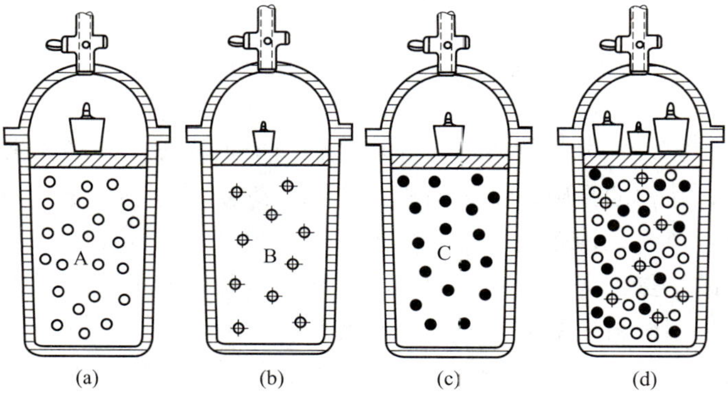

图 2-1 分压定律示意图

图 2-1(a)、(b)、(c) 中的砝码表示 A、B、C 三种气体单独存在时所产生的压力，(d) 中的砝码表示 A、B、C 混合气体所产生的总压。

理想气体定律同样适用于气体混合物。如混合气体中各气体物质的量之和为 $n_{总}$，温度 T 时混合气体总压为 $p_{总}$，体积为 V，则：

$$p_{总}V=n_{总}RT \tag{2-2}$$

如以 n_i 表示混合气体中气体 i 的物质的量，p_i 表示其分压，V 为混合气体体积，温度为 T，则：

$$p_i V = n_i RT \tag{2-3}$$

将式(2-2) 除以式(2-3)，得：

$$\frac{p_i}{p_{总}} = \frac{n_i}{n_{总}}$$

$$或\ p_i = p_{总} \times n_i / n_{总} \tag{2-4}$$

混合气体中组分气体 i 的分压 p_i 与混合气体总压之比（即压力分数）等于混合气体中组分气体 i 的摩尔分数；或混合气体中组分气体的分压等于总压乘以组分气体的摩尔分数。这是分压定律的又一种表示方式。

【例 2-1】 在 0.0100m^3 容器中含有 2.50×10^{-3}mol H_2、1.00×10^{-3}mol He 和 3.00×10^{-4}mol Ne，在 35℃时总压为多少？

解： $p(H_2) = n(H_2)RT/V$

$= 2.50\times10^{-3}\text{mol}\times8.314\text{J}\cdot\text{mol}^{-1}\cdot\text{K}^{-1}\times(273+35)\text{K}/0.0100\text{m}^3$

$= 640\text{Pa}$

$p(\text{He}) = n(\text{He})RT/V$

$= 1.00\times10^{-3}\text{mol}\times8.314\text{J}\cdot\text{mol}^{-1}\cdot\text{K}^{-1}\times(273+35)\text{K}/0.0100\text{m}^3$

$= 256\text{Pa}$

$p(N_2) = n(N_2)RT/V$

$= 3.00\times10^{-4}\text{mol}\times8.314\text{J}\cdot\text{mol}^{-1}\cdot\text{K}^{-1}\times(273+35)\text{K}/0.0100\text{m}^3$

$= 77\text{Pa}$

$p_{总} = p(H_2) + p(\text{He}) + p(N_2)$

$= (640+256+77)\text{Pa}$

$= 973\text{Pa}$

【例 2-2】 用锌与盐酸反应制备氢气：$\text{Zn(s)} + 2H^+ = Zn^{2+} + H_2\text{(g)}$。如果在 25℃时用排水法收集氢气，总压为 98.6kPa（已知 25℃时水的饱和蒸气压为 3.17kPa），体积为 $2.50\times10^{-3}\text{m}^3$。求：(1) 试样中氢的分压；(2) 收集到的氢的质量。

解： (1) 用排水法在水面上收集到的气体为被水蒸气饱和了的氢气，试样中水蒸气的分压为 3.17kPa，根据分压定律：

$$p_{总} = p(H_2) + p(H_2O)$$

$$p(H_2) = p_{总} - p(H_2O)$$

$$= 98.6\text{kPa} - 3.17\text{kPa}$$

$$= 95.43\text{kPa}$$

(2) $p(H_2)V = n(H_2)RT = m(H_2)RT/M(H_2)$

$m(H_2) = p(H_2)VM(H_2)/(RT)$

$= 95.43\times10^3\text{Pa}\times0.00250\text{m}^3\times2.02\text{g}\cdot\text{mol}^{-1}/(8.314\text{J}\cdot\text{mol}^{-1}\cdot\text{K}^{-1}\times298\text{K})$

$= 0.194\text{g}$

3. 气体分体积定律

在实际工作中，进行混合气体组分分析时，常采用量取组分气体体积的方法。当组分气体的温度和压力与混合气体相同时，组分气体单独存在时所占有的体积称为分体积，混合气体的总体积等于各组分气体的分体积之和：

$$V_{总}=V_A+V_B+V_C+\cdots$$

图 2-2 中（a）、（b）、（c）分别表示 A、B、C 三种组分气体的分体积，（d）为混合气体的总体积。

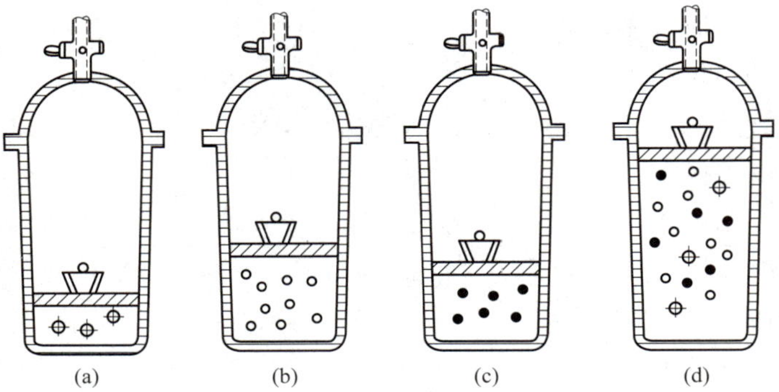

图 2-2　分体积定律示意图

例如，在某一温度和压力下，CO 和 CO_2 混合气体的体积为 100mL。将混合气体通过 NaOH 溶液，其中 CO_2 被吸收，量得剩余的 CO 在同温同压下的体积为 40mL，则 CO_2 的分体积为（100－40)mL＝60mL。定义混合气体中组分气体 i 的体积分数为：

体积分数(φ)＝组分气体 i 的分体积(V_i)/混合气体的总体积(V)

上述混合气体中 CO 的体积分数为 40/100＝0.40，CO_2 的体积分数为 60/100＝0.60。

将分体积概念代入理想气体方程式得：

$$p_{总}V_i=n_iRT \tag{2-5}$$

式中，$p_{总}$ 为混合气体总压力，Pa；V_i 为组分气体 i 的分体积，m^3；n_i 为其物质的量，mol。

用 $p_{总}V_{总}=n_{总}RT$ 除上式，则得：

$$\frac{V_i}{V_{总}}=\frac{n_i}{n_{总}}$$

联系式(2-5)与式(2-4)得：

$$\frac{p_i}{p_{总}}=\frac{V_i}{V_{总}}$$

$$即\ p_i=\frac{V_i}{V_{总}}p_{总} \tag{2-6}$$

说明混合气体中某一组分的体积分数等于其摩尔分数，组分气体分压等于总压乘以该组分气体的体积分数。混合气体的压力分数、体积分数与其摩尔分数均相等。

【例 2-3】 在 27℃、101.3kPa 下，取 1.00L 混合气体进行分析，各气体的体积分数为：CO60.0%，$H_2$10.0%，其他气体为 30.0%。求混合气体中：（1）CO 和 H_2 的分压；（2）CO 和 H_2 的物质的量。

解：（1）根据式(2-6)：

$$p(H_2)=p_{总}\times[V(H_2)/V_{总}]$$
$$=101.3kPa\times0.100$$
$$=10.1kPa$$
$$p(CO)=p_{总}\times[V(CO)/V_{总}]$$
$$=101.3kPa\times0.600$$
$$=60.8kPa$$

（2）$n(H_2)=p(H_2)\times V_{总}/(RT)$

$$=10.1\times10^3Pa\times1.00\times10^{-3}m^3/(8.314J\cdot mol^{-1}\cdot K^{-1}\times300K)$$
$$=4.00\times10^{-3}mol$$
$$n(CO)=p(CO)\times V_{总}/(RT)$$
$$=60.8\times10^3Pa\times1.00\times10^{-3}m^3/(8.314J\cdot mol^{-1}\cdot K^{-1}\times300K)$$
$$=2.44\times10^{-2}mol$$

或 $n(H_2)=p_{总}\times V(H_2)/(RT)$

$$=101.3\times10^3Pa\times0.100\times10^{-3}m^3/(8.314J\cdot mol^{-1}\cdot K^{-1}\times300K)$$
$$=4.00\times10^{-3}mol$$
$$n(CO)=p_{总}\times V(CO)/(RT)$$
$$=101.3\times10^3Pa\times0.600\times10^{-3}m^3/(8.314J\cdot mol^{-1}\cdot K^{-1}\times300K)$$
$$=2.44\times10^{-2}mol$$

二、液体

液体内部分子之间的距离比气体小得多，分子之间的作用力较强。液体具有流动性，有一定的体积而无一定形状。与气体相比液体的可压缩性小得多。

1. 液体的蒸气压

在液体中分子运动的速度及分子具有的能量各不相同，速度有快有慢，大多处于中间状态。液体表面某些运动速度较大的分子所具有的能量足以克服分子间的吸引力而逸出液面，成为气态分子，这一过程叫作蒸发。在一定温度下，蒸发将以恒定速度进行。液体如处于一敞口容器中，液态分子不断吸收周围的热量，使蒸发过程不断进行，液体将逐渐减少。若将液体置于密闭容器中，情况就有所不同，一方面，液体分子进行蒸发变成气态分子；另一方面，一些气态分子撞击液体表面会重新返回液体，这个与液体蒸发现象相反的过程叫作凝聚。初始时，由于没有气态分子，凝聚速度为零，随着气态分子逐渐增多，凝聚速度逐渐增大，直到凝聚速度等于蒸发速度，即在单位时间内，脱离液面变成气体的分子数等于返回液面变成液体的分子数，此时，在液体上部的蒸气量不再改变，蒸气便具有恒定的压力。在恒定温度下，与液体平衡的蒸气称为饱和蒸气，饱和蒸气的压力就是该温度下的饱和蒸气压，简称蒸气压。

蒸气压是物质的一种特性，常用来表征液态分子在一定温度下蒸发成气态分子的倾向大小。在某温度下，蒸气压大的物质为易挥发物质，蒸气压小的为难挥发物质。如 25℃时，水的蒸气压为 3.168kPa，酒精的蒸气压为 7.959kPa，则酒精比水易挥发。皮肤擦上酒精后，由于酒精迅速蒸发带走热量而感到凉爽。

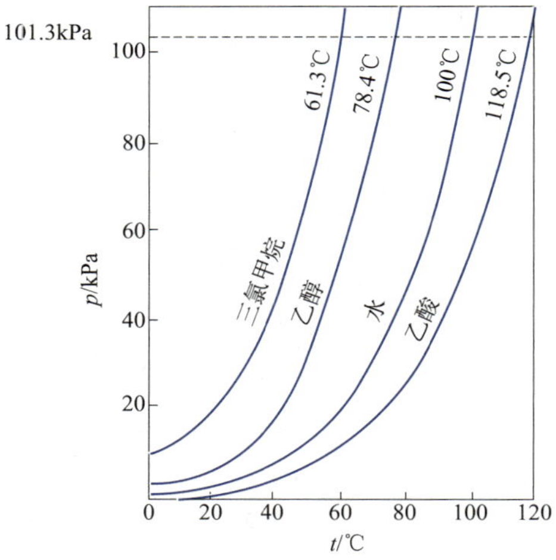

图 2-3　液体物质的蒸气压与温度的关系示意图

液体的蒸气压随温度的升高而增大。图 2-3 表示几种液体物质的蒸气压与温度的关系。

还须指出，只要某物质处于气-液共存状态，则该物质蒸气压的大小就与液体的质量及容器的体积无关。

2. 液体的沸点

习题-液体的沸点

在敞口容器内加热液体，最初会看到不少细小气泡从液体中逸出，这种现象是由溶解在液体中的气体在温度升高时溶解度降低所引起的。当达到一定温度时，整个液体内部都冒出大量气泡，气泡上升至表面，随即破裂而逸出，这种现象叫作沸腾。此时，气泡内部的压力至少应等于液面上的压力，即外界压力（对敞口容器而言为大气压力），而气泡内部的压力为蒸气压。故液体沸腾的条件是液体的蒸气压等于外界压力，沸腾时的温度叫作该液体的沸点。换言之，液体的蒸气压等于外界压力时的温度即为液体的沸点。如果此时外界压力为 101.325kPa，液体的沸点就叫正常沸点。例如，水的正常沸点为 100℃，乙醇为 78.4℃。在图 2-3 中，通过四条蒸气压曲线与一条平行于横坐标的压力为 101.3kPa 的直线的交点，就能找到四种物质的正常沸点。

显然，液体的沸点随外界压力而变化。若降低液面上的压力，液体的沸点就会降低。在海拔高的地方大气压力低，水的沸点不到 100℃，食品难煮熟。用真空泵将水面上的压力减至 3.2kPa 时，水在 25℃就能沸腾。利用这一性质，对于一些在正常沸点下易分解的物质，可在减压下进行蒸馏，以达到分离或提纯的目的。

三、固体

固体可由原子、离子或分子组成。这些粒子排列紧凑，粒子间有很强的作用力（化学键或分子间力），使它们只能在一定的平衡位置上振动。因此固体具有一定体积、一定形状以及一定程度的刚性（坚实性）。

固体可分为晶体和非晶体（无定形体）两大类，多数固体物质是晶体。

多数固体物质受热时能熔化成液体，但有少数固体物质并不经过液体阶段而直接变成气体，这种现象叫作升华。如放在箱子里的樟脑，过一段时间后会变少或者消失，箱子里却充满其特殊气味。在寒冷的冬天，冰和雪会因升华而消失。另外，一些气体在一定条件下也能直接变成固体，这一过程叫凝华，晚秋降霜就是凝华过程。与液体一样，固体物质也有饱和蒸气压，并随温度升高而增大。但绝大多数固体的饱和蒸气压很小。利用固体的升华现象可以提纯一些挥发性固体物质，如碘、萘等。

知识点二 化学热力学基础

热力学是研究热和其他形式能量之间转化规律以及能量转化对物质影响的科学，用热力学的原理和方法来研究化学过程及其伴随的能量变化，即为化学热力学。

化学热力学主要解决化学反应中的两个问题：

（1）化学反应中能量是如何转化的。

（2）化学反应朝什么方向进行及其限度如何。

能量有多种形式，如机械能、热能、电磁能、辐射能、化学能、生物能和核能等。能量可以被储存和转化，热和功是能量传递的两种形式。

热力学也有它的局限性，由于它研究的只是物质的客观性质，不涉及物质的内部结构及时间的概念，因此它可以告诉人们一定条件下反应能否进行，但不能告诉人们反应如何进行以及其速率有多大。

一、化学热力学的基本概念

1. 系统和环境

系统：是被人为划定的作为研究对象的物质（又叫体系或物系）。系统具有边界，这一边界可以是实际的界面，也可以是人为确定的用来划定研究对象的空间范围。系统是由大量微观粒子组成的宏观集合体。

环境：在体系边界之外并与体系产生相互作用的部分，称为环境。

按照体系与环境之间物质交换和能量交换的不同，将系统分为以下三种。

（1）敞开系统　与环境既有物质交换又有能量交换。例如一个敞口的盛有一定量水的广口瓶，就是敞开系统。因为这时瓶内既有水的不断蒸发和气体的溶解（物质交换），又有水和环境间的热量交换。

（2）封闭系统　与环境无物质交换而有能量交换。例如，盛有水的广口瓶上再加一个塞子，即成为封闭系统。因为这时水的蒸发和气体的溶解只限制在瓶内进行，体系和环境间仅有热量交换。

（3）孤立系统　与环境既无物质交换又无能量交换。例如，将水盛在加塞的保温瓶（杜瓦瓶）内，即是孤立系统。如果一个体系不是孤立系统，只要把与此体系有物质和能量交换的那一部分环境，统统加到这个体系中，组成一个新体系，则此新体系就变成孤立系统了。

2. 状态和状态函数

任何一个系统的状态都可以用一些物理量来确定，每个物理量代表系统的一种性质，如气体的状态可以用压力（p）、体积（V）、温度（T）及物质的量（n）等物理量来确定。当系统处于一定的状态时，这些物理量都有确定的值，倘若其中某一物理量发生了变化，系统的状态就会发生相应的变化，也就是说系统的状态与这些物理量之间有一定的函数关系。

状态是系统中所有宏观性质的综合表现。热力学把描述系统状态的这些物理量称为状态函数。状态函数的性质：

（1）系统的一种状态函数代表系统的一种性质，对于每一种状态它都有确定的值，而与系统形成的途径无关。也就是说不管系统是通过什么途径形成的，只要它所处的状态相同，则其状态函数也是相同的。

如一杯温度为 300K 的水，300K 即为该系统状态函数下的一个确定值，而与系统形成的途径无关，也就是说不管这杯水是通过冷水加热还是通过沸水冷却而来，其结果都是 300K。

（2）当系统的状态发生变化时，状态函数也随之改变，并且其变化值只与系统的始态和终态有关，与变化的途径无关。

例如，一杯水，从状态Ⅰ（$T=300\text{K}$）变成状态Ⅱ（$T=350\text{K}$）。上述变化无论是经过什么样的途径，其状态函数的变化值始终是 $\Delta T=350\text{K}-300\text{K}=50\text{K}$。

（3）同一热力学系统中各状态函数之间互相关联，由几个状态函数值可以确定其他所有的状态函数值。

例如，对理想气体，$pV=nRT$ 中 p、V、n、T 四个状态函数，确定其中任意三个，剩余的一个状态函数也就随之而定了。

3. 过程和途径

体系状态的变化称为过程。过程进行的具体方式称为途径。变化前体系所处的状态称为初始状态（简称初态），变化后体系所处的状态称为最终状态（简称终态）。体系从同一始态变化到同一终态，可以经过各种不同的途径。

（1）等温过程　过程中始态、终态和环境的温度相等（$\Delta T=0$），并且过程中始终保持这个温度。等温变化和等温过程不同，它只强调始态和终态的温度相同，而对过程中的温度不做任何要求。

（2）等压过程　过程中始态、终态和环境的压力相等（$\Delta p=0$）。等压变化和等压过程不同，它只强调始态和终态的压力相同，而对过程中的压力不做任何要求。

（3）等容过程　始态、终态体积相等，并且过程中始终保持这个体积（密闭容器）（$\Delta V=0$）。

（4）绝热过程　过程中系统和环境无热量交换（$\Delta Q=0$）。

4. 系统的性质

系统的一切宏观性质（包括质量、体积、温度、压力、密度、组成等）叫作系统的热力学性质，简称系统的性质，按其特性可分为两大类。

（1）广度性质　也称容量性质，这类性质其数值大小与系统中所含物质量的多少有关，具有加和性，例如质量（m）、物质的量（n）、体积（V）、热力学能（U）等。

（2）强度性质　这一类性质其数值大小与系统中所含物质量的多少无关，不具有加和性，例如温度（T）、压力（p）、密度（ρ）等。

5. 相

系统中物理性质和化学性质完全相同的而与其他部分有明确界面分隔开来的任何均匀部分都叫作相。只含一个相的系统叫作均相系统或单相系统。例如，NaCl 水溶液、碘酒、天然气、金刚石等。相可以由纯物质或均匀混合物组成。相可以是气、液、固等不同形式的集聚状态。系统内可能有两个或多个相，相与相之间有界面分开，这种系统叫作非均相系统或多相系统。例如一杯水中浮有几块冰，水面上还有水蒸气和空气的混合气体，这是一个三相系统。又如油浮在水面上的系统是两相系统。为书写方便，通常以 g、l 和 s 分别代表气态、液态和固态，用 aq 表示水溶液。

6. 热和功

热是系统与环境交换能量的一种方式，用 Q 表示。

根据状态变化的形式不同，热可以分为两种情况：

（1）系统与环境由于温差而进行的能量变换。

（2）在热交换时，系统发生了化学变化或相变，但变化过程温度保持不变。如水变冰。

以热的形式转移能量总带有一定的方向性，所以 Q 有正负之分。规定系统吸收热量 Q 为正值，系统放出热量 Q 为负值。

功是系统与环境交换能量的另一种方式，以 W 表示，也有正负之分。

功有多种形式，通常分为体积功和非体积功两大类：由于系统体积变化反抗外力所做的功为体积功；其他功，如电功、表面功等都称为非体积功。本章的讨论都局限于系统只做体积功的情况。

规定：环境对系统做功，$W>0$；系统对环境做功，$W<0$。热与功一样，与途径有关，都不是状态函数。

二、热力学能与热力学第一定律

1. 热力学能

系统所储有的总能量叫作系统的热力学能，也称为内能，用 U 来表示，单位为 J 或 kJ，它是系统内部各种运动形式能量的总和，其中包括分子的动能、分子间相关的势能等。

热力学能是系统自身的一种性质，在一定状态下有一定的数值，因此是状态函数。

至今人们还无法知道系统热力学能的绝对值，但是当系统状态发生变化时，系统和环境有能量的交换，即有功和热的传递，据此可以确定热力学能的变化值 ΔU。

2. 热力学第一定律

热力学第一定律的实质就是能量守恒与转化定律。能量具有各种不同的形式，各种不同形式的能量可以相互转化，也可以从一个物体传递给另一个物体，而在转化和传递过程中能量的总值保持不变，简言之，“能量在转化和传递中，不生不灭”。

当封闭系统与环境之间的能量传递除功的形式之外，还有热的形式时，则能量守恒与转化定律的数学表达式为：

$$\Delta U = Q + W$$

前面已经说过若体系吸热，$Q>0$，放热则 $Q<0$；体系对环境做功 $W<0$；环境对体系做功 $W>0$。这是一个经验定律，由此可以得到下列过程中热力学第一定律的特殊形式。

（1）隔离系统的过程　因为 $Q=0$、$W=0$，所以，$\Delta U=0$。即隔离系统的热力学能 U 是守恒的。

（2）循环过程　系统由始态经一系列变化恢复到原来状态的过程叫作循环过程。$\Delta U=0$，所以，$Q=-W$。

（3）绝热系统的过程　$Q=0$，所以 $\Delta U=W$。

三、热化学

1. 反应热效应和焓变

化学反应的热效应是化学反应系统最普通、最重要的能量变化，研究化学反应中的热效的学科即为热化学。

反应热，是指当系统的温度一定（生成物与反应物的温度相同）时，化学反应系统吸收和放出的热量。反应热与反应条件有关。

反应热效应产生的原因：对于一个化学反应，可将反应物看成系统的始态，生成物是系统的终态，由于各种物质的热力学能不同，当反应发生后，生成物的总热力学能与反应物的总热力学能就不相同，这种热力学能的变化在反应过程中就以热和功的形式表现出来，这就是反应热产生的原因。

（1）定容反应热　若系统在变化过程中，体积始终保持不变（$\Delta V=0$），系统不做体积功，即 $W=0$，根据 $\Delta U=Q_v+W$，则 $Q_v=\Delta U$，Q_v 为定容反应热。即在等容过程中，系统吸收的热量 Q_v 全部用来增加系统的热力学能，或者说等容过程中系统的热力学能减少全部以热的形式放出。

（2）定压反应热　若系统的压力在变化的过程中始终不变，根据热力学第一定律，其反应热 Q_p 为定压反应热，在定压过程中，系统对环境做功，$W=-p\Delta V$，则：

$$Q=\Delta U-W=\Delta U+p\Delta V=(U_2+pV_2)-(U_1+pV_1)$$

因为 U、p、V 为状态函数，所以（$U+pV$）也是状态函数。

热力学中将 $U+pV$ 定义为焓，用 H 表示，即：

$$H=U+pV$$

焓没有明确的物理意义。由于热力学能的绝对值无法确定，所以新组合的状态函数焓 H 的绝对值也是不能确定的，在实际应用中，涉及的都是焓变 ΔH。

在等温等压过程中，系统吸收的热量全部用来增加它们的焓。或者说，等温等压过程中，系统焓的减少，全部以热的形式放出，即等压反应热就是系统的焓变，即：

$$Q_p = \Delta H = H_2 - H_1$$

此式有较明确的物理意义：在恒压和只有体积功的封闭系统中，系统从环境吸收的热等于系统的焓变，因此在恒压、仅有体积功时化学反应热可以用焓变来描述。

在恒温恒压只做体积功的过程中，$\Delta H > 0$，表明系统是吸热的；放热反应的 $\Delta H < 0$，表明系统是放热的。

2. 热化学方程式

习题-热化学方程式

表示化学反应与其热效应关系的化学方程式叫作热化学方程式。如：

$$H_2(g) + 1/2O_2(g) \!=\!=\!= H_2O(l);\Delta_r H_m^{\ominus}(298K) = -286kJ \cdot mol^{-1}$$

凡放热反应，表示系统放出热量，ΔH 为负值；吸热反应，ΔH 为正值。

在 $\Delta_r H_m^{\ominus}$（298K）中，r 表示反应（reaction）；$\Delta_r H$ 表示反应的焓变；m（molar）表示反应进度为 1mol；$\Delta_r H_m$ 为摩尔焓变，单位为 $kJ \cdot mol^{-1}$；$\ominus$表示反应在标准状态下（热力学温度为 T）进行，针对气体时，指其分压为标准压力时的状态；针对溶液时，指其浓度为 $1L \cdot mol^{-1}$ 时的状态；针对固体、纯液体时，是指标准压力下的该纯物质。标准压力原为 101.325kPa，现改为 100kPa，记为 $p^{\ominus}$，$\Delta_r H_m^{\ominus}$（298K）可简写为 $\Delta H^{\ominus}$。

由于反应的热效应与反应条件、物质的量等有关，在书写热化学方程时，要特别注意以下几点：

（1）需注明反应的温度和压力条件，如果反应是在 298K 下进行的，习惯上也可不予注明。

（2）需在反应式中注明各反应物质的聚集状态，固态物质应注明晶型。

（3）反应的焓变值与反应式中的化学计量数有关，所以热效应数值与反应式要一一对应。

（4）正逆反应的热效应数值相等，符号相反。

3. 盖斯定律

不管化学反应是一步完成，还是分步完成，其热效应总是相同的，这个定律称为盖斯定律。该定律是 1840 年瑞士化学家盖斯（G. H. Hess）提出的。这个定律实际上是热力学第一定律的必然结果。

因 $\Delta U = Q_v$，$\Delta H = Q_p$，而 U、H 都是状态函数（都不能测定其绝对值），反应的 ΔU 和 ΔH 便是定值，与反应物到生成物的途径无关。

【例 2-4】 已知 298K，标准态下：

$$C(石墨) + O_2(g) \!=\!=\!= CO_2(g);\Delta_r H_{m1}^{\ominus} = -393.5kJ \cdot mol^{-1} \quad (1)$$

$$CO(g) + 1/2O_2(g) \!=\!=\!= CO_2(g);\Delta_r H_{m2}^{\ominus} = -283.0kJ \cdot mol^{-1} \quad (2)$$

计算：反应 $C(石墨) + \frac{1}{2}O_2(g) \!=\!=\!= CO(g)$ 的 $\Delta_r H_{m3}^{\ominus}$ 是多少。

解：以上三个反应有如下关系：

$$C(石墨)+O_2(g) \xrightarrow{\Delta_r H_{m1}^\ominus} CO_2(g)$$

$$\Delta_r H_{m2}^\ominus \searrow \qquad \nearrow \Delta_r H_{m3}^\ominus$$

$$CO(g)+1/2O_2(g)$$

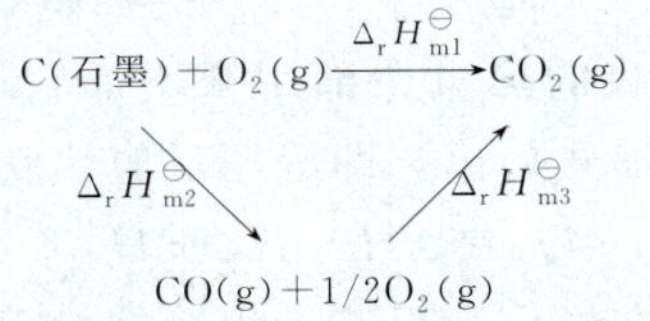

由盖斯定律可知：
$$\Delta_r H_{m1}^\ominus = \Delta_r H_{m2}^\ominus + \Delta_r H_{m3}^\ominus$$

则：
$$\Delta_r H_{m3}^\ominus = \Delta_r H_{m1}^\ominus - \Delta_r H_{m2}^\ominus$$
$$= (-393.5 kJ \cdot mol^{-1}) - (-283.0 kJ \cdot mol^{-1})$$
$$= -110.5 kJ \cdot mol^{-1}$$

由此例可见，盖斯定律具有重大意义，由于反应的特殊性，人们不能控制 C（石墨）与 $O_2(g)$ 反应完全转化为 CO(g)，而不生成 $CO_2(g)$，从而无法测准其反应热，而反应（1）和（2）的热效应是易测的，盖斯定律可以使人们能用计算的方法，利用一些已知反应的反应热数据，间接求算一些难以测量的反应的热效应。

应用盖斯定律应注意：所有反应条件应一致，方程式中，计量数有变动时，焓变有相应系数的变动。

4. 标准摩尔生成热

在一定温度（通常选定 298K）及标准压力下由元素的稳定单质生成单位物质的量的某化合物时的焓变，称为该化合物的**标准摩尔生成热**，简称**生成热**或**生成焓**，以 $\Delta_f H_m^\ominus$ 表示，单位为 $kJ \cdot mol^{-1}$。f 表示生成（formation）。例如，由下列反应的焓变：

$$Ag(s)+1/2Cl_2(g) \longrightarrow AgCl(s)；\Delta_r H_m^\ominus = -127.0 kJ \cdot mol^{-1}$$

$$C(石墨,s)+1/2O_2(g)+2H_2(g) \longrightarrow CH_3OH(g)；\Delta_r H_m^\ominus = -200.7 kJ \cdot mol^{-1}$$

得知 AgCl 的生成热为 $\Delta_f H_m^\ominus(AgCl,s) = -127.0 kJ \cdot mol^{-1}$，$CH_3OH$ 的生成热为 $\Delta_f H_m^\ominus(CH_3OH,g) = -200.7 kJ \cdot mol^{-1}$。

某些元素有几种结构不同的单质，如碳有金刚石和石墨两种，其中石墨为稳定单质。根据生成热定义，**稳定单质的标准摩尔生成热等于零**。由稳定单质转化成其他形态单质时要吸收热量，如石墨转化为金刚石：

$$C(石墨) \longrightarrow C(金刚石)；\Delta_r H_m^\ominus = -1.897 kJ \cdot mol^{-1}$$

$1.897 kJ \cdot mol^{-1}$ 即为金刚石的生成热（此处金刚石虽不是化合物，也可用 $\Delta_f H_m^\ominus$ 表示）。

从化学手册上可以查到几千种化合物的生成热，用于反应热的计算十分方便。大量的计算结果表明：化学反应的热效应，等于生成物生成热的总和减去反应物生成热的总和。对于反应：

$$aA+bB \longrightarrow yY+zZ$$

反应的热效应 $\Delta_r H_m^\ominus$ 可按下式求得：
$$\Delta_r H_m^\ominus = y\Delta_f H_m^\ominus(Y) + z\Delta_f H_m^\ominus(Z) - a\Delta_f H_m^\ominus(A) - b\Delta_f H_m^\ominus(B)$$

或表示为：
$$\Delta_r H_m^\ominus = \sum \Delta_f H_m^\ominus(生成物) - \sum \Delta_f H_m^\ominus(反应物)$$

【技能训练】

实验技能　化学反应热效应的测定

一、实验目的

（1）了解化学反应热效应的测定方法；

（2）熟悉台秤、温度计的正确使用；

（3）学习数据测量、记录、整理、计算等方法。

二、实验原理

化学反应常伴随着能量的变化，通过化学能与热能间的转化，反映该反应是吸热反应还是放热反应。在等压下进行化学反应时，体系吸收或放出的热量称为等压热效应，也称为反应热，在化学热力学中用焓变 ΔH 来表示。当体系放出热量时（放热反应），ΔH 为负值；当体系吸收热量时（吸热反应），ΔH 为正值。

反应热效应的测量方法很多，本实验假设反应物在热量计（见图 2-4）中进行的化学反应是在绝热条件下进行的，即反应体系（热量器）与环境不发生热量传递。这样，用反应体系前后的温度变化值和热量计的热容及有关物质的量和比热容等数据，就可以计算出反应的热效应。本实验是依据锌粉和硫酸铜溶液发生置换反应进行的：

$$Zn+CuSO_4 = ZnSO_4+Cu$$

该反应是一个放热反应，其反应热效应计算式为：

$$\Delta H=\frac{(V\rho c+C_p)\Delta T}{n\times 1000}$$

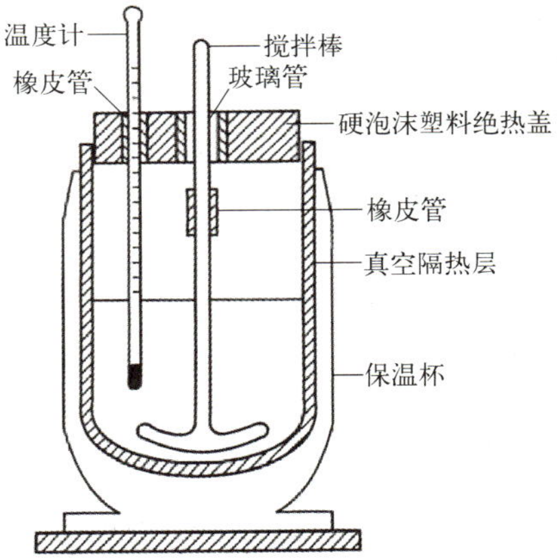

图 2-4　反应热的测定装置

式中，ΔH 为反应热效应，$kJ \cdot mol^{-1}$；V 为硫酸铜溶液的体积，mL；ρ 为溶液的密度，$g \cdot mL^{-1}$；c 为溶液的比热容，$J \cdot g^{-1} \cdot K^{-1}$；$C_p$ 为热量计的热容，$J \cdot K^{-1}$；ΔT 为溶液反应前后的温差，K；n 为体积为 V（L）的硫酸铜溶液中硫酸铜的物质的量，mol。

热量计的热容是指热量计温度升高 1℃ 所需要的热量。在测定反应热之前，应先测定热量计的热容。本实验的测定方法是：在热量计中加入一定量（如 50g）的冷水，测得其温度为 T_1，再加入相同量的热水（加入前测得热水温度为 T_2），混合均匀后，测得体系（混合水）的温度为 T_3。已知水的比热容为 $4.18J \cdot g^{-1} \cdot K^{-1}$，则热量计的热容可由下式计算：

$$冷水得热=(T_3-T_1)\times 50g\times 4.18J\cdot g^{-1}\cdot K^{-1}$$

$$热水失热=(T_2-T_3)\times 50g\times 4.18J\cdot g^{-1}\cdot K^{-1}$$

$$热量计得热=(T_3-T_1)\times C_p$$

$$C_p=\frac{[(T_2-T_3)-(T_3-T_1)]\times 50g\times 4.18J\cdot g^{-1}\cdot K^{-1}}{(T_3-T_1)}$$

三、实验仪器和试剂

（1）仪器　保温杯热量计，精密温度计（－5～＋50℃，1/10 刻度），移液管（50mL），台秤，秒表，洗耳球，量筒（50mL）。

（2）试剂　锌粉（化学纯），$CuSO_4$ 溶液（$0.2000mol\cdot L^{-1}$）。

四、实验步骤

1. 测量热量计的热容（C_p）

实验装置如图 2-4 所示。

（1）用量筒量取 50mL 自来水，小心打开热量计的盖子，将水倒入，加上盖后轻轻搅拌，5min 后开始记录温度，读数精确到 0.1℃（下同）。然后每隔 20s 记录一次，直至 3 次温度读数相同，表示体系温度已达平衡，此即温度 t_1（由于两热力学温度 T 的差值与用摄氏温度 t 表示时的差值其数值相等，即 $\Delta T=\Delta t$，而本实验的计算中实际只用到温度的差值，为了方便起见，本实验只记录摄氏温度）。

（2）用量筒量取 50mL 自来水，倒入小烧杯中加热至比 t_1 高约 20℃，停止加热，静置 1min，用同一支温度计测量其温度，然后每隔 20s 记录一次，直至 3 次温度读数不变，此即温度 t_2。

（3）迅速将烧杯中的热水倒入热量计中，加盖搅拌，立即记录温度计读数，然后每隔 20s 记录一次，直至 3 次温度相同，此温度即 t_3。

2. 锌与硫酸铜置换反应热的测定

（1）用蒸馏水将热量计冲洗 2 次，待用。在台秤上称 2.5g 锌粉。

（2）用移液管移取 $0.2000mol\cdot L^{-1}$ $CuSO_4$ 溶液 100mL 于洁净的热量计中，加盖搅拌，5min 后开始记录温度，然后每隔 20s 记录一次，直至 3 次温度相同，该温度为 t_4。

（3）打开热量计盖子，小心、迅速地将锌粉倒入 $CuSO_4$ 溶液中，盖好、搅拌，记录温度，每隔 20s 记录一次，直至最高温度后 3 次温度相同，该最高温度为 t_5。

五、实验数据与处理

1. 数据记录

室温：＿＿＿＿＿＿＿＿　　大气压力：＿＿＿＿＿＿＿＿

测温度 t：

时间/s	0	20	40	60	……
t_1/℃					
t_2/℃					
t_3/℃					
t_4/℃					
t_5/℃					

2. 数据处理

(1) 热量计热容测定

冷水温度 t_1＝

热水温度 t_2＝

混合水温度 t_3＝

热水降低温度 t_2-t_3＝

冷水升高温度 t_3-t_1＝

则热量计热容 C_p＝

(2) 锌与硫酸铜置换反应热 ΔH 的测定

硫酸铜溶液温度 t_4＝

反应后溶液温度 t_5＝

反应中升温 $\Delta t=t_5-t_4$

溶液的体积 V＝

硫酸铜或生成铜的物质的量 n＝

热量计热容 C_p＝

设溶液的比热容近似等于水的比热容，即 $c=4.18\text{J}\cdot\text{g}^{-1}\cdot\text{K}^{-1}$；溶液的密度近似等于水的密度，即 $\rho=1.0\text{g}\cdot\text{mL}^{-1}$；则反应的热效应 ΔH＝__________。

(3) 已知在等压下，上述置换反应的焓变 $\Delta H=-218.7\text{kJ}\cdot\text{mol}^{-1}$，计算实验的相对误差，并分析造成误差的原因。

六、实验考核标准

考核项目名称	考核项目描述	测定和判定依据	分值
记录温度	计时	每隔 20 秒记录一次	
	计温	直到 3 次温度读数相同	
台秤称量锌粉	检查天平	检查天平水平及各部件是否正常，调节零点	
	称量物品	直接称样法称量物品	
	放回天平	称量完毕，将砝码放回盒中，并把游码归零	
移取 $CuSO_4$ 溶液	移液管洗涤	移液管洗涤干净	
	移液管润洗	移液管润洗至少 2 次，放废液正确	
	吸取溶液	不吸空、不触底	
	定标放溶液	定标放溶液操作规范	

七、思考题

（1）实验中硫酸铜的浓度和体积要求比较精确，为什么锌粉只用台秤称量？

（2）实验中哪些操作易产生误差？

【知识拓展】

渤海稠油油田热化学复合吞吐增效技术研究与应用

渤海油田稠油储量丰富，其中金县 1-1、旅大 21-2、旅大 27-2、南堡 35-2 等在生产稠油油田，主要采用冷采方式开发，投产初期单井产能较高，但随着油田的开发，稠油中的胶质、沥青质含量高，原油黏度较高，流动性差，近井地带容易絮凝沉积形成有机垢；稠油冷采井生产过程中，由于油水流度比大，易造成边底水突进等问题，进一步加大了稠油井的开采难度。稠油冷采井由于管柱结构及耐温限制（非热采完井方式，耐温≤110℃），无法开展蒸汽吞吐等高温热采作业，单纯注入热水开发效果有限。针对稠油冷采井开发存在的问题，研究者开展了热化学吞吐增效技术研究，该技术可通过热水、气与化学的协同作用，实现解离稠油重组分、降低原油黏度、高效解堵和堵调增效等作用。相较于常规化学吞吐增效，热化学吞吐技术在化学剂的基础上引入了热和气体，使得措施更加高效。相较于常规的蒸汽吞吐/驱、多元热流体、电加热等热采开发方式来说，热化学吞吐技术具有成本低、安全可靠、操作简单等相应优势，但目前该技术在海上稠油油田的应用相对较少，对其机理及效果的认识仍相对有限。研究者通过热化学复合增效机理分析，利用物理模拟方法论证了热化学吞吐增效技术的有效性，并通过数值模拟手段对实施参数进行了优化。结果表明，随着温度升高，胶质、沥青质扩散系数增大，石英石表面对重质组分的吸附能力减弱，有助于胶质沥青质解离；热气化学复合解堵后，岩心水测渗透率均可恢复到初始岩心水测渗透率的 60%～70%；热（80℃）＋气（溶解）作用下，与 50℃脱气油相比可使原油黏度降低约 80%；在热和化学剂作用下，原油形成低黏水包油乳状液，稠泪黏度由 2000mPa·s 降低至 30mPa·s，降黏率为 98.5%。稠油相渗曲线测试实验（100℃）结果显示，化学剂注入后使稠油相渗曲线等渗点右移，两相共渗区域增大，油相渗透率变大，水相渗透率降低，残余油饱和度降低，开发效果改善。在热水驱过程中，注入泡沫堵调后，高渗填砂管和低渗填砂管采收率均有明显提高，低渗管采收率提高约 11%，高渗管采收率提高约 8%。模拟吞吐实验结果表明，在热＋化学＋气协同作用下，可至少降低含水量 20%～30%，采油指数可由 0.90mL/(min·MPa) 提高至 1.95mL/(min·MPa)，可显著改善低产稠油井的开发效果。热化学复合吞吐增效技术已在渤海稠油油田现场取得成功试验，措施井含水量最高降低 73.4%，有效期 150 天，平均日产油较措施前提高 2.9 倍，有效期内累增油 4300m^3，目前该技术已成功应用于渤海在生产稠油油田，为渤海稠油冷采井增储上产提供了新的技术思路和方向。

【立德树人】

近代化学之父——道尔顿

道尔顿，英国化学家、物理学家、近代化学之父。

1766年道尔顿出生在英国坎伯兰的一个贫困的乡村，他的父亲是一个纺织工人。当时正值第一次工业革命的初期，很多破产的农民沦为雇佣工人。道尔顿一家的生活十分困顿，道尔顿的一个弟弟和一个妹妹都因为饥饿和疾病而夭折。道尔顿在童年根本没有读书的条件，只是勉强接受了一点点初等教育，十岁时，他就去给一个富有的教士当仆役。也许这也算是命运赐予他的一次机会，在教士家里他又读了一些书，增长了很多知识。于是两年后，他被推举为本村小学的教师。

1793年道尔顿依靠从盲人哲学家高夫那里接受的自然科学知识，成为曼彻斯特新学院的数学和自然哲学教师。来到学院不久，他发表了《气象观察与随笔》，在其中描述了气温计、气压计和测定露点的装置，在附录中提出了原子论的模型。

道尔顿不仅在气象领域有重要贡献，还在色盲症的研究中发挥了重要作用。他的哥哥和本人都患有红绿色盲，这种病症引起了道尔顿的好奇心，他对此进行了深入的研究，并在1793年发表了关于色盲的科学论文，这是第一篇有关色盲的论文。道尔顿作为一个身患色盲的人，能够做出如此伟大的成就，更让后人感受到了一位科学巨人的光辉。一个人能获得更多的成就，是由于他们对问题比起一般人能够更加专注和坚持，而不是由于他的天赋比别人高多少。

1799年，为了把大部分精力投入到科学研究中去，道尔顿离开了学院。他在几个富人家里做私人教师，教课时间不超过两小时。这样，既能谋生又保证了他的科研工作。他越来越重视对气体和气体混合物的研究。道尔顿认为，要说明气体的特性就必须知道它的压力。他找到两种很容易分离的气体，测量了混合气体和各部分气体的压力，结果很有意思，装在容积一定的容器中的某种气体压力是不变的，引入第二种气体后压力增加，但它等于两种气体的分压之和，两种气体单独的压力没有改变。于是道尔顿得出结论：总压等于组成它的各个气体的分压之和。道尔顿发现由此可以得出某些重要的结论，如气体在容器中存在的状态与其他气体无关。用气体具有微粒结构来解释就是，一种气体的微粒或原子均匀分布在另一种气体的原子之间，因而这种气体的微粒所表现出来的性质与容器中有没有另一种气体无关。道尔顿开始更多地研究关于原子的问题，他不断地寻找资料、动手实验、思考。

1807年，汤姆逊在它的《化学体系》一书中详细地介绍了道尔顿的原子论。第二年道尔顿的主要化学著作《化学哲学的新体系》正式出版。他继承了古希腊朴素原子论和牛顿微粒说，提出原子学说。他认为化学元素由不可分的微粒——原子构成，它在一切化学变化中是不可再分的最小单位。书中详细记载了道尔顿的原子论的主要实验和主要理论，自此道尔顿的原子论正式问世。在科学理论上，道尔顿的原子论是继拉瓦锡的氧化学说之后理论化学的又一次重大进步，他揭示出了一切化学现象的本质都是原子运动，明确了化学的研究对象，对化学真正成为一门学科具有重要意义，此后，化学及其相关学科得到了蓬勃发展。在哲学思想上，原子论揭示了化学反应现象与本质的关系，继天体演化学说诞生以后，又一次冲击了当时僵化的自然观，对科学方法论的发展、辩证自然观的形成以及整个哲学认识论的发展具有重要意义。

原子论建立以后，道尔顿名震英国乃至整个欧洲，各种荣誉纷至沓来。在荣誉面前，道尔顿开始时是冷静的、谦虚的，但是后来荣誉越来越高，他逐渐变得有些骄傲和保守。不过还好，他对科学的热爱始终如一。道尔顿一生正如恩格斯所指出的：化学新时代是从原子论开始的，所以道尔顿应是近代化学之父。

【模块总结】

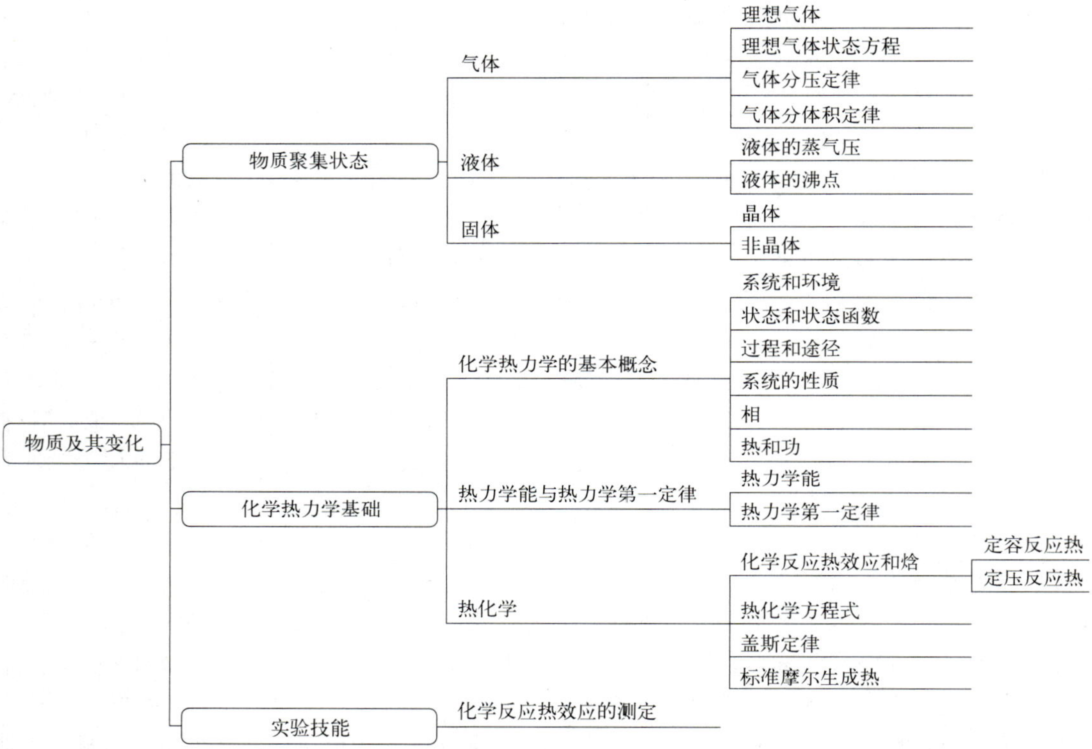

【知识检测】

一、选择题

1. A、B两种气体在容器中混合，容器体积为 V，在温度 T 下测得压力为 p，V_A、V_B 分别为两气体的分体积，p_A、p_B 为两气体的分压，下列算式中不正确的一个是（　　）。

A. $pV_A=n_ART$　　B. $p_AV=n_ART$

C. $p_AV_A=n_ART$　　D. $p_A(V_A+V_B)=n_ART$

2. 一定量的某气体，压力增为原来的4倍，绝对温度是原来的2倍，那么气体体积变为原来的（　　）。

A. 8倍　　B. 2倍　　C. $\frac{1}{2}$　　D. $\frac{1}{8}$

3. 一敞开烧瓶在 280K 时充满气体，要使$\frac{1}{3}$气体逸出，则应将温度升高到（　　）。

A. 400K　　B. 300K　　C. 420K　　D. 450K

4. 在 25℃、101.3kPa 时，下面几种气体的混合气体中分压最大的是（　　）。

A. 0.1g H_2　　B. 1.0g He　　C. 5.0g N_2　　D. 10g CO_2

5. 在 10℃，101kPa 下，在水面上收集 1.00dm^3 气体，经干燥后气体的体积变为[10℃，p（H_2O）=1.227kPa]（　　）。

A. 0.012dm^3　　B. 0.988dm^3　　C. 0.908dm^3　　D. 0.992dm^3

6. 在 298K 和 100kPa 下，已知丁烷（C_4H_{10}）气中含 1.00%（质量）的硫化氢，则硫化氢的分压为（　　）。

A. 99.00kPa　　B. 1.69kPa　　C. 1.00kPa　　D. 16.9kPa

7. 在一定条件下，由相同质量的 CO_2、H_2、N_2 组成的混合气体的总压力为 p，分压力由小到大的顺序是（　　）。

A. $p(CO_2)<p(H_2)<p(N_2)$　　B. $p(H_2)<p(N_2)<p(CO_2)$

C. $p(H_2)<p(CO_2)<p(N_2)$　　D. $p(CO_2)<p(N_2)<p(H_2)$

8. 下列反应的 $\Delta_r H_m^{\ominus}$，哪一个与 $\Delta_f H_m^{\ominus}$ 一致？（　　）

A. C(金刚石)+2H_2(g)$\longrightarrow$$CH_4$(g)　　B. C(g)+4H(g)$\longrightarrow$$CH_4$(g)

C. C(石墨)+2H_2(g)$\longrightarrow$$CH_4$(g)　　D. C(石墨)+4H(g)$\longrightarrow$$CH_4$(g)

9. 液体沸腾的条件是液体的蒸气压（　　）外界压力。

A. 大于　　B. 等于　　C. 小于　　D. 不确定

10. 液面压力降低，液体的沸点就会（　　）。

A. 升高　　B. 不变　　C. 降低　　D. 不确定

二、判断题

1. 摩尔气体常数 R=8.314kJ·mol^{-1}·K^{-1}。（　　）

2. 理想气体的微观模型是分子间没有相互作用力，分子本身没有体积。（　　）

3. 理想混合气体中任一组分的分压力等于该组分的摩尔分数与总压的乘积。（　　）

4. 理想气体的体积分数等于压力分数，也等于摩尔分数。（　　）

5. 分压定律、分体积定律不仅适用于理想气体混合物，也适用于中、高压下的真实气体混合物。（　　）

6. 液体沸腾时的温度叫作该液体的沸点。（　　）

7. 书写热化学方程式时，无须注明反应的温度和压力。（　　）

8. 反应的焓变值与反应式中的化学计量数有关。（　　）

9. 书写热化学方程式时，无须注明各物质的聚集状态。（　　）

10. 逆反应的热效应与正反应的热效应数值相等符号相同。（　　）

三、简答题

1. 什么是气体的分压力？什么是气体的分体积？什么是气体的分压定律？什么是气体的分体积定律？分压、分体积与摩尔分数之间有什么关系？压力分数、体积分数和摩尔分数之间的关系又如何？

2. 什么是饱和蒸气压？饱和蒸气压与液体的沸点有什么关系？

3. 什么是封闭系统和孤立系统？什么是功、热？

4. 什么是热化学方程式？书写热化学方程式应注意哪些问题？

5. 什么是盖斯定律？举例说明盖斯定律的应用。

6. 利用分压定律解释为什么冬天在浴室洗澡会有窒息气闷的感觉。

四、计算题

1. 在 30℃时，于一个 10.0L 的容器中，O_2、N_2 和 CO_2 混合气体的总压为 93.3kPa。分析结果得 $p(O_2)=26.7\text{kPa}$，CO_2 的质量为 5.00g，求：(1) 容器中 $p(CO_2)$；(2) 容器中 $p(N_2)$；(3) O_2 的摩尔分数。

2. 水煤气中各组分的体积分数分别为 H_2 50.0%、CO 38.0%、N_2 6.0%、CO_2 5.0%、CH_4 1.0%。在 25℃、100kPa 下。计算：(1) 各组分的摩尔分数；(2) 各组分的分压。

3. 1.34g CaC_2 与 H_2O 发生如下反应：

$$CaC_2(s)+2H_2O(l)=\!=\!=C_2H_2(g)+Ca(OH)_2(s)$$

产生的 C_2H_2 气体用排水集气法收集，体积为 0.471L。若此时温度为 23℃，大气压力为 99.0kPa，该反应的产率为多少？(已知 23℃时水的饱和蒸气压为 2.8kPa)

4. 已知：$Fe_2O_3(s)+3CO(g)=\!=\!=2Fe(s)+3CO_2(g)$；$\Delta_r H^{\ominus}_{m1}=-24.7\text{kJ}\cdot\text{mol}^{-1}$

$3Fe_2O_3(s)+CO(g)=\!=\!=2Fe_3O_4(s)+CO_2(g)$；$\Delta_r H^{\ominus}_{m2}=-46.4\text{kJ}\cdot\text{mol}^{-1}$

$Fe_3O_4(s)+CO(g)=\!=\!=3FeO(s)+CO_2(g)$；$\Delta_r H^{\ominus}_{m3}=36.1\text{kJ}\cdot\text{mol}^{-1}$

试求反应 $FeO(s)+CO(g)=\!=\!=Fe(s)+CO_2(g)$ 的 $\Delta_r H^{\ominus}_{m}$。

模块二知识检测
参考答案

模块三

化学反应速率和化学平衡

【学习目标】

知识目标

1. 掌握化学反应速率的概念及反应速率的表示方法；
2. 了解化学反应速率理论，掌握不同反应条件对反应速率的影响；
3. 熟知化学反应的类型，掌握化学平衡的特点；
4. 掌握平衡移动的原理。

能力目标

1. 能书写反应速率方程以及化学平衡常数表达式；
2. 能在生活和实际生产操作中应用反应速率变化规律；
3. 能应用化学平衡移动原理完成相应计算并判断化学平衡移动的方向。

素质目标

1. 培养严谨认真、实事求是的学习以及工作态度；
2. 培养尊重科学、热爱科学的职业规范；
3. 培养安全意识、节约意识、环保意识以及可持续发展理念。

【项目引入】

改变化学反应速率

买薯片是买袋子鼓鼓囊囊“很饱满”的，还是买比较干瘪、没有空气的？有些人觉得食物胀袋很可能是变质了。那么，薯片胀袋是不是真的变质了呢？

中国农业大学食品科学与营养工程学院副教授吴晓蒙解释说，薯片的袋子鼓胀起来并不代表薯片变质了，而是因为袋子里充满了起“保护”作用的氮气。薯片的这种看起来很鼓胀的包装叫“气调包装”。常见的“气调包装”制作过程是抽走袋子里的空气（主要是氧气），然后再注入氮气。这是因为空气当中的氧和水分会加速薯片腐坏变质，而抽掉氧气充入氮气之后，就可以有效抑制薯片的氧化。

薯片中充入的氮气是食品级氮气，食品级氮气作为合法的食品加工助剂，纯度达到99.0%以上。同时，氮气具有化学惰性，不会和薯片发生反应。在这一模块中，将学习化学反应速率和化学反应平衡的重要意义。

【知识链接】

知识点一　化学反应速率

所谓化学反应速率就是在单位时间内反应物或产物的物质的量的变化，是衡量化学反应进行快慢的物理量。常用单位时间内生成物浓度的增加和反应物浓度的减小来表示，单位为 $mol \cdot L^{-1} \cdot s^{-1}$。

拓展-生活中的化学反应速率实例

一、化学反应速率表示方法

1. 平均反应速率

平均反应速率：就是在一定时间间隔内某反应物或某产物浓度的量的变化。

例如，在某条件下，N_2O_5 在四氯化碳中反应时，各物质浓度变化情况如下：

$$2N_2O_5 \rightleftharpoons 4NO_2 + O_2$$

	$2N_2O_5$	$4NO_2$	O_2
起始浓度/$mol \cdot L^{-1}$	2.10	0	0
100s 以后浓度/$mol \cdot L^{-1}$	1.95	0.30	0.075

则在上述反应中 100s 内以 N_2O_5 的浓度变化表示的平均反应速率为：

$$\overline{v}(N_2O_5) = (2.10 - 1.95)/100 = 1.5 \times 10^{-3} (mol \cdot L^{-1} \cdot s^{-1})$$

对于平均反应速率来说，绝大多数化学反应的速率是随着反应不断进行越来越慢，即绝大多数反应速率随反应时间变化而发生变化。

2. 瞬时反应速率

反应过程中反应物和生成物的浓度时刻都在变化着，故反应速率也是随时间变化的。此时就需要了解某一时刻反应的速率，即瞬时反应速率。

瞬时反应速率是 Δt 值趋近于 0 时的平均反应速率的极限值。同样以 N_2O_5 在四氯化碳中反应为例，瞬时反应速率表示为：

$$v = -\frac{1}{2} \times \frac{d[N_2O_5]}{dt} = \frac{1}{4} \times \frac{d[NO_2]}{dt} = \frac{d[O_2]}{dt} \tag{3-1}$$

用作图法可以求得瞬时反应速率，以纵坐标表示反应浓度，横坐标表示反应时间，可以作图画出反应物浓度随时间变化的曲线，取曲线上一点，作该曲线的切线，切线的斜率即为该点对应时刻的瞬时反应速率。

二、化学反应速率理论

1. 碰撞理论

化学反应碰撞理论（图 3-1）是在气体分子动态理论的基础上发展起来的，该理论认为，发生化学反应的先决条件是反应物分子的碰撞接触，但是并非每一次碰撞都能导致反应发生，反应物分子发生有效碰撞必须满足以下两个条件。

（1）能量因素　即反应物分子的能量必须达到某一临界值。在化学反应中，能量较高、有可能发生有效碰撞的分子称为活化分子。活化分子的平均能量与普通反应物分子的平均能量的差值称为活化能。

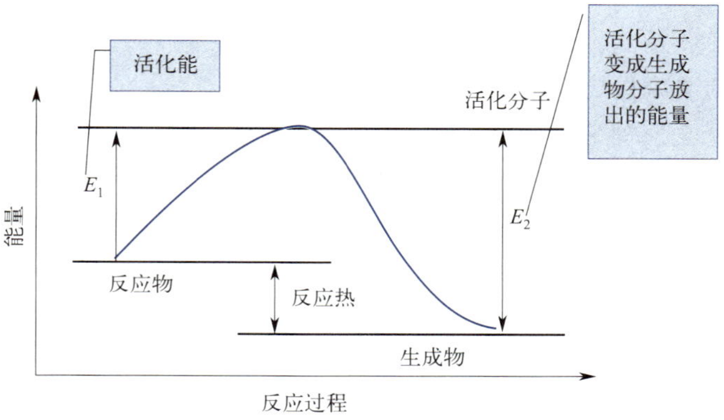

图 3-1　碰撞理论示意图

（2）空间因素　活化分子必须按照一定的方向相互碰撞反应才能发生。在任何给定的时间，反应物分子在容器中以不同的速度向各个方向移动，当它们的行进路线交汇时，就会发生碰撞。自由分子碰撞的随机性导致了碰撞发生的方式多种多样。但是，只有当反应物分子以恰当的方式和角度碰撞，才能满足断裂旧化学键和形成新化学键的条件。如果碰撞的方向或角度不正确，即使分子具有足够的活化能，反应也不会发生。

2. 过渡态理论

反应物分子并不只是通过简单碰撞直接形成产物，而是必须经过一个形成高能量活化络合物的过渡状态，并且达到这个过渡状态需要的一定的活化能，才转化成生成物。

对于反应 A+BC⟶AB+C，其实际过程是：

A+BC⟶[A---B---C]⟶AB+C

[A---B---C] 即为 A 和 BC 处于过渡态时，所形成的一个类似配合物结构的物质，又称活化配合物。这时，原有的化学键（B---C）被削弱，但未完全断裂，新的化学键（A---B）开始形成，但尚未完全形成。因此，活化配合物势能较高，很不稳定，它极有可能分解为原来的反应物 A、BC，也有可能分解成产物 AB、C。

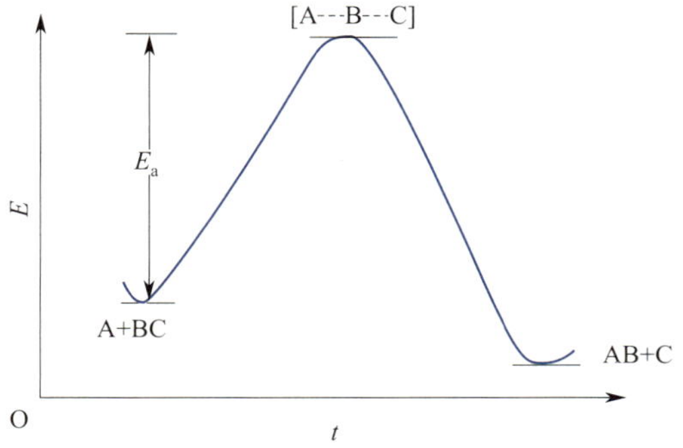

图 3-2　势能变化示意图

图 3-2 为反应过程势能变化的示意图，反应物 A+BC 和生成物 AB+C 均为能量低的稳定状态。过渡态是能量高的不稳定状态，在反应物和生成物之间，有一道能量很高的势垒，要使反应发生，必须越过势垒，反应的活化能就是跨越势垒所需的能量。

三、影响化学反应速率的因素

反应物本身的结构性质是决定和影响反应速率的首要因素，其他因素，如反应物的浓度、反应时的温度、催化剂等对反应速率也有很大的影响。下面结合反应速率的理论讨论各因素对反应速率的影响。

1. 浓度对反应速率的影响

浓度对化学反应速率的影响是显著的，通常表现为增加反应物的浓度会加快反应速率，减小反应物的浓度则会减慢反应速率。

这种影响可以从碰撞理论的角度来解释，在恒定的温度下，增大反应物的浓度会增加单位体积内的分子数，从而缩短分子间的平均距离，增加它们之间碰撞的机会。这意味着，当浓度增大时，反应物分子间的有效碰撞次数也会增加，进而使反应速率加快。

需要注意的是，这种影响并不是普遍适用于所有类型的反应物。对于固体和纯液体来说，其浓度在一个封闭系统中是恒定的，因此单纯改变其量并不会影响反应速率。但是，如果能够增加固体或液体与气体反应物的接触面积，比如将块状物加工成粉末状，那么反应速率会有所增加。

要想更深刻地掌握浓度对反应速率的影响，必须掌握基元反应与非基元反应的相关知识。

(1) 基元反应和非基元反应　基元反应是指反应物分子之间只发生一个直接的化学反应步骤，反应过程中没有发生任何中间反应。例如，氢气和氧气的反应就是一个基元反应，反应过程中只发生了一个氢原子和一个氧原子之间的直接反应。

非基元反应是指反应物分子之间发生了多个中间反应，才能最终形成产物的反应。一般非基元反应是由两个或两个以上的基元反应所组成的。如：

$$2H_2(g)+2NO(g) \rightleftharpoons N_2(g)+2H_2O(g)$$

由两个基元反应组成：

第一步：$$H_2+2NO \rightleftharpoons N_2+H_2O_2$$

第二步：$$H_2+H_2O_2 \rightleftharpoons 2H_2O$$

一个化学反应是基元反应还是非基元反应对于讨论化学反应速率是很重要的。对于非基元反应，在若干个基元步骤中，其中最慢的一步反应，是决定整个反应速率的步骤，称为速率决定步骤。

(2) 基元反应的速率方程——质量作用定律　表示反应速率和反应物浓度之间的定量关系的数学表达式称为速率方程式。

基元反应的反应速率与反应物浓度之间的关系比较简单。当温度一定时，基元反应的反应速率与反应物浓度以方程式中化学计量数的绝对值为乘幂的乘积成正比，称为质量作用定律。

对于一般的基元反应 $a\text{A}+b\text{B} \rightleftharpoons d\text{D}+e\text{E}$，其速率方程为：

$$v=kc_A^a c_B^b \tag{3-2}$$

式中，k 为速率常数，它的物理意义是，反应物的浓度都等于单位浓度时的反应速率，不同的反应有不同的 k 值，同一反应的 k 值随温度变化而变化；c_A 为 A 物质的浓度；c_B 为 B 物质的浓度；a、b 为化学计量数。

各浓度乘积项里各物质浓度的幂指数之和（$a+b$）称为该反应的反应级数（该反应对 A 来说为 a 级反应，对 B 来说为 b 级反应）。

关于速率方程，应强调的是：

① 质量作用定律只适用于基元反应。

② 多相反应中的固体、纯液体反应物的浓度不写入速率方程。

③ 如果反应物中有气体，在速率方程式中可用气体分压代替浓度。即若上述反应：$aA+bB \rightleftharpoons dD+eE$ 各物质都是气体，其速率方程为：

$$v=kp_A^a p_B^b \tag{3-3}$$

（3）非基元反应的速率方程式　对于非基元反应，从反应方程式中是不能直接写出速率方程式的，必须求得反应级数。例如，对于反应 $aA+bB \rightleftharpoons dD+eE$，其速率方程式为：

$$v=kc_A^x c_B^y \tag{3-4}$$

式中，x、y 为反应级数，x、y 要通过实验来测得。一般情况下，$x \neq a$，$y \neq b$（若为基元反应，则有 $x=a$，$y=b$）。

在实验时，可以在一组反应物中保持 A 浓度不变，而将 B 的浓度加大一倍，则根据反应速率的变化，从而确定 y 的值。

则 $v_0=kc_A^x c_B^y$；$v_1=kc_A^x(2c_B)^y$，所以：

$$\frac{v_1}{v_0}=2^y$$

同样，设法保持 B 的浓度不变，而将 A 的浓度加大一倍，测反应速率的变化，从而可以确定 x 值，则 $v_2=k(2c_A)^x c_B^y$，所以：

$$\frac{v_2}{v_0}=2^x$$

对于非基元反应，其级数可以是整数、分数、负数或零。如零级反应，表示其反应的反应速率与反应物浓度无关，而负极反应则说明增加反应物的浓度，反应速率降低。

速率常数（速率系数）k 的单位因反应级数不同而不同，零级反应为 $mol \cdot L^{-1} \cdot s^{-1}$，一级反应为 s^{-1}，二级反应为 $mol^{-1} \cdot L \cdot s^{-1}$。

2. 温度对反应速率的影响

温度对化学反应速率的影响显著，通常温度升高会使反应速率加快，反之温度降低则会使反应速率减慢。

这是因为温度升高会加快分子的运动速度，增加分子间的碰撞频率和碰撞能量，从而使得更多分子达到活化状态，有效碰撞的次数增加，因此反应速率增大。这种影响对吸热反应和放热反应都是类似的。然而，需要注意的是温度升高虽然可以加快反应速率，但过高的温度可能导致不利反应的发生，如反应物分解或产物不稳定等。因此，在选择反应温度时需要综合考虑反应条件和安全因素。

（1）阿伦尼乌斯方程　1889 年瑞典物理学家阿伦尼乌斯（Arrhenius）总结了大量的实

验事实，指出反应速率常数和温度间的定量关系：

$$k=A\mathrm{e}^{\left(-\frac{E_a}{RT}\right)} \tag{3-5}$$

或

$$\ln k=-\frac{E_a}{RT}+\ln A \tag{3-6}$$

式中，k 为速率常数；A 为指前因子，对指定反应，其为一常数；E_a 为反应活化能（单位为 $\mathrm{kJ\cdot mol^{-1}}$）；$R$ 为摩尔气体常数；T 为热力学温度；e 为自然对数的底（e＝2.718）。

阿伦尼乌斯方程是描述温度与反应速率系数之间定量关系的数学式。进一步剖析可看出 E_a 和 T 对 k 的影响，从而得出有些规律性的结论：

① 在 $k=A\mathrm{e}^{\left(-\frac{E_a}{RT}\right)}$ 中，E_a 处于方程的指数项中，对 k 有显著影响，如在室温下，E_a 每增加 $4\mathrm{kJ\cdot mol^{-1}}$，$k$ 值降低约 80%。在温度相同或近似的情况下，E_a 大的反应，其速率常数 k 则小，这将导致反应速率较小；反之，E_a 小的反应，其速率常数 k 则较大，反应速率较大。

② 对同一反应，温度升高，反应速率常数 k 增大，一般反应温度每升高 10℃，k 将增大 2～10 倍。

③ 对同一反应，升高一定温度时，在高温区 k 值增加较少，在低温区 k 值增加较多，因此对于原本反应温度不高的反应，可采用升温的方法提高反应速率。

④ 对不同反应，升高相同温度，E_a 大的反应 k 增大的倍数多，因此升高温度对反应慢的反应有明显的加速作用，而对 E_a 小的反应，采用催化剂更有实际意义。

总之，从反应速率方程式和阿伦尼乌斯方程式可以看出，在多数情况下，温度对反应速率的影响比浓度更显著些。因此，改变温度是控制反应速率的重要措施之一。

（2）用碰撞理论解释温度对化学反应速率的影响　当温度升高时，每个分子的能量都升高，使得能够达到活化能要求的分子增多，活化分子占全部分子的百分数增加，从而增加了有效碰撞频率，使得反应速率大大加快。

3. 压力对反应速率的影响

对于气态物质，当温度一定时，气体的体积与其所受压力成反比，如图 3-3 所示。

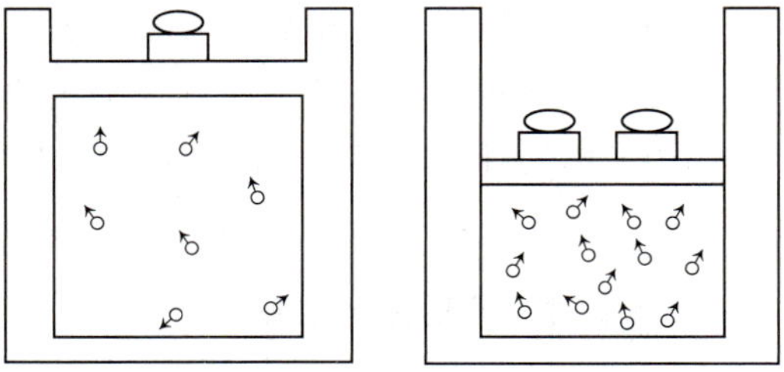

图 3-3　压力变化示意图

改变压力的实质就是改变了反应物的浓度。增大压力，气体体积减小，单位体积内气体分子数增多，反应物浓度增大，化学反应速率加快。如果参加化学反应的物质是固体或液体，则改变压力对它们的体积影响很小，因此可以认为压力与它们的反应速率无关。

4. 催化剂对反应速率的影响

催化剂是一种可以改变化学反应速率，而不改变化学平衡的物质。它们通过降低反应的活化能，增加活化分子的百分数，来有效提高反应速率。在催化剂作用下，反应速率加快，但催化剂本身的化学性质和质量在反应前后保持不变。

然而，催化剂对化学反应的影响具有选择性（或专一性），这意味着同一种催化剂可能对某些化学反应有催化作用，而对其他反应则没有。此外，催化剂的使用可以增大反应速率，也可以减慢反应速率，这取决于催化剂的种类和反应类型。

知识点二 化学平衡

一、可逆反应与不可逆反应

根据反应进行的方向，把化学反应分为可逆反应和不可逆反应。

不可逆反应只能向一个方向进行，也就是说在一定条件下反应物几乎可完全转变为生成物，而在同样条件下，生成物几乎不能转变为反应物。如氯酸钾的分解、金属锈蚀、岩石风化等。

可逆反应，能够同时向右、左（正、反）两个反应方向进行，通常用可逆符号（$\rightleftharpoons$）表示，同时把反应式中向右进行的反应叫作正反应，向左进行的反应叫作逆反应。例如：

$$2N_2O_5(g) \rightleftharpoons 4NO_2(g) + O_2(g)$$

二、化学平衡的基本特征

可逆反应的特点是反应不能向一个方向进行到底，这样一来必然导致化学平衡状态的实现。所以化学平衡就是在一定条件下，正反应和逆反应的速率相等时所处的状态（图 3-4）。

如果外界条件不改变，这种平衡状态可以维持下去。在平衡状态时，系统中反应物和生成物的浓度不再随时间而改变，即系统的组成不变，所以，化学平衡状态是该反应条件下化学反应的最大限度。在平衡状态下，虽然反应物和生成物的浓度不再发生变化，但反应却没有停止。实际上正、逆反应都在进行，只不过是二者的反应速率相等，因此化学平衡是一种动态平衡。

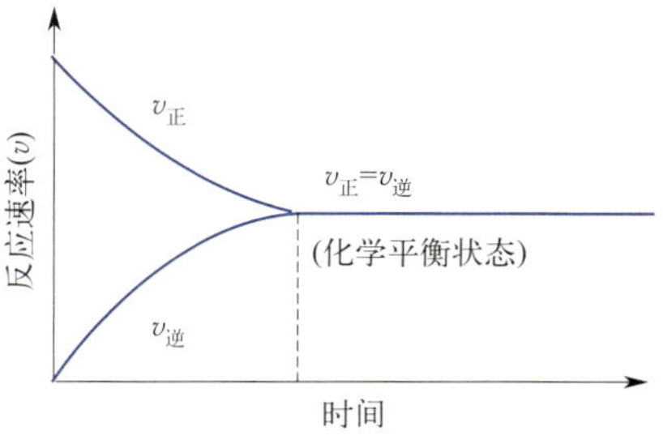

图 3-4 化学平衡示意图

总的来说可逆反应的基本特征可以归纳为：

① 化学平衡是一种动态平衡，从微观上看，正逆反应仍以相同的速率进行，只是净反应结果无变化（净反应结果为零）。可用同位素标记法的实验来证实。

② 反应达到平衡时，系统的组成是一定的，不再随时间变化而变化。

③ 在一定条件下，系统的平衡组成与达到平衡状态的途径无关。

④ 化学平衡是相对的、有条件的平衡。当条件改变时，反应系统可以从一种平衡状态变化到另一种平衡状态，即发生化学平衡的移动。

三、平衡常数

1. 实验平衡常数

在一定温度下，可逆反应达到平衡时，各物质的浓度或者分压不再随时间而变化，任何可逆反应都可以写作：

$$aA+bB \rightleftharpoons dD+eE \tag{3-7}$$

在一定温度时，可逆反应达到平衡时，以反应方程式计量系数为次方的生成物的浓度乘积与以反应方程式计量系数为次方的反应物浓度乘积之比称为浓度平衡常数，以符号 K_c 表示。

$$K_c=\frac{c(D)^d c(E)^e}{c(A)^a c(B)^b} \tag{3-8}$$

气体的分压与浓度成正比，在气相反应中可用平衡时的气体分压表示气态物质浓度，此时可表示为压力平衡常数，以符号 K_p 表示。

$$K_p=\frac{p(D)^d p(E)^e}{p(A)^a p(B)^b} \tag{3-9}$$

浓度平衡常数和压力平衡常数统称为实验平衡常数，实验平衡常数是有单位的，其单位取决于化学计量方程式中生成物与反应物的单位。但在使用时，通常只给出数值，不标出单位，这样势必会造成一些误解，为此引入标准平衡常数。

2. 标准平衡常数

（1）标准平衡常数表达式　标准平衡常数和实验平衡常数的不同之处在于，相关物质的浓度要用相对浓度表示，压力要用相对分压来表示，也就是上述表达式中的每一项均除以标准浓度（$c^\ominus$）或标准压力（$p^\ominus$），其中 $c^\ominus$ 为 $1\text{mol}\cdot\text{L}^{-1}$，$p^\ominus$ 为 100kPa。

同样针对 $aA(g)+bB(g) \rightleftharpoons dD(g)+eE(g)$ 反应，标准平衡常数（$K^\ominus$）可以表示为：

$$K^\ominus=\frac{[c(D)/c^\ominus]^d[c(E)/c^\ominus]^e}{[c(A)/c^\ominus]^a[c(B)/c^\ominus]^b}=\frac{(c'_D)^d(c'_E)^e}{(c'_A)^a(c'_B)^b} \tag{3-10}$$

或

$$K^\ominus=\frac{[p(D)/p^\ominus]^d[p(E)/p^\ominus]^e}{[p(A)/p^\ominus]^a[p(B)/p^\ominus]^b}=\frac{(p'_D)^d(p'_E)^e}{(p'_A)^a(p'_B)^b} \tag{3-11}$$

式中，c'_A、c'_B、c'_D、c'_E 为相对浓度；p'_A、p'_B、p'_D、p'_E 为相对压力。

在应用标准平衡常数表达式时需注意：标准平衡常数表达式中浓度或分压一定是其平衡时的浓度或分压；标准平衡常数表达式必须与平衡方程式相对应；当有纯固体、纯液体物质参加反应时，其浓度可视为常数，不写进标准平衡常数的表达式中；在稀溶液中进行的反应，水是大量的，其浓度可视为常数，不需表示在标准平衡常数表达式中；标准平衡常数随温度改变而改变，使用时必须注意相应的温度。

（2）平衡常数的意义

① 判断反应进行的程度。在一定条件下，化学反应达到平衡状态时，正、逆反应速率相等，净反应速率等于零，平衡组成不再改变。这表明在这种条件下反应物向产物转化达到

了最大限度。如果该反应的标准平衡常数很大，其表达式的分子（对应产物的分压或浓度）比分母（对应反应物的分压或浓度）要大得多，说明反应物大部分转化成产物了，反应进行得比较完全。

不难理解，如果 $K^{\ominus}$ 的数值很小，表明平衡产物与反应物的比例很小，反应正向进行的程度很小，反应进行很不完全，即 $K^{\ominus}$ 越小，反应进行越不完全；反之 $K^{\ominus}$ 越大，反应正向进行越完全。

② 判断反应进行方向。对于特定反应在特定温度 T 下，达到平衡时，$K^{\ominus}(T)$ 具有确定值。那么在非平衡状态下，就需要引入反应商（Q）这一概念，表示当前反应系统的状态。

同样针对 $a\mathrm{A(g)}+b\mathrm{B(g)} \rightleftharpoons d\mathrm{D(g)}+e\mathrm{E(g)}$ 反应，

$$Q=\frac{[c(\mathrm{D})/c^{\ominus}]^d[c(\mathrm{E})/c^{\ominus}]^e}{[c(\mathrm{A})/c^{\ominus}]^a[c(\mathrm{B})/c^{\ominus}]^b} \text{或} Q=\frac{[p(\mathrm{D})/p^{\ominus}]^d[p(\mathrm{E})/p^{\ominus}]^e}{[p(\mathrm{A})/p^{\ominus}]^a[p(\mathrm{B})/p^{\ominus}]^b} \quad (3\text{-}12)$$

Q 与 $K^{\ominus}$ 的数学表达式形式上是相同的，但是，反应商 Q 与平衡常数 $K^{\ominus}$ 却是两个不同的量，如果是平衡状态，Q 和 $K^{\ominus}$ 数值相同，而不在平衡状态时则数值不同。

若 $Q<K^{\ominus}$ 时，生成物的浓度（分压）小于平衡时的浓度（分压），反应向正方向进行；

若 $Q>K^{\ominus}$ 时，生成物的浓度（分压）大于平衡时的浓度（分压），反应向逆方向进行；

若 $Q=K^{\ominus}$ 时，生成物的浓度（分压）等于平衡时的浓度（分压），反应达到平衡。

这就是化学反应进行方向的反应商判据。

【例 3-1】 目前我国的合成氨工业多在中温（500℃）、中压（$P_{总}=2.03\times10^4\,\mathrm{kPa}$）下操作。已知此反应条件下 $N_2(g)+3H_2(g) \rightleftharpoons 2NH_3(g)$ 的 $K^{\ominus}=1.57\times10^{-5}$。若进行到某一阶段时取样，其组分（体积分数）为 NH_3（14.4%），N_2（21.4%），H_2（64.2%），判断此时合成氨反应是否完成。

解： 要预测反应进行的方向，需要将 Q 与 $K^{\ominus}$ 进行比较。根据题意由分压定律可求出该状态下各组分的分压：

$$p_i=p_{总}\times\frac{V_i}{V_{总}}$$

$$p(NH_3)=2.03\times10^4\,\mathrm{kPa}\times14.4\%=2.92\times10^3\,\mathrm{kPa}$$

$$p(N_2)=2.03\times10^4\,\mathrm{kPa}\times21.4\%=4.34\times10^3\,\mathrm{kPa}$$

$$p(H_2)=2.03\times10^4\,\mathrm{kPa}\times64.2\%=1.30\times10^4\,\mathrm{kPa}$$

$$\text{则：}Q=\frac{[p(NH_3)/p^{\ominus}]^2}{[p(N_2)/p^{\ominus}][p(H_2)/p^{\ominus}]^3}=\frac{\left(\frac{2.92\times10^3\,\mathrm{kPa}}{100\mathrm{kPa}}\right)^2}{\left(\frac{4.34\times10^3\,\mathrm{kPa}}{100\mathrm{kPa}}\right)\times\left(\frac{1.30\times10^4\,\mathrm{kPa}}{100\mathrm{kPa}}\right)^3}$$

$$=8.94\times10^{-6}$$

因为 $Q<K^{\ominus}$，说明系统尚未达到平衡状态，反应将正向进行一段时间。

3. 多重平衡规则

一个化学过程中若有多个平衡同时存在，并且一种物质同时参与几种平衡，这种现象叫作多重平衡。如：

反应（1）：$SO_2(g)+\frac{1}{2}O_2(g) \rightleftharpoons SO_3(g)$；$K_1^{\ominus}$

反应（2）：$NO_2(g) \rightleftharpoons \frac{1}{2}O_2(g)+NO(g)$；$K_2^{\ominus}$

反应（3）：$SO_2(g)+NO_2(g) \rightleftharpoons SO_3(g)+NO(g)$；$K_3^{\ominus}$

因为反应(3)＝反应(1)＋反应(2)，同时 $K_3^{\ominus}=K_1^{\ominus}\times K_2^{\ominus}$，由此可以得出多重平衡规则：相同条件下，如果某反应可以由几个反应相加（或相减）得到，则该反应的标准平衡常数等于几个反应的标准平衡常数之积（或商）。

4. 化学平衡计算

有关平衡的计算大体分为两类：一类是由平衡组成求平衡常数；另一类是由平衡常数求平衡组成或转化率。

（1）由平衡组成求平衡常数

【例 3-2】 在密闭容器中，一氧化碳和水蒸气的混合物在 500℃条件下建立平衡，即：

$$CO(g)+H_2O(g) \rightleftharpoons H_2(g)+CO_2(g)$$

开始反应时一氧化碳和水蒸气的浓度都是 $0.2mol \cdot L^{-1}$，平衡时二氧化碳和氢气的浓度都是 $0.015mol \cdot L^{-1}$，求解标准平衡常数。

	$CO(g)$ +	$H_2O(g) \rightleftharpoons$	$H_2(g)$ +	$CO_2(g)$
起始浓度/$(mol \cdot L^{-1})$	0.2	0.2	0	0
平衡浓度/$(mol \cdot L^{-1})$	0.2－0.015	0.2－0.015	0.015	0.015

$$K^{\ominus}=\frac{[c(CO_2)/c^{\ominus}][c(H_2)/c^{\ominus}]}{[c(CO)/c^{\ominus}][c(H_2O)/c^{\ominus}]}$$

$$=\frac{0.015\times 0.015}{(0.2-0.015)\times(0.2-0.015)}$$

$$=9$$

（2）由平衡常数求平衡组成或转化率　在一定温度下，特定反应的平衡常数是确定的，可由平衡常数求出平衡组成，进而求出转化率（α）。转化率是指反应到达平衡时，反应物转化为生成物的百分率。

$$\alpha=\frac{\text{平衡时某反应物已转换的量}}{\text{该反应物的起始量}}\times 100\% \tag{3-13}$$

若反应前后体积不变，反应物的量也可用浓度来表示：

$$\alpha=\frac{\text{反应物起始浓度}-\text{反应物平衡浓度}}{\text{反应物起始浓度}}\times 100\% \tag{3-14}$$

平衡常数越大，往往转化率 α 也越大。

从实验测得的转化率，可用来计算平衡常数；反之，由平衡常数也可计算各物质的转化率。平衡常数和转化率虽然都能表示反应进行的程度，但二者有差别，平衡常数与系统的起始状态无关，只与反应温度有关；转化率除与反应温度有关外，还与起始状态有关，并须指明是哪种反应物的转化率，反应物不同，转化率的数值往往也不同。

【例 3-3】反应$NO_2(g)+CO(g) \rightleftharpoons CO_2(g)+NO(g)$ 在某温度时，$K^\ominus=9.0$，若反应开始时，CO、NO_2 的浓度均为 $3.0\times10^{-2}\,mol \cdot L^{-1}$。求达到平衡时，各物质的浓度及转化率：

解：设达到平衡时有 $x\,mol \cdot L^{-1}$ 的 NO_2 转化为 NO，则：

	$NO_2(g)$	+ $CO(g)$	$\rightleftharpoons$ $CO_2(g)$	+ $NO(g)$
起始浓度/($mol \cdot L^{-1}$)	3.0×10^{-2}	3.0×10^{-2}	0	0
转化浓度/($mol \cdot L^{-1}$)	x	x	x	x
平衡时浓度/($mol \cdot L^{-1}$)	$3.0\times10^{-2}-x$	$3.0\times10^{-2}-x$	x	x

$$K^\ominus=\frac{[c(NO)/c^\ominus][c(CO_2)/c^\ominus]}{[c(NO_2)/c^\ominus][c(CO)/c^\ominus]}=\frac{x^2}{(3.0\times10^{-2}-x)^2}=9.0$$

$$x=2.25\times10^{-2}$$

平衡时，各物质的浓度为：$c(NO_2)=c(CO)=3.0\times10^{-2}-x=7.5\times10^{-3}\,mol \cdot L^{-1}$；$c(NO)=c(CO_2)=x=2.25\times10^{-2}\,mol \cdot L^{-1}$。

$$\alpha=\frac{\text{平衡时某反应物已转换的量}}{\text{该反应物的起始量}}\times100\%=\frac{2.25\times10^{-2}\,mol \cdot L^{-1}}{3.0\times10^{-2}\,mol \cdot L^{-1}}\times100\%=75\%$$

四、影响化学平衡的因素

习题-反应速率与化学平衡考点

化学平衡是化学反应在一定外界条件下，一种暂时的、相对的和有条件的稳定状态。一旦外界条件（如浓度、压力、温度等）发生变化，原来的平衡就受到破坏，正、逆反应速率不再相等，平衡将向某一方向移动，直至在新的条件下建立起新的平衡。在新的平衡状态下，反应体系中各物质的浓度与原平衡状态下各物质的浓度不相等。这种当外界条件改变，可逆反应从一种平衡状态转变到另一种平衡状态的过程叫作化学平衡的移动。催化剂能缩短反应达到平衡的时间，但不能使化学平衡移动，下面讨论浓度、压力、温度对化学平衡的影响。

1. 浓度对化学平衡的影响

在其他条件不变的情况下，对于已经达到平衡的可逆反应，改变任何一种反应物或生成物的浓度，都会导致平衡的移动。

在化工生产中，为了充分利用成本较高的原料，常采取增大容易取得或廉价的反应物浓度的措施。如工业上制备硫酸时为了尽量利用成本较高的 SO_2，就要加入过量的空气（利用的是空气中的氧气）。方程式中的化学计量数之比是 1∶0.5，而工业上实际采用的比例是 1∶1.4。

$$2SO_2(g)+O_2(g) \rightleftharpoons 2SO_3(g)$$

此外，也可以不断将生成物从反应体系中分离出来，使化学平衡不断地向生成物的方向移动。如把氢气通入红热的四氧化三铁中，把生成的水蒸气不断从反应体系中移去，四氧化三铁就可以全部转变成金属铁。

$$Fe_3O_4(s)+4H_2(g)\rightleftharpoons 3Fe(s)+4H_2O(g)$$

所以，当其他条件不变时，增大反应物浓度或减小生成物浓度，化学平衡向正反应方向移动；增大生成物浓度或减小反应物浓度，化学平衡向逆反应方向移动。

2. 压力对化学平衡的影响

处于平衡状态的反应混合物中，如果有气态物质存在，而且可逆反应两边的气体分子总数不相等时，压力的改变会引起化学平衡的移动。这是因为，气体分子数多的一方，其反应速率受压力的影响较大。

合成氨反应，$3H_2(g)+N_2(g)\rightleftharpoons 2NH_3(g)$，在500℃条件下的实验数据见表3-1。

表 3-1　合成氨反应实验数据

压力/MPa	1	5	10	60	100
NH_3 含量/%	2.0	9.2	16.4	53.5	69.4

从实验数据中能看到，当其他条件不变时，增大压力，平衡向气体体积缩小（或气体分子总数减少）的正反应方向移动，反之，减小压力，平衡向气体体积增大（或气体分子总数增加）的逆反应方向移动。考虑到经济因素，合成氨的生产过程中，压力一般为12～30MPa。

而对于反应前后气体总分子数相等的可逆反应，改变压力，平衡状态不受影响。如氢气与碘的反应，$H_2(g)+I_2(g)\rightleftharpoons 2HI(g)$。

固体物质或液体物质的体积，受压力的影响很小，可以忽略不计。如果平衡体系中都是固体或液体时，改变压力，可以认为平衡不发生移动。

3. 温度对化学平衡的影响

化学反应总是伴随着能量的变化，这种能量的变化，主要表现为其放热或吸热现象发生。如果可逆反应正向是放热反应，则其逆向必然是吸热反应。

对于在一定条件下达到平衡的可逆反应，改变温度也会使化学平衡发生移动。这是因为，当温度改变时，吸热反应速率和放热反应速率会发生不同的变化，升高温度，平衡向吸热反应方向移动；反之，降低温度，平衡则向放热反应方向移动。

以正反应为放热反应的二氧化氮（红棕色）和四氧化二氮（无色）反应为例：

$$2NO_2(g)\rightleftharpoons N_2O_4(g)$$

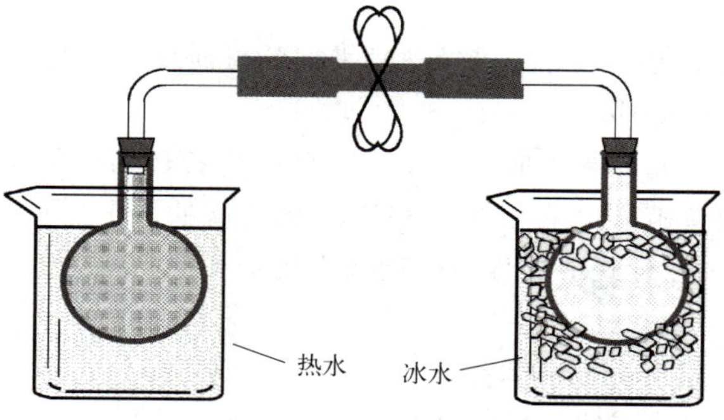

图 3-5　二氧化氮、四氧化二氮变色反应

如图3-5所示，放在热水中的混合气体受热颜色变深，二氧化氮（红棕色）浓度增大，

即平衡向逆反应方向移动。放在冰水中的混合气体遇冷颜色变浅，说明四氧化二氮（无色）浓度增大，平衡向正反应方向移动。故，在其他条件不变时，升高温度，化学平衡向着吸热反应的方向进行，降低温度，化学平衡向着放热反应的方向移动。

【技能训练】

实验技能 化学反应速率和活化能的测定

一、实验目的

（1）通过实验了解温度、浓度和催化剂对化学反应速率的影响，加深对活化能的理解，并练习根据实验数据作图求活化能的方法；

（2）练习在水浴中保持恒温的操作；

（3）测定过二硫酸铵氧化碘化钾的反应速率，并求算一定温度下的反应速率常数。

二、实验原理

在溶液中，过二硫酸铵与碘化钾发生如下反应：

$$(NH_4)_2S_2O_8+3KI \rightleftharpoons (NH_4)_2SO_4+K_2SO_4+KI_3$$

$$\text{或}\quad S_2O_8^{2-}+3I^- \rightleftharpoons 2SO_4^{2-}+I_3^- \qquad (3\text{-}15)$$

本实验测定的是一段时间 Δt 内的平均反应速率，由于在 Δt 时间内反应的量变化很小，故可以用平均速率代替起始速率。反应式的反应速率与反应物浓度的关系，可用下式来表示：

$$v=\frac{\Delta c(S_2O_8^{2-})}{\Delta t}=kc^m(S_2O_8^{2-})\times c^n(I^-)$$

式中，v 为平均速率，$\Delta c(S_2O_8^{2-})$ 为 $S_2O_8^{2-}$ 在 Δt 时间内物质的量浓度的改变值；$c(S_2O_8^{2-})$、$c(I^-)$ 分别为两种离子的初始浓度；k 为反应速率常数；m、n 为决定反应级数的两个值，$m+n$ 即为反应级数。

为了能够测出在一定时间（Δt）内 $\Delta c(S_2O_8^{2-})$ 的变化值，在混合 $(NH_4)_2S_2O_8$ 和 KI 的同时，加入一定体积已知浓度并含有淀粉的 $Na_2S_2O_3$ 溶液，这样在式(3-15) 进行的同时，也进行着如下反应：

$$2S_2O_3^{2-}+I_3^- \rightleftharpoons S_4O_6^{2-}+3I^- \qquad (3\text{-}16)$$

式(3-16) 进行得非常快，几乎瞬间完成。而式(3-15) 生成的 I_3^-，可立即与 $S_2O_3^{2-}$ 反应，生成无色的 $S_4O_6^{2-}$ 和 I^-。在开始的一段时间内，看不到 I_3^- 与淀粉作用显示的蓝色。但是一旦 $Na_2S_2O_3$ 耗尽，由式(3-15) 继续生成 I_3^- 并离解出的微量碘可立即与淀粉反应而使溶液显出特有的蓝色。

从式(3-15)、式(3-16) 的关系可以看出，从反应开始到溶液出现蓝色所需要的时间 Δt

内，$c(S_2O_8^{2-})$ 减少量总是等于 $c(S_2O_3^{2-})$ 的减少量的一半，即：

$$\Delta c(S_2O_8^{2-})=\frac{\Delta c(S_2O_3^{2-})}{2}$$

三、实验仪器和试剂

（1）仪器　恒温水浴锅一台，烧杯（50mL），量筒，秒表，玻璃棒或电磁搅拌器等。

（2）试剂　$(NH_4)_2S_2O_8$（0.2mol·L^{-1}），KI（0.1mol·L^{-1}），$Na_2S_2O_3$（0.01mol·L^{-1}），KNO_3（0.1mol·L^{-1}），$(NH_4)_2SO_4$（0.2mol·L^{-1}），0.2%淀粉溶液，$Cu(NO_3)_2$（0.02mol·L^{-1}）。

四、实验步骤

1. 浓度对化学反应速率的影响

在室温下，用量筒准确量取所需试剂的量，准确量取除 $(NH_4)_2S_2O_8$ 之外的各溶液于50mL烧杯中混匀，然后准确量取所需的 0.2mol·L^{-1} 的 $(NH_4)_2S_2O_8$ 并迅速加入烧杯中，立即按动秒表，用玻璃棒不断搅拌，在溶液刚出现蓝色时，立即停止计时，将反应时间 Δt 填入表 3-2 中。

表 3-2　浓度对化学反应速率的影响

实验编号		1	2	3	4	5
反应温度/℃		20.0	20.0	20.0	20.0	20.0
试剂用量/mL	0.2mol·L^{-1}$(NH_4)_2S_2O_8$	4.0	2.0	1.0	4.0	4.0
	0.1mol·L^{-1} KI	4.0	4.0	4.0	2.0	1.0
	0.01mol·L^{-1} $Na_2S_2O_3$	1.0	1.0	1.0	1.0	1.0
	0.2%淀粉	1.0	1.0	1.0	1.0	1.0
	0.1mol·L^{-1} KNO_3	—	—	—	2.0	3.0
	0.2mol·L^{-1}$(NH_4)_2SO_4$	—	2.0	3.0	—	—
试剂起始浓度/(mol·L^{-1})	$(NH_4)_2S_2O_8$					
	KI					
	$Na_2S_2O_3$					
反应时间 Δt/s						
反应速率 v/(mol·L^{-1}·s^{-1})						

2. 温度对反应速率的影响

根据上述实验结果，选取最优配比，做温度对化学反应速率的影响的实验。在一只大试管中，加入 0.2mol·L^{-1}KI、0.2%淀粉、0.01mol·L^{-1}$Na_2S_2O_3$、0.1mol·L^{-1}KNO_3 和 0.2mol·L^{-1} $(NH_4)_2SO_4$，在另一只大试管中加入 0.2mol·L^{-1} $(NH_4)_2S_2O_8$ 溶液，同时放入 30.0℃水浴中，待两只试管中的溶液与水温相同时，将 0.2mol·L^{-1} $(NH_4)_2S_2O_8$ 溶液迅速倒入另一只试管中，立即计时并用玻璃棒搅拌，直至溶液出现蓝色，停止计时，将实验数据填入表 3-3 中。

可在其他温度条件下重复上述操作，记录 Δt，求出反应活化能。

表 3-3 温度对反应速率的影响

实验编号	6	7	8	9
反应温度/℃	30	10	40	……
反应时间 Δt/s				
反应速率 v/(mol・L^{-1}・s^{-1})				

3. 催化剂对反应速率的影响

按照表 3-2 中实验编号 4 的试剂用量将各溶液混合［除 $(NH_4)_2S_2O_8$ 外］，再加入 2 滴 $Cu(NO_3)_2$ 溶液搅匀，然后迅速加入 4.0mL 0.2mol・L^{-1} 的 $(NH_4)_2S_2O_8$ 溶液，立即按动秒表，用玻璃棒不断搅拌，在溶液刚出现蓝色时，准确计时，并与编号 4（不加催化剂）的反应时间相比较，得出定性结论。

五、实验数据处理

1. 反应级数和反应速率常数计算

将反应速率表达式 $v=kc^m(S_2O_8^{2-})\times c^n(I^-)$ 两边取对数：

$$\lg v=m\lg c(S_2O_8^{2-})+n\lg c(I^-)+\lg k$$

当 $c(I^-)$ 不变时（即实验 1、2、3），以 $\lg v$ 对 $\lg c(S_2O_8^{2-})$ 作图，可得一条直线，直线的斜率即为 m；同理，当 $c(S_2O_8^{2-})$ 不变时（即实验 1、4、5），以 $\lg v$ 对 $\lg c(I^-)$ 作图，可求得 n，由此反应级数则为 $m+n$。

将求得的 m 和 n 代入 $v=kc^m(S_2O_8^{2-})\times c^n(I^-)$ 即可求得反应速率常数 k。

表 3-4 反应速率常数计算

实验编号	1	2	3	4	5
$\lg v$					
$\lg c(S_2O_8^{2-})$					
$\lg c(I^-)$					
m					
n					
反应速率常数 k					

2. 反应活化能的计算

反应速率常数 k 与反应温度存有以下关系（阿伦尼乌斯方程）：

$$\ln k=\ln A-\frac{E_a}{RT}$$

式中，E_a 为活化能；R 为气体常数（8.314J・K^{-1}・mol^{-1}）；T 为热力学温度。

测得不同温度下的 k 值，以 $\ln k$ 对 $1/T$ 作图，可得一直线，由直线斜率可求得反应的活化能。

表 3-5　反应活化能计算

实验编号	6	7	8	9
反应温度/℃	30	10	40	……
反应速率常数 k				
$\ln k$				
$1/T$				
反应活化能 E_a				

六、思考题

(1) 根据实验结果，总结浓度、温度、催化剂对反应速率及反应速率常数的影响。

(2) 本实验中 $Na_2S_2O_3$ 溶液用量过少或过多对实验结果有什么影响？

(3) 本实验中，溶液出现蓝色是否表示反应终止？

(4) 查阅文献，确定哪种或哪些物质对本实验的氧化还原反应有催化作用，如果要验证某催化剂的催化作用，从实验方案设计角度应该注意哪些问题？

【知识拓展】

合成氨工业的现状与前景展望

在碳中和目标成为国际热点的背景下，氢气以其清洁能源属性被视为未来燃料，许多国家积极开展技术研究并规划产业布局。氢气来源广泛，作为零碳燃料具有燃烧极限范围宽、点火能量低、火焰传播速度快等优点，就能量传递本质而言，绿氢才是实现碳中和目标的有效途径。然而，当前绿氢制取受限于电解水技术的经济瓶颈和储存运输的安全隐患，配套基础设施建设缓慢，阻碍了氢能规模应用的商业化进程。

氨的能源属性和储能属性使其在动力燃料、清洁电力和储氢载体等新市场方面具有极大的发展潜力。在“双碳”战略目标愿景下，我国液氨行业将构建起氨能能源体系，对低碳社会发展具有重要意义。一方面，氨可以直接用于供能，氨被认为在发电和重型交通运输领域具有脱碳应用潜力。氨直接燃烧或与常规燃料混燃用于发电，有利于构建清洁电力系统；氨用于发动机燃料，有利于解决交通运输领域的碳排放问题。另一方面，氨可以间接供能。氨作为储氢介质，利用催化技术能够实现氨—氢转化，可打破传统的氢储运方式，为发展“氨—氢”绿色能源产业奠定基础。

目前，合成氨还未实现绿色生产。基于传统的合成工艺，全球每年合成氨产量为 2×10^8t 左右，主要产自中国、印度、俄罗斯和美国四个国家。在我国，近些年受到化肥价格的支撑，合成氨需求整体呈现扩大态势。截至 2021 年年底，中国合成氨产能约为 6.488×10^7t，占全球产能的三分之一左右。

与氢类似，根据原料中氢气的碳足迹，合成氨被分为灰氨、蓝氨和绿氨。灰氨中的氢气来源于天然气或者煤炭，由传统的 Haber-Bosch 高温催化工艺制备而成。蓝氨是将灰氨生产过程中的二氧化碳进行捕集。绿氨是在可再生能源提供能量来源的前提下，以水为原料提供绿氢，然后与氮气通过热催化或者电催化等新型低碳技术制备而成。绿氨是可再生能源消纳的重要方式，也是实现碳减排的重要途径。氨能作为氢能补充，绿氨合成将会成为氢能领域的重要应用之一，合成氨技术未来也势必会朝着低碳化合成技术发展。

国内氢氨融合产业项目布局逐渐加快，氢氨融合技术路径渐受热捧。《“十四五”新型储能发展实施方案》明确指出拓展氨储能应用领域，开展依托可再生能源制氨的新型储能技术试点示范，并被列为重点示范。2022 年 3 月发布的《氢能产业发展中长期规划（2021—2035 年）》中提出，积极引导合成氨等行业由高碳工艺向低碳工艺转变，促进高耗能行业绿色低碳发展。

氨能作为另一种具有战略价值的清洁能源，为实现能源结构快速调整、加快碳中和进程提供了新选择。在我国，氨的生产、储运、供给等环节已成体系，拥有良好的合成氨及氨利用基础条件，将会在未来全球氨能产业中占据重要地位。

【立德树人】

在催化领域战斗到底的老院士

郭燮（xiè）贤，中国科学院学部委员（中国科学院院士），中国共产党党员，中国民主同盟盟员，我国著名物理化学家，主要从事催化化学领域研究，是新中国成立后培养的第一代催化科学家的代表，他对中国催化界走向国际学术舞台起到了重要的作用。

催化和石油、化肥、煤炭等化学工业以及国防工业都密切相关，也是国家发展所需要的。大连是我国最早开展催化研究的基地，为了响应支援东北建设的号召，1950 年，郭先生和他的爱人梁娟先后到东北并决定在大连大学科学研究所（中科院大连化学物理研究所前身）工作。

1951 年，郭先生负责直馏汽油环化催化剂的研究，他注重理论联系实际，强调科研工作的独创性和新颖性，强调催化学科多学科交叉的特点，特别重视催化学科强烈的应用背景，将催化研究与我国国民经济发展需要紧密结合。1952 年，郭先生正在研究正庚烷环化为甲苯的催化剂和反应条件。当时，我国的甲苯材料十分短缺，经研究后，国家决定建设甲苯生产工厂。征得郭先生和所里的同意后，石油设计局派技术人员到郭先生的题目组参加中试工作，了解生产流程，收集设计数据，建成年产甲苯 2000t 的小型生产装置。这是我国炼油工业第一套自己研究与设计并且自己建成的工业生产装置。在 20 世纪 50 年代中期，郭燮贤先生等人成功研制出七碳馏分环脱氢化制甲苯催化剂，为解决流程中的技术难题刻苦钻研，最后成功实现其工业化生产。郭先生作为主要负责人之一，荣获 1956 年中国科学院首届自然科学三等奖——国家自然科学奖三等奖，为我国国防事业做出了不可磨灭的贡献。

1954 年，郭先生因患有胃病住院。20 世纪 50 年代后期，为了开发大西北的需要，他不顾身体的病痛，毅然奔赴兰州创建大连化学物理研究所兰州分所（中国科学院兰州化学物理研究所前身）催化研究室。

在 20 世纪 60 年代初，铂重整还是个新颖的工艺，郭先生负责铂重整催化剂的研制项目，带头研制成功我国第一个铂重整催化剂。石油部在 1962 年决定在大庆建设铂重整工业生产装置，其中郭先生起到了重要的作用。

1961～1964 年，郭先生都在为表面键、催化理论而努力，并协助物理化学家张大煜先生研制了合成氨新流程的三个催化剂，并应用于我国合成氨工业，使我国合成氨工艺从 20

世纪 40 年代的水平提高到 20 世纪 60 年代的国际先进水平。

【模块总结】

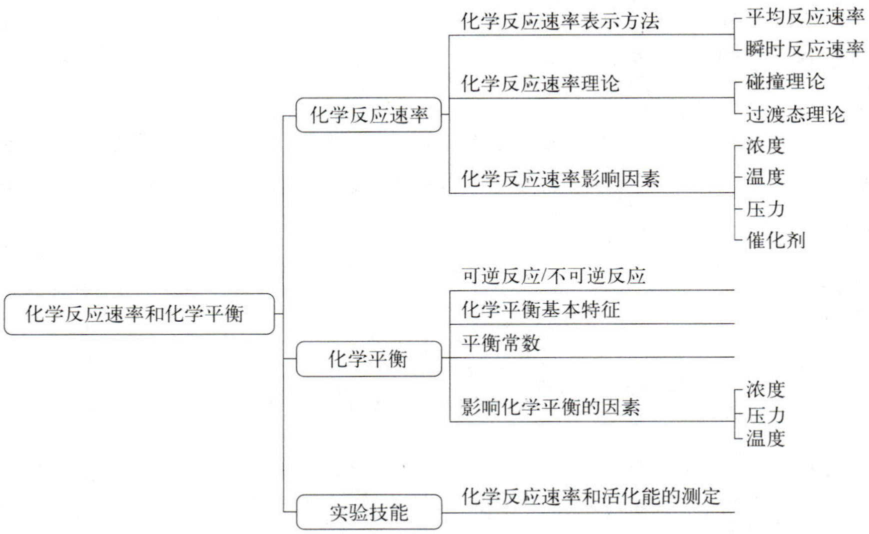

【知识检测】

一、选择题

1. 对于密闭容器中进行的反应 $2SO_2(g)+O_2(g) \rightleftharpoons 2SO_3(g)$，如果温度保持不变，下列说法中正确的是（　　）。

A. 增加 SO_2 的浓度，正反应速率先增大，后保持不变

B. 增加 SO_2 的浓度，正反应速率逐渐增大

C. 增加 SO_2 的浓度，平衡常数增大

D. 增加 SO_2 的浓度，平衡常数不变

2. 下列说法中正确的是（　　）。

A. 可逆反应的特征是正反应和逆反应速率相等

B. 在其他条件不变时，升高温度可以使化学平衡向放热反应方向移动

C. 在其他条件不变时，增大压力会破坏有气体存在的反应的平衡状态

D. 在其他条件不变时，使用催化剂可以改变化学反应速率，但不能改变化学平衡状态

3. 对于达到平衡状态的可逆反应 $N_2+3H_2 \rightleftharpoons 2NH_3$（正反应为放热反应），下列叙述中正确的是（　　）。

A. 反应物和生成物的浓度相等

B. 反应物和生成物的浓度不再发生变化

C. 降低温度，平衡混合物中 NH_3 的浓度减小

D. 增大压力，不利于氨的合成

4. 将 1mol N_2 和 3mol H_2 充入一密闭容器中，在一定条件下反应达到平衡状态，平衡状态是指（　　）。

A. 达到化学反应平衡时，生成的 NH_3 为 2mol

B. 达到化学反应平衡时，N_2、H_2 和 NH_3 的物质的量浓度一定相等

C. 达到化学反应平衡时，N_2、H_2 和 NH_3 的物质的量浓度不再变化

D. 达到化学反应平衡时，正反应和逆反应的速率都为零

5. 当反应处于非平衡状态时，通过反应商和标准平衡常数的比较可以判断反应进行的方向，下列说法正确的是（　　）。

A. $Q<K^{\ominus}$ 时，反应向逆方向进行　　B. $Q<K^{\ominus}$ 时，反应向正方向进行

C. $Q>K^{\ominus}$ 时，反应向正方向进行　　D. $Q=K^{\ominus}$ 时，反应静止不动

6. 一般都能使反应速率加快的方法是（　　）。

①升温；②改变生成物浓度；③增加反应物浓度；④加压

A. ①②③　　B. ①③　　C. ②③　　D. ①②③④

7. 升高温度能加快反应速率的主要因素是（　　）。

A. 温度升高使反应体系的压力增大

B. 活化分子的百分数增加

C. 升高温度，分子运动速率加快，碰撞频率增大

D. 以上因素都正确

8. 当一个化学反应处于平衡状态时，则（　　）。

A. 平衡混合物中各物质的浓度都相等

B. 正反应和逆反应速率都是零

C. 正逆反应速率相等，反应停止产生热

D. 反应混合物的组成不随时间而改变

9. NH_3 分解反应 $2NH_3 \rightleftharpoons N_2 + 3H_2$，在 25℃、$p(H_2)=100$kPa、$p(NH_3)=p(N_2)=100$kPa、$K^{\ominus}=1.6\times10^{-6}$ 时，反应（　　）。

A. 正向进行　　B. 先正向再逆向进行

C. 逆向进行　　D. 先逆向再正向进行

10. 对于反应 $CO(g)+H_2O \rightleftharpoons CO_2(g)+H_2(g)$，如果要提高 CO 的转化率可以采用（　　）。

A. 增加 CO 的量　　B. 增加 H_2O（g）的量

C. 两种办法都可以　　D. 两种办法都不可以

11. 某一反应在一定条件下的转化率为 25.7%，如加入催化剂，这一反应的转化率将（　　）。

A. 大于 25.7%　　B. 小于 25.7%　　C. 不变　　D. 无法判断

12. 气体反应 $A(g)+B(g) \rightleftharpoons C(g)$ 在密闭容器中建立化学平衡，如果温度不变，但体积缩小了 2/3，则平衡常数为原来的（　　）。

A. 3 倍　　B. 9 倍　　C. 2 倍　　D. 不变

二、判断题

1. 对于可逆反应 $C(s)+H_2O(g) \rightleftharpoons CO(g)+H_2(g)$，下列说法是否正确？

① 达到平衡时，各反应物和生成物的浓度相等。 (　　)

② 加入催化剂可以缩短反应达到平衡的时间。 (　　)

③ 由于反应前后分子数目相等，所以增加压力对平衡没有影响。 (　　)

2. 平衡常数大，其反应速率一定也大。 (　　)

3. 催化剂可以改变某一反应的正反应速率和逆反应速率之比。 (　　)

4. 在一定条件下，一个反应达到平衡的标志是反应物和生成物的浓度相等。 (　　)

5. 在一定温度下，反应 $A(g)+2B(s) \rightleftharpoons C(g)$ 达到平衡时，必须有 B(s) 存在；同时，平衡状态又与 B(s) 的量无关。 (　　)

6. 反应达平衡状态时 $Q=K^{\ominus}$ 时，此时反应达到该条件下的最大限度，反应处于动态平衡过程。 (　　)

7. 可使任何反应达到平衡时增加产率的措施是增加反应物的温度。 (　　)

三、简答题

1. 写出下列反应的标准平衡常数表达式：

(1) $C(s)+CO_2(g) \rightleftharpoons 2CO(g)$

(2) $N_2(g)+O_2(g) \rightleftharpoons 2NO(g)$

(3) $Cr_2O_7^{2-}(aq)+H_2O(l) \rightleftharpoons 2CrO_4^{2-}(aq)+2H^+(aq)$

(4) $Fe_3O_4(s)+4H_2(g) \rightleftharpoons 3Fe(s)+4H_2O(g)$

2. 为什么升高温度和增大反应物的浓度，都能加快化学反应速率？

3. 什么是多重平衡规则？具体特点有哪些？

4. 什么叫可逆反应？什么叫化学平衡？化学平衡的特征是什么？

5. 什么叫平衡常数？它与哪些因素有关？平衡常数的意义是什么？

四、计算题

1. N_2O_5 的分解反应是 $2N_2O_5 \rightleftharpoons 4NO_2+O_2$，由实验测得在 67℃ 时 N_2O_5 的浓度随时间的变化如下：

t/min	0	1	2	3	4	5
$[N_2O_5]/(mol \cdot L^{-1})$	1.00	0.71	0.50	0.35	0.25	0.17

(1) 分别求 0～2min 以及 2～5min 内的平均反应速率。

(2) 解释上述两个时间段内的平均反应速率为什么不同。

2. 原料气 N_2、H_2 在某温度下反应达到平衡时，设 $c(N_2)=3mol \cdot L^{-1}$，$c(H_2)=9mol \cdot L^{-1}$，$c(NH_3)=4mol \cdot L^{-1}$，求：

(1) 反应 $N_2+3H_2 \rightleftharpoons 2NH_3$ 的平衡常数；

(2) 氮气的转化率。

3. 在密闭容器中进行着如下反应：$2SO_2(g)+O_2(g) \rightleftharpoons 2SO_3(g)$。$SO_2$ 的起始浓度为 $0.4mol \cdot L^{-1}$，O_2 的起始浓度为 $0.1mol \cdot L^{-1}$。当 SO_2 的转化率为 80% 时反应到达平衡。

(1) 若将平衡时反应混合物的压强增大 1 倍，平衡将如何移动？

(2) 若将平衡时反应混合物的压强缩小为原来的 1/2，平衡将如何移动？

模块三知识检测
参考答案

模块四

化学分析基础

【学习目标】

知识目标

1. 了解分析化学的任务和分类；
2. 熟悉误差的来源、表示方法和减免方法；
3. 掌握有效数字的概念、修约规则及运算规则；
4. 熟悉滴定分析法、滴定反应的条件和分类；
5. 掌握基准物质应具备的要求和标准溶液的配制方法；
6. 了解实验室的规章制度；
7. 掌握电子天平的使用方法及称量方法；
8. 掌握移液管、容量瓶、移液枪、滴定管的正确使用方法；
9. 掌握实验室用水和常用化学试剂的规格。

能力目标

1. 能有效分析误差来源并有效减免；
2. 能设计原始数据记录表并规范填写测量数据；
3. 能用有效数字运算规则及修约规则正确计算和保留分析结果的有效数字；
4. 能有效进行滴定分析结果计算，并正确表达分析结果；
5. 能对烫伤、触电、割伤、灼烧等一般意外事故进行妥善处理；
6. 能用正确的称量方法进行固体试剂的称量；
7. 能正确使用移液管、移液枪、容量瓶、滴定管等常用分析仪器；
8. 会配制一般溶液和采用直接法配制标准溶液。

素质目标

1. 培养规范操作和节约环保的职业道德；
2. 树立实验室的安全操作意识；
3. 培养严谨细致的工作作风和实事求是、一丝不苟的科学品质；

4. 引导学生对专业的使命感，培养学生的社会责任感。

【项目引入】

氯碱含量的测定准备

西汉·戴圣《礼记·中庸》中说，“凡事预则立，不预则废”，意思是没有事先的计划和准备，就不能获得战争的胜利。孙子兵法云“谋定而后动，知止而有得”，民间谚语引申为“不打无准备之仗，方能立于不败之地”。

打仗和做事需要做充足的准备，做分析实验也是如此。一个实验的开展往往需要耗费大量的人力、物力与时间成本，因而做足充分的准备，做好实验的顶层设计非常重要，要从灵敏度、准确度、专属性等多个方面全面考虑与设计。因而要求同学们在实验前必须做好实验预习，从多个角度来考虑与设计这个实验的细节，包括需要注意的安全事项，需要用到的仪器与试剂，分析步骤，可能出现的异常情况，等等。只有充分地实验预习，且实验过程中保持细致与认真的态度，才能良好地完成实验。

案例：氯碱含量的测定

王某新入职氯碱厂做分析检验员，经三级安全教育培训、企业文化教育和岗位工作工艺教育后正式上岗，上岗后接到采样员丁某采集的液体碱液样品检验任务单。请你为王某设计实验准备和实验流程。

【知识链接】

知识点一 分析化学概述

一、分析化学的任务和作用

分析化学是人们获取物质化学组成与结构信息的科学，即表征和测量的科学。这种表征标志着计算机技术在分析化学中的应用，把分析化学引入了现代发展阶段。分析化学的任务是鉴定物质的化学结构、化学成分及测定各成分的含量，它们分别属于结构分析、定性分析和定量分析的研究内容。

分析化学发展过程中，已经为探索地球的奥秘、人类的起源和演化等问题做出了应有的贡献。今天分析化学已经发展成一门建立在化学、物理学、数学、计算机科学、精密仪器科学基础上的综合性的边缘学科。生产建设中，资源的探测、原料配比、工艺流程控制、化肥和农药的生产、工农业产品的质量检验、“三废”的治理等，都将分析化学作为“眼睛”。现代科学研究中，包括可控热反应、信息高速公路、纳米材料和智能材料的研制、生物技术征服疾病等，其决策和结论都基于分析化学测量的结果，这也对分析科学提出了更高的要求，有利于促进分析科学的进一步发展。分析化学是国计民生不可或缺的一门带有工具性质的学科。

二、分析化学的分类

分析化学按其任务可以分为定性分析和定量分析两个部分，定性分析的任务是鉴定物质的化学组成，定量分析的任务是测定各有关组分的含量。在进行物质分析时，首先要确定物质的化学组成，然后根据其组成和测定要求选择合适的分析方法测定各组分含量。在生产中，大多数情况下物料的基本组成是已知的，只需要对生产中的原料、半成品、成品以及其他的辅助材料进行及时准确的定量分析，因此本模块主要讨论定量分析。除此之外，还可根据分析对象、测定原理、试样用量、被测组分含量和生产部门的要求，将分析化学分为如下不同类别。

1. 无机分析和有机分析

无机分析研究的对象是无机化合物，有机分析研究的对象是有机化合物。在无机分析中，无机化合物所含的元素种类繁多，通常要求鉴定试样是由哪些元素、离子、原子团或化合物所组成，各组分的含量是多少。在有机分析中，虽然组成有机化合物的元素种类不多，但由于有机化合物结构复杂，种类繁多，所以分析方法不仅有元素分析，还有官能团分析和结构分析。

2. 化学分析和仪器分析

以物质的化学反应为基础的分析方法称为化学分析法，主要有滴定分析法和重量分析法。化学分析法历史悠久，是分析化学的基础，主要适用于含量高于1%的高含量和中等含量组分的测定。

以物质的物理和物理化学性质为基础的分析方法称为物理和物理化学分析法。这类方法通常都需要特殊的仪器，称为仪器分析法。仪器分析法主要有：光学分析法，如分光光度法、原子吸收分光光度法、荧光分析法、原子发射光谱法等；电化学分析法，如电位分析法、极谱分析法、库仑分析法等；色谱分析法，如气相色谱分析法、高效液相色谱分析法等；其他，如质谱分析法、核磁共振和放射化学分析法等，种类很多，而且新的分析方法正在不断出现。

3. 常量分析、半微量分析和微量分析

分析工作中根据试样用量的多少可将分析方法分为常量分析、半微量分析和微量分析，见表4-1。另外，按被测组分含量范围又可将分析方法分为常量组分（>1%）分析、微量组分（1%～0.01%）分析和痕量组分（<0.01%）分析。

表4-1 根据试样用量划分的分析方法

项目	常量分析	半微量分析	微量分析
固态试样质量/g	1～0.1	0.1～0.01	<0.01
液态试样体积/mL	10～1	1～0.01	<0.01

4. 例行分析、快速分析和仲裁分析

例行分析是指一般化验室对日常生产中的原材料和产品所进行的分析，又叫常规分析。

快速分析主要为控制生产过程提供信息。例如化工生产中的生产控制分析，要求在尽量短的时间内报出分析结果以便控制生产过程，这种分析要求速度快，准确程度达到一定要求即可。

仲裁分析是因为不同的单位对同一试样分析得出不同的测定结果，并由此发生争议时，要求权威机构用公认的标准方法进行准确的分析，以裁判原分析结果的准确性。显然，在仲裁分析中，对分析方法和分析结果要求有较高的准确度。

知识点二 误差及数据处理

一、定量分析中的误差

定量分析的任务是测定试样中组分的含量。要求测定的结果必须达到一定的准确度，才能满足生产和科学研究的需要。显然，不准确的分析结果将会导致生产的损失、资源的浪费、科学上的错误结论。

在分析测试过程中，由于主、客观条件的限制，测定结果不可能和真实含量完全一致，即使是技术很熟练的人，用同一完善的分析方法和精密的仪器，对同一试样仔细地进行多次分析，其结果也不会完全一样，而是在一定范围内波动。这就说明分析过程中客观上存在难以避免的误差。因此，人们在进行定量分析时，不仅要得到被测组分的含量，而且必须对分析结果进行评价，判断分析结果的可靠程度，检查产生误差的原因，以便采取相应措施减小误差，使分析结果尽量接近客观真实值。

下面介绍有关误差的一些基本概念。

1. 误差的表征：准确度与精密度

准确度，是指测定值与真值之间接近的程度。它们之间的差值越小，则分析结果的准确度越高。

为了获得可靠的分析结果，在实际分析中，人们总是在相同条件下对试样平行测定几次，然后取平均值，如果几个数据比较接近，说明分析的精密度高。精密度就是几次平行测定结果相互接近的程度。

准确度与精密度是评价分析结果的两个概念。如现有 A、B、C、D 四人对同一试样进行分析，试样真值为 65.15%，四人所得分析数据如图 4-1 所示。

在图 4-1 中，A 分析结果的精密度较好，准确度也较高，分析结果可靠；B 分析结果的精密度虽然较好，但准确度却较差；C 分析结果的精密度差，准确度也比较差；D 分析结果的精密度差，但是平均值与真值接近，显然，这只是偶然的巧合，其分析结果是不可靠的。

综上所述，精密度是保证准确度的先决条件。如果测定结果的精密度很差，所测结果不可靠，就失去了衡量准确度的前提。对于一般测定结果来说，首先要重视测量结果的精密度。精密度好并不一定表示准确度高。对精密但不准确的测定结果，应该有固定原因影响测定，只要找出原因，加以校正，就可以使测定结果既精密又准确。

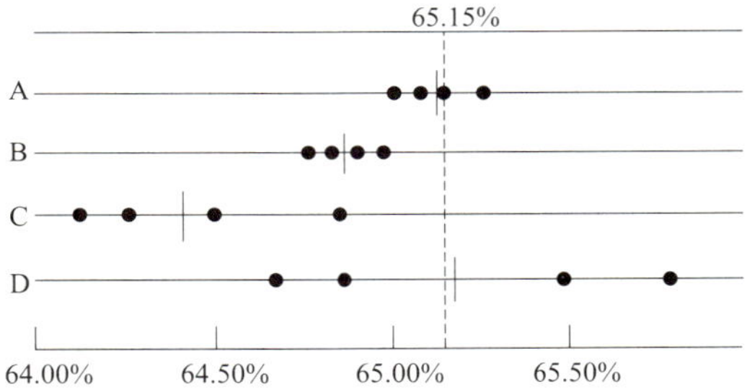

图 4-1 定量分析中准确度和精密度示意图（● 表示个别测定值，| 表示平均值）

2. 误差的表示

（1）误差 准确度的高低用误差来衡量。误差表示测定结果与真值的差异。差值越小，误差就越小，即准确度越高。误差一般用绝对误差和相对误差来表示，测定值（χ_i）与真值（T）之间的差值叫绝对误差（E）。绝对误差的单位与测定值所用的单位相同。绝对误差在真值中所占的份额叫相对误差（RE），相对误差的量纲为 1。

绝对误差：
$$E=\chi_i-T \tag{4-1}$$

相对误差：
$$RE=\frac{E}{T}\times 100\% \tag{4-2}$$

绝对误差和相对误差都有正值和负值，分别表示分析结果偏高或偏低。由于相对误差能反映误差在真值中所占的比例，故常用相对误差来表示或比较各种情况下测定结果的准确度。

（2）偏差 在实际分析工作中，真值并不知道，一般是对某试样进行 n 次平行测定，测定数据为 χ_1，χ_2，…，χ_n，取 n 次测定数据的算术平均值 $\bar{\chi}$ 来表示分析结果：

$$\bar{\chi}=\frac{\chi_1+\chi_2+\cdots+\chi_n}{n}=\frac{1}{n}\sum_{i=1}^{n}\chi_i \tag{4-3}$$

各次测定值与平均值之差称为偏差。偏差的大小可表示分析结果的精密度，偏差越小说明测定值的精密度越高。偏差也分为绝对偏差和相对偏差。

绝对偏差：
$$d_i=\chi_i-\bar{\chi} \tag{4-4}$$

相对偏差：
$$dr=\frac{d_i}{\bar{\chi}}\times 100\% \tag{4-5}$$

（3）公差 由前面的讨论可以知道，误差与偏差具有不同的含义。前者以真值为标准，后者是以多次测定值的算术平均值为标准。严格地说，人们只能通过多次反复地测定，得到一个接近于真值的平均结果，用这个平均值代替真值来计算误差。显然，这样计算出来的误差还是偏差。因此在生产部门并不强调误差与偏差的区别，而用公差范围来表示允许误差的大小。

公差是生产部门对分析结果允许误差的一种限量，又称为允许误差。如果分析结果超出允许的公差范围称为“超差”。遇到这种情况，则该项分析应该重做。公差范围的确定一般是根据生产需要和实际情况而制定的，所谓根据实际情况是指试样组成的复杂情况和所用分析方法的准确程度。对于每一项具体的分析工作，各主管部门都规定了具体的公差范围。

3. 误差的分类及减免

在图 4-1 的示例中，B 做的结果精密度很好而准确度较差，并且每人所做的四次平行测定结果都有或大或小的差别，这是由于在分析过程中存在着各种性质不同的误差。

误差按性质不同可分为系统误差和随机误差两类。

（1）系统误差　这类误差是由某种固定的原因造成的，它具有单向性，即正负、大小都有一定的规律性。当重复进行测定时系统误差会重复出现。若能找出原因，并设法加以校正，系统误差就可以消除，因此也称为可测误差。B 所做结果精密度高而准确度差，就是由于存在系统误差。系统误差产生的主要原因如下：

① 方法误差。方法误差是由分析方法不够完善所引起的。例如，所选用的指示剂不够恰当，使滴定终点和化学计量点不一致；滴定反应进行得不够完全或不够迅速；有副反应发生；有干扰物质存在；沉淀溶解度较大引起损失等，都会系统地导致结果偏高或偏低。

② 仪器误差。仪器误差主要是因为仪器本身不够准确或未经校准。例如，天平砝码的表面值和真值不一致；滴定管或移液管等容量仪器的刻度值不准确；因器皿受试剂腐蚀而引入其他物质使分析结果不准确等。

③ 试剂误差。试剂误差是由试剂不纯或溶剂（通常是蒸馏水）含有微量杂质引起的。例如，基准物质的组成与化学式不完全相符等。

④ 操作误差。操作误差是因为分析人员在操作中经验不足、操作不够熟练，实际操作与正确的操作稍有出入。例如，滴定速度太快，读滴定管读数过早；对终点颜色判断不准；溶液或沉淀的转移不够定量；被称量的物质吸湿；等等。此类误差在重复进行分析时也会重复出现。

以上各类误差可以采用对照试验、空白试验、校准仪器、方法校正等方法加以校正，以提高分析结果的准确度。

① 对照试验。这是用来检验系统误差的有效方法。下面介绍三种常用的对照试验方法。第一种方法是以所用的分析方法对标准试样（由国家有关部门组织生产并公开出售）、管理样（有关单位自制）或人工合成试样进行分析，然后将分析结果与标准值（代表真值）进行对照，以检查操作是否正确，仪器是否正常，若分析标样的结果符合“公差”规定，说明操作与仪器均符合要求，试样的分析结果是可靠的。所用的标准试样的组成必须尽可能与需要测定的实际试样一致，否则可能会得出错误的结论。第二种方法是用可靠的分析方法（例如国家颁布的标准方法或公认可靠的经典方法），和所用的分析方法一起，对实际试样进行分析，再将分析结果进行对照，用以判断方法误差的大小。第三种方法是利用加入回收法进行对照试验。向一定量的试样中加入已知量的被测组分，然后进行分析，将得到的分析结果同试样的分析结果相比较，可以看出加入量的回收程度，从而判断误差的大小。

② 空白试验。在不加试样的情况下，按照试样的分析步骤和条件而进行的测定叫作空白试验。得到的结果称为“空白值”。从试样的分析结果中扣除空白值，就可以消除由试剂、蒸馏水、实验器皿和环境带入的杂质所引起的系统误差。但是，如果空白值相当大，扣除空白值会引起较大的误差，此时必须改用更纯的试剂或更合适的器皿，然后再进行试验。

③ 校准仪器。在日常分析工作中，因仪器出厂时已进行过校正，只要仪器保管妥善，

一般可不必进行校准。在准确度要求较高的分析中，对所用的仪器如滴定管、移液管、容量瓶、天平砝码等，必须进行校准，求出校正值，并在计算分析结果时使用校正值，以消除由仪器带来的系统误差。当允许的相对误差大于1%时，一般可以不必校准仪器。

④ 方法校正。某些分析方法的系统误差可用其他方法直接校正。例如，在重量分析中，使被测组分沉淀绝对完全是不可能的，可采用其他方法对溶解损失进行校正。如在沉淀硅酸后，可再用比色法测定残留在滤液中的少量硅，在准确度要求高时，应将滤液中该组分的比色测定结果加到重量分析结果中去。

（2）随机误差　随机误差是指测定值受各种因素的随机变动而引起的误差，如温度、湿度、气压的波动，仪器性能的微小变化，操作稍有出入等，都将使分析结果在一定范围内波动，从而造成误差。由于随机误差取决于测定过程中一系列随机因素，其大小和方向都不固定，因此无法测量，也不可能校正，所以随机误差又称为不可测误差。

随机误差不可避免，客观存在，难以觉察，难以控制，从表面看似乎没有规律，但是消除系统误差后，在同样条件下多次测定，则可发现随机误差的分布也是有规律的，一般服从正态分布统计规律。

① 大小相近的正误差和负误差出现的机会相等，即绝对值相近而符号相反的误差是以同等的机会出现的，因而等精度大量测量的数据，其随机误差的代数和有趋于零的趋势。

② 小误差出现的频率较高，而大误差出现的频率较低。

在统计学中，将随机变量 χ 取值的全体称为总体，从总体中随机抽取一组测量值 χ_1、χ_2、…、χ_n，称为样本。上述规律可用正态分布曲线图4-2表示，图中 μ 为无限多次测定的平均值，在校正了系统误差的情况下，即为真值。图的纵坐标代表误差发生的概率，横坐标以标准偏差 σ 为单位。由图可知，分析结果落在 $\mu\pm\sigma$ 的概率为68.3%；落在 $\mu\pm2\sigma$ 的概率为95.4%，落在 $\mu\pm3\sigma$ 的概率为99.7%。误差超过 $\mu\pm3\sigma$ 的分析结果出现的概率为0.3%。因此，通过多次测定，取平均值的方法可以减少随机误差对测量结果的影响。

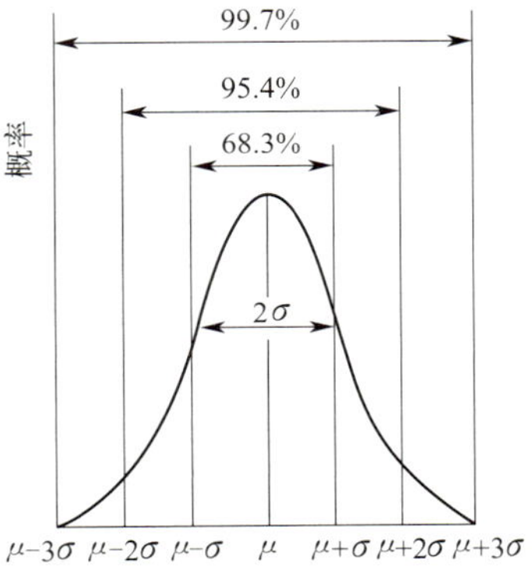

图4-2　正态分布曲线

除了系统误差和随机误差外，在分析中还会遇到由过失或差错造成的“过失误差”。例如，加错试剂、试液溅失、读错刻度、记录错误等，这些都属于不应有的过失，只要加强责任感，工作中认真细致、一丝不苟，严格遵守操作规程，过失误差是完全可以避免的。一旦出现很大的误差，经分析确定是由过失引起的，则在计算平均值时应舍弃此次测定值。

二、数据的记录与处理

1. 有效数字

有效数字就是实际能测到的数字。有效数字的位数和分析过程所用的分析方法、测量方法、测量仪器的准确度有关。有效数字可以这样表示：

有效数字＝所有的可靠数字＋一位可疑数字

有效数字的位数不同，说明所用的称量仪器的准确度不同。例如，0.6g 用的是精度为 0.1g 的电子天平；0.6180g 用的是精度为 0.0001g 的电子天平。

分析中记录的有效数字位数还直接反映了测定的相对误差。

（1）有效数字位数的确定

① 实际分析工作中，记录数据要根据所使用量器的精度来决定，记录的数据应反映所使用仪器的准确度。

② 数据中“0”的确定。“0”作为普通数字使用或作为定位的标志，例如，0.5000g、22.05%和 6.345×10^3 都有四位有效数字；0.0450g 和 2.57×10^3 都有三位有效数字；0.8g、0.005%和 5×10^2 都有一位有效数字。

③ 变换单位时，有效数字的位数不变。

④ pH、pK、lg$K$ 等对数值，其有效数字的位数取决于小数。

⑤ 分析计算中的倍数、分数及常数、e 等一些非测量数字的有效数字位数视为无限多。

（2）有效数字修约规则　在计算一组准确度不等即有效数字位数不同的数据前，应按照确定的有效数字位数，将多余的数字舍弃，舍弃多余数字的过程称为数字修约。数字修约遵循“四舍六入五成双”的规则。即：当尾数≤4 时舍，尾数≥6 时则入；尾数等于 5 时，5 前面为偶数则舍，5 前面为奇数则入。

（3）有效数字运算规则

① 加减法。先按小数点后位数最少的数据保留其他各数的位数，再进行加减计算，计算结果也使小数点后保留相同的位数。

② 乘除法。先按有效数字最少的数据保留其他各数，再进行乘除运算，计算结果仍保留相同有效数字。

③ 乘方或开方。对数据进行乘方或开方时，所得结果的有效数字位数应与原数据相同。例如，$6.54^2=42.8$。

④ 对数计算。对数尾数的位数应与真数的有效数字位数相同。例如，pH＝11.20，对应的 $[H^+]=6.3\times10^{-12}mol\cdot L^{-1}$。

⑤ 对于高含量组分（如＞10%）的测定，一般要求分析结果有 4 位有效数字；对于中含量组分（如 1%～10%），一般要求 3 位有效数字；对于微量组分（＜1%），一般只要求 2 位有效数字。通常以此为标准报出分析结果。

为了提高计算结果的可靠性，计算的中间过程中可以暂时多保留一位数字，但是得到最后结果时，一定注意要舍弃掉多余的数字。

2. 数据的记录与处理

（1）数据记录　原始数据记录是分析检验工作最重要的资料之一，认真做好原始记录，是保证实验数据可靠性的重要条件。记录时要注意以下几点：

习题-误差及数据处理考点

① 应有专用的记录本，并标上页码，记录本应保存相当时间以备查用。

② 检验记录中应有检验日期、项目名称、检验次数、检验数据和检验人。

③ 根据不同的检验要求，可自行设计表格或自动记录和画图。

④ 要有科学严谨的态度，记录及时、准确、清晰、实事求是。

⑤ 检验中涉及的仪器型号、溶液浓度、室温等也要记录。

⑥ 记录数据的有效数字位数要与分析仪器的准确度一致。

⑦ 改动数据应清楚明确，不可随意涂改。

⑧ 检验结束后，应对数据进行核对、处理，以确定是否需要补充或重做。

（2）可疑数据的取舍　在定量分析中，重复平行多次测定时，可能会出现个别数据与其他数据相差较远，这一数据称为可疑值。如果此值不是由明显的过失造成的，是舍弃还是保留，不能随意决定，而要按照数理统计的规定进行处理。常用的有 Q 值检验法和 4d 检验法。

知识点三　滴定分析概述

滴定分析法又叫容量分析法，是将一种已知准确浓度的试剂溶液（即标准溶液），通过滴定管滴加到待测组分的溶液中，直到标准溶液和待测组分恰好定量反应为止。这时加入标准溶液物质的量与待测组分的物质的量符合反应式的化学计量关系。根据标准溶液的浓度和所消耗的体积，可算出待测组分的含量。这类分析方法称为滴定分析法。滴加的溶液称为滴定剂，滴加溶液的操作过程称为滴定。当滴加的标准溶液与待测组分恰好定量反应完全时的一点，称为化学计量点。

通常利用指示剂颜色的突变或仪器测试来判断化学计量点的到达，据此而停止滴定操作的一点称为滴定终点。实际分析操作中滴定终点与理论上的化学计量点常不能恰好吻合，它们之间通常存在很小的差别，由此而引起的误差称为终点误差。

滴定分析法是分析化学中重要的一类分析方法，它常用于测定含量≥1%的常量组分。滴定分析法的准确度较高，在一般情况下测定的相对误差约在 0.1%，而且，所需的仪器设备简单，操作简便，测定快速，因此，滴定分析法在生产实际和科学研究中应用广泛。

一、滴定反应的条件与滴定方式

1. 滴定反应的条件

滴定分析法是以化学反应为基础的。根据滴定反应类型的不同，滴定分析法又可以分为酸碱滴定法、络合滴定法、沉淀滴定法和氧化还原滴定法等。但是，并不是所有的反应都可以用来进行滴定分析，适用于滴定分析的化学反应，必须满足以下一些要求：

① 反应必须定量地完成。即要求反应按一定的反应方程式进行，不发生副反应，而且还应进行得很完全。通常要求在化学计量点时有 99.9%以上的反应完全程度，这是定量计算的基础。

② 反应必须迅速完成。如果反应进行很慢，将给滴定终点的确定带来困难。对于反应速率较慢的反应，应采取适当措施提高反应速率。

③ 有合适的确定滴定终点的方法。如用合适的指示剂或用其他方法确定滴定终点。

此外，当溶液中有其他物质共存时，应不干扰被测物质的测定，否则应采取适当措施，消除其干扰。

凡能满足上述要求的反应均可用于滴定分析。

2. 滴定方式

在滴定分析法中常用的滴定方式有如下四种：

（1）直接滴定法　这是滴定分析法中最常用和最基本的滴定方式。只要滴定剂和被测物质之间的反应能够满足上述三个要求，就可以用直接滴定方式进行测定。直接滴定法中用标准溶液直接进行滴定，通过标准溶液的浓度及所消耗滴定剂的体积，计算出待测物质的含量。例如，用氢氧化钠滴定醋酸，用重铬酸钾滴定亚铁盐等。

（2）返滴定　俗称回滴。当滴定剂和被测物质的反应速率较慢或者由于缺乏合适的指示剂等原因不能采用直接滴定方式时，可以采用返滴定方式。先往被测物质溶液中加入一定过量的某种试剂，使其与被测物质进行反应，待反应完成后，再用另一种合适的滴定剂去滴定剩余的试剂。例如，在强酸性溶液中用 $AgNO_3$ 滴定 Cl^- 时，没有合适的指示剂，此时可以先准确地加入过量的 $AgNO_3$ 标准溶液，使其与氯离子形成 AgCl 沉淀，然后以高铁盐作指示剂，用 NH_4SCN 标准溶液回滴过量的银离子，当出现 $Fe(SCN)^{2+}$ 的红色时即为滴定终点。

（3）置换滴定　有些物质同滴定剂之间的反应不呈化学计量关系，或者由于缺乏合适指示剂，或者由于其他原因不能直接滴定时，可以采用置换滴定方式进行测定。其方法是：先使被测物质甲同某种试剂反应，生成可以直接滴定的物质乙，乙与甲之间存在着一定的化学计量关系，然后用滴定剂滴定乙以测定甲。例如，还原剂 $Na_2S_2O_3$ 同氧化剂 $K_2Cr_2O_7$ 在酸性条件下反应时，$S_2O_3^{2-}$ 部分被氧化成 $S_4O_6^{2-}$，部分被氧化成 SO_4^{2-}，$Na_2S_2O_3$ 和 $K_2Cr_2O_7$ 之间没有固定的化学计量关系，因此不能用 $Na_2S_2O_3$ 直接滴定 $K_2Cr_2O_7$。但是，$K_2Cr_2O_7$ 在酸性溶液中可以同 KI 反应，置换出较弱的氧化剂 I_2，I_2 与 $Na_2S_2O_3$ 之间存在一定的化学计量关系，而且，I_2 与 $Na_2S_2O_3$ 之间的反应符合滴定分析的要求，所以，用 $Na_2S_2O_3$ 标准溶液滴定置换出来的 I_2 便可以测定 $K_2Cr_2O_7$。

（4）间接滴定　不能与滴定剂直接发生反应的被测物质，有时利用间接滴定方式可顺利地测出它的含量。例如，Ca^{2+} 不能与 $KMnO_4$ 反应，所以用 $KMnO_4$ 不能直接滴定 Ca^{2+}。但可以先将 Ca^{2+} 定量地转化为 CaC_2O_4 沉淀，沉淀中的 Ca^{2+} 与 $C_2O_4^{2-}$ 之间有一定的化学计量关系，沉淀经过滤、洗涤，用 H_2SO_4 溶解后，即可用 $KMnO_4$ 标准溶液滴定 $H_2C_2O_4$，间接测出 Ca^{2+} 的含量。

二、标准溶液和基准物质

1. 基准物质

基准物质，是指能用于直接配制或能标定标准溶液的物质。标准溶液浓度的准确度同基准物质有着直接的联系。基准物质应符合以下一些要求：

① 物质必须有足够的纯度，其纯度要求≥99.9%，通常用基准试剂或优级纯试剂。

② 物质的组成应与它的化学式完全相符（包括结晶水等）。

③ 试剂性质稳定。

④ 基准物质的摩尔质量应尽可能大，这样称量的相对误差就较小。

能够满足上述要求的物质称为基准物质。在滴定分析中常用的基准物质如表 4-2 所示。

表 4-2　常用基准物质

基准物质		干燥后的组成	干燥条件，温度/℃	标定对象
名称	分子式			
碳酸氢钠	$NaHCO_3$	Na_2CO_3	270～300	酸
十水合碳酸钠	$Na_2CO_3 \cdot 10H_2O$	Na_2CO_3	270～300	酸
硼砂	$Na_2B_4O_7 \cdot 10H_2O$	$Na_2B_4O_7 \cdot 10H_2O$	放在装有 NaCl 和蔗糖饱和溶液的密闭容器中	酸
二水合草酸	$H_2C_2O_4 \cdot 2H_2O$	$H_2C_2O_4 \cdot 2H_2O$	室温空气干燥	碱或 $KMnO_4$
邻苯二甲酸氢钾	$KHC_8H_4O_4$	$KHC_8H_4O_4$	110～120	碱
重铬酸钾	$K_2Cr_2O_7$	$K_2Cr_2O_7$	140～150	还原剂
溴酸钾	$KBrO_3$	$KBrO_3$	130	还原剂
碘酸钾	KIO_3	KIO_3	130	还原剂
金属铜	Cu	Cu	室温干燥器中保存	还原剂
三氧化二砷	As_2O_3	As_2O_3	室温干燥器中保存	氧化剂
草酸钠	$Na_2C_2O_4$	$Na_2C_2O_4$	105～110	氧化剂
碳酸钙	$CaCO_3$	$CaCO_3$	110	EDTA
金属锌	Zn	Zn	室温干燥器中保存	EDTA
氧化锌	ZnO	ZnO	900～1000	EDTA
氯化钠	NaCl	NaCl	500～600	$AgNO_3$
氯化钾	KCl	KCl	500～600	$AgNO_3$
硝酸银	$AgNO_3$	$AgNO_3$	220～250	氯化物

2. 标准溶液

在滴定分析法中，必须使用标准溶液，否则无法计算分析结果。其他许多仪器分析方法也需用到标准溶液。标准溶液的配制方法有直接法和间接法两种。

（1）直接法　准确称取一定量的基准物质，溶解后定量转移到容量瓶中，再准确稀释至一定体积，充分摇匀，通过计算便可以直接知道溶液的准确浓度。例如，称取 5.884g $K_2Cr_2O_7$ 基准物质，溶于水并定量转移到 1L 容量瓶中，用水稀释至一定刻度，摇匀后即得浓度为 $0.02000mol \cdot L^{-1}$ 的 $K_2Cr_2O_7$ 标准溶液。

（2）间接法　用来配制标准溶液的物质大多数不符合基准物质条件，不能用直接法配制标准溶液，需要用间接法（又称标定法）配制。即先将试剂配制成接近于所需浓度的溶液，然后用基准物质或另一种标准溶液来标定它的准确浓度。例如，常用的 HCl 标准溶液不能用直接法配制，可用量筒量取 8.3mL 浓盐酸，加到约 1L 蒸馏水中，其浓度约为 $0.1mol \cdot L^{-1}$。准确称取一定量的硼砂基准物（$Na_2B_4O_7 \cdot 10H_2O$）溶于适量水后，用该 HCl 溶液滴定至终点，根据硼砂的质量和 HCl 溶液的用量便可计算 HCl 溶液的准确浓度。

习题-标准溶液和基准物质考点

三、标准溶液浓度表示法

在滴定分析法中，标准溶液的浓度通常用物质的量浓度和滴定度表示。

1. 物质的量浓度

物质的量浓度简称浓度。对于物质 B 的溶液来讲，其物质的量浓度是指单位体积溶液中所含物质 B 的物质的量。物质的量浓度用符号 c_B 表示，单位为 $mol \cdot L^{-1}$，即：

$$c_B=\frac{n_B}{V} \tag{4-6}$$

式中，c_B 为物质 B 的物质的量浓度，$mol \cdot L^{-1}$；n_B 为物质 B 的物质的量，mol；V 为溶液的体积，L。

物质 B 的质量 m_B、摩尔质量 M_B 和物质的量 n_B 之间存在以下关系：

$$n_B=\frac{m_B}{M_B} \tag{4-7}$$

因此，有：

$$m_B=n_BM_B=c_BVM_B \tag{4-8}$$

【例 4-1】 已知盐酸的密度为 $1.19g \cdot mL^{-1}$，其中 HCl 质量分数为 36%，求盐酸的物质的量 n_{HCl} 及盐酸溶液的浓度 c_{HCl}。

解： 根据式(4-6) 及式 (4-7)，

$$n_{HCl}=\frac{m_{HCl}}{M_{HCl}}=\frac{1.19g \cdot mL^{-1}\times 1000mL\times 0.36}{36.5g \cdot mol^{-1}}\approx 12mol$$

$$c_{HCl}=\frac{n_B}{V}=\frac{12mol}{1.0L}=12mol \cdot L^{-1}$$

2. 滴定度

滴定度是指 1mL 滴定剂溶液相当于待测物质的质量（单位为 g），用 $T_{待测物/滴定剂}$ 表示。滴定度的单位为 $g \cdot mL^{-1}$。

在生产实际中，对大批试样进行某组分的例行分析，若用 $T_{待测物/滴定剂}$ 表示很方便，如滴定消耗 V(mL) 标准溶液，则被测物质的质量为：

$$m=T_{待测物/滴定剂}V \tag{4-9}$$

例如，氧化还原滴定分析中，用 $K_2Cr_2O_7$ 标准溶液测定 Fe 的含量时，若 $K_2Cr_2O_7$ 标准溶液的 $T_{Fe/K_2Cr_2O_7}=0.003489g \cdot mL^{-1}$，滴定某试样消耗滴定剂为 20.12mL，则该试样中含铁的质量为：

$$m=0.003489g \cdot mL^{-1}\times 20.12mL=0.07020g$$

有时滴定度也可用每毫升标准溶液中所含溶质的质量（单位为 g）来表示。例如 $T_{NaOH}=0.004012g \cdot mL^{-1}$，即每毫升 NaOH 标准溶液中含有 NaOH 0.004012g。这种表示方法在配制专用标准溶液时广泛应用。

知识点四 实验室安全认知

一、实验室安全守则

习题-实验室安全考点

（1）进入实验室，需穿着实验服。

（2）严禁在实验室内吃东西、吸烟，严禁在实验室嬉闹，养成良好的实验习惯。

（3）进入实验室开始工作前，应了解水阀及电闸所在处。离开实验室时，一定要将室内检查一遍，应将水、电开关关好，门窗关好。

（4）要注意安全用电。不要用湿手、湿物接触电源，实验结束后应及时切断电源。

（5）会产生刺激性或有毒气体的实验，应在通风橱内进行。具有挥发性和易燃物质的实验，都应在远离火源的地方进行，最好在通风橱内进行。

（6）取用药品要选用药匙等专用器具，不能用手直接拿取，防止药品接触皮肤造成伤害。

（7）绝对不允许随意混合各种化学药品，以免发生意外事故。

（8）洗液、浓酸、浓碱具有强腐蚀性，应避免溅落在皮肤、衣服、书本上，更应防止溅入眼睛里。稀释时（特别是浓硫酸），应将它们缓缓倒入水中并不断搅拌，切勿将水倒入浓硫酸，以免迸溅伤人。

（9）实验完毕，离开实验室前，应选择合适洗涤用品，及时清洗双手。

二、实验室紧急情况的处理

实验过程中如果不慎发生意外事故，切莫惊慌，应立即采取适当的急救措施。

1. 触电

可按下列方法紧急处理。

（1）关闭电源。

（2）用干木棍使导线与被害者分开。

（3）急救时施救者应先做好防止触电的安全措施，手或脚必须绝缘。

2. 火灾

实验室起火或爆炸时，要立即切断电源，打开窗户，熄灭火源，移开尚未燃烧的可燃物，根据起火或爆炸原因及火势采取不同方法灭火并及时报告。视火灾类型不同，采取不同的扑灭方法。

（1）地面或实验台面着火，若火势不大，可用湿抹布或沙土扑灭。

（2）反应器内着火，可用灭火毯或湿抹布盖住瓶口灭火。

（3）有机溶剂和油脂类物质着火，火势小时，可用湿抹布或沙土扑灭，或撒上干燥的碳酸氢钠粉末灭火；火势大时，必须用二氧化碳灭火器、泡沫灭火器或四氯化碳灭火器扑灭。

（4）电器起火，应立即切断电源，用二氧化碳灭火器或四氯化碳灭火器灭火（四氯化碳蒸气有毒，应在空气流通的情况下使用）。

（5）衣服着火，切勿奔跑，应迅速脱衣，用水浇灭；若火势过猛，应就地卧倒打滚灭火。

3. 烫伤

一般烫伤时，不要弄破水泡，在伤口处用95%的酒精轻涂伤口，涂上烫伤膏或涂一层凡士林油，再用纱布包扎。若烧伤严重，不能涂烫伤软膏等油脂类药物，应用无菌纱布盖好伤口，及时送医院处理。

4. 玻璃割伤及其他机械损伤

化学实验室中最常见的外伤是由玻璃仪器或玻璃管的破碎引发的。作为紧急处理，首先应止血，以防大量流血引起休克。原则上可直接压迫损伤部位进行止血。即使损伤动脉，也可用手指或纱布直接压迫损伤部位止血。由玻璃片或玻璃管造成的外伤，首先必须检查伤口内有无玻璃碎片，以防压迫止血时将碎玻璃片压深。若有碎片，应先用镊子将玻璃碎片取出，再用消毒棉花和硼酸溶液或双氧水洗净伤口，再涂上碘酒并包扎好。若伤口太深，流血不止，可在伤口上方约10cm处用纱布扎紧，压迫止血，并立即送医院治疗。

5. 灼伤

受强酸、强碱及某些腐蚀性物质腐蚀时，应立即用大量自来水冲洗，再用5%碳酸氢钠溶液或2%乙酸溶液涂洗。

6. 中毒

如有头痛、乏力、呼吸迟缓等中毒感觉，应立即打开窗户通风，到室外呼吸新鲜空气。皮肤上所沾试液应立即用冷的肥皂水洗掉，不可用热水，以免皮肤毛孔张开，反使药物再次渗入体内。

三、实验室废弃物的处理

基础化学实验中经常会产生各种废弃物，即所谓的“三废”——废气、废液、废渣。这些废弃物中常包含有毒、有害成分，如不加以处理，很容易引起周边环境、水源、空气污染，形成公害。因此，必须合理处理。

1. 废气处理

实验室中凡可能产生有害废气的操作都应在通风的条件下进行，如加热酸、碱溶液及产生少量有毒气体的实验等应在通风橱中进行。实验室若排放毒性大且较多的气体，可参考工业上废气处理的办法，在排放废气之前，采用吸附、吸收、氧化、分解等方法进行预处理。

2. 废渣处理

实验室产生的有害固体废渣虽然不多，但绝不能将其与生活垃圾混倒。固体废物经回收、提取有用物质后，其残渣仍可对环境造成污染，必须进行必要的处理。

3. 废液处理

废液应根据其化学特性选择合适的容器和存放地点，使用密闭容器存放，不可混合贮存，标明废液种类、贮存时间，定期处理。具体处理方法如下：

(1) 含酸、碱废液的处理　酸、碱废液在化学实验室内最常见。一般清洗玻璃器皿的废液，因经大量水洗涮，浓度极小，故可直接排放。浓度较高的酸、碱废液应分别收集，如查明酸、碱废液互相混合无危险时，可分次少量将其中一种废液倒入另一种废液中，将其中和处理，做到以废治废，使其 pH 值在 6.5～8.5，达到排放标准。

(2) 含镉废液的处理　可用消石灰将镉离子转化成难溶于水的 $Cd(OH)_2$ 沉淀。即在镉废液中加入消石灰，调节 pH 值至 10.6～11.2，充分搅拌后放置，分离沉淀，检测滤液中无镉离子时，将其中和后即可排放。

(3) 含六价铬废液的处理　主要采用铁氧吸附法，即利用六价铬的氧化性，采用铁氧吸附法将其还原为三价铬，再向此溶液中加入消石灰，调节 pH 值为 8～9，加热到 80℃左右，放置一夜，溶液由黄色变为绿色，即可排放废液。

(4) 含铅废液的处理　原理是用 $Ca(OH)_2$ 把二价铅转化为难溶的氢氧化铅，然后采用铝盐脱铅法处理。即在废液中加入消石灰，调节 pH 值至 11，使废液中的铅生成氢氧化铅沉淀，然后加入硫酸铝，将 pH 值降至 7～8，即生成氢氧化铝和氢氧化铅共沉淀，放置，使其充分澄清后，检测滤液中不含铅，分离沉淀，排放废液。

(5) 含汞废液的处理　用硫化钠将汞转变为难溶于水的硫化汞，然后使其与硫化亚铁共沉淀而分离除去。即在含汞废液中加入与汞离子液体相当的硫化钠，然后加入硫酸亚铁，使其生成硫化亚铁，将汞离子沉淀，再分离沉淀，排放废液。

知识点五　常用滴定分析仪器的使用

滴定分析过程中常用的仪器主要有滴定管、移液管、吸量管、容量瓶等，均是准确测量溶液体积的量器。

量器分为量入式量器和量出式量器。量入式量器主要用于测量量器中所容纳液体的体积，量器上标有“In”的字样，其体积称为标称体积，如容量瓶。量出式量器主要用于测量从量器中排（放）出液体的体积，量器上标有“Ex”字样，体积称为标称容量，如滴定管、移液管和吸量管。

根据量器的容量所允许的误差和水的流出时间，各类量器又分为 A 级、B 级，其中量筒和量杯不分级。凡是 B 级的容量允差比同种 A 级的大，也就是说 A 级比 B 级准确。

一、移液管的使用

移液管属于量出式容器，是用于精确量取一定体积液体的仪器。移液管通常分为两类，一类是中间有一胖肚，上部的细颈有一环形标线，当吸取至其弯月面与标线相切时，此时放出的溶液体积等于管上所标的体积。常用的移液管有 5mL、10mL、20mL、25mL、50mL 等规格。另一类是带有分刻度的移液管，常称为吸量管（或刻度吸管），有 1mL、2mL、5mL、10mL 等规格，可用于准确量取不同体积的溶液。移液管和吸量管上如标有“快”字为快流式，有“吹”字为吹出式，无“吹”字的不可以将管尖的残留液吹出。

根据所移溶液的体积和要求选择合适规格的移液管使用。使用前首先要看一下移液管标记、准确度等级、刻度标线位置等，然后检查移液管的管口和尖嘴有无破损，若有破损不能使用。

1. 洗涤

使用前，应洗涤移液管。较脏时，可用铬酸洗液洗净，然后用自来水冲洗残留的洗液，再用少量蒸馏水润洗 3 次，洗净后的移液管内壁应不挂水珠。

2. 润洗

洗净后的移液管移液前需用滤纸吸净尖端内、外的残留水，然后用待取液润洗 2～3 次，以防改变溶液的浓度。

3. 吸液

吸取溶液时，用右手大拇指和中指拿在管子的刻度上方，插入溶液中，但不要触到底部，左手用洗耳球将溶液吸入管中。当液面上升至标线以上时立即用右手食指（用大拇指操作不灵活）按住管口。

4. 调节液面

左手另取一洁净小烧杯，管尖靠在烧杯内壁，稍放松食指并转动移液管，使液面下降，当弯液面与刻线相切时，立即用食指按紧管口。

5. 放液

将移液管直立，接收器倾斜，管下端紧靠接收容器内壁，放开食指，让溶液沿接收容器内壁流下。管内溶液流完后，保持放液状态停留 15s，移走移液管。如有“吹”字，就必须吹出，不允许保留；否则不用吹出，因为校正时未将这部分体积计算在内。

实验完毕，立即洗净移液管，放置在移液管架上。

用吸量管吸取溶液时，操作与移液管相同。

二、容量瓶的使用

容量瓶主要用于配制准确浓度的溶液或定量的稀释溶液。它是一种细颈梨形的平底玻璃瓶，带有磨口玻璃塞，颈上有一标线，在指定温度下，当溶液充满至液面的弯月面与标线相切时，所容纳的溶液体积等于瓶上标示的体积，属于量入式玻璃仪器。容量瓶常用的规格有10mL、25mL、50mL、100mL、250mL、500mL及1000mL等。

1. 验漏

容量瓶使用前应检查瓶塞是否密合，应不漏水。

2. 洗涤

容量瓶洗涤与移液管相同。尽可能只用水洗，必要时用铬酸洗液浸泡内壁，然后依次用自来水和蒸馏水洗净，使内壁不挂水珠。

3. 转移

如果是用固体物质配制标准溶液，通常将固体准确称量后放入烧杯中，用少量蒸馏水或溶剂使之全部溶解，再定量转移至容量瓶中。

如果是把浓溶液定量稀释，则可用移液管或吸量管直接吸取一定体积的溶液移入容量瓶中，再按稀释方法定容。

4. 稀释

溶液转入容量瓶后，用溶剂进行稀释。当溶剂加至容量瓶容积的3/4左右时，将容量瓶平摇几次，以初步混匀。然后继续加水至距离标线约1cm处，放置1～2min。

5. 定容

继续加入溶剂，近标线时应小心地逐滴加入，直至溶液的弯月面与标线相切。

6. 摇匀

盖好瓶塞，左手用食指按住瓶塞上部，右手指尖托住瓶底边缘，将容量瓶倒转并振荡，反复使气泡上升至底部或顶部，如此反复10～15次，使溶液充分混匀。

浓溶液的定量稀释，用移液管吸取一定体积的浓溶液移入容量瓶中，按上述方法稀释至标线，摇匀即可。

容量瓶不能长期存放溶液，不可将容量瓶当作试剂瓶使用，尤其是碱性溶液会侵蚀瓶塞，使之无法打开，也不能用火直接加热及烘烤。使用完毕后应立即洗净，如长时间不用，磨口处应洗净擦干，并用纸片将磨口隔开。

三、移液枪的使用

移液枪又称移液器，用于实验室少量或微量液体的移取，常见的量程有0.1～2.5μL、0.5～10μL、10～100μL、20～200μL、100～1000μL等。不同规格的移液枪配套使用不同大小的枪头，不同生产厂家生产的形状也略有不同，但工作原理及操作方法基本一致。

移液枪一般包括控制按钮、枪头推卸按钮、体积显示窗、套筒、弹性吸嘴、枪头。

移液之前先选择正确量程的移液枪，在枪头最大量程的35%～100%范围内操作可提高操作准确性与重复性。

一个完整的移液循环，包括枪头安装、量程设定、预洗枪头、吸液、放液、卸去枪头六个步骤。

1. 枪头安装

移液枪顶端插入枪头，套柄用力下压，需要时小幅度旋转即可。

2. 量程设定

旋转调节钮可对体积进行连续设定。从大体积调节至小体积时，逆时针调节到刚好就行；从小体积调节至大体积时，顺时针调节超过设定刻度 1/3 圈，然后再调回来，这样做可以使弹簧完全放开。

3. 预洗枪头

在安装了新的枪头或增大了容量值以后，应该把需要转移的液体吸取、排放 2～3 次，这样做是为了让枪头内壁形成一道同质液膜，确保移液工作的精度和准度，使整个移液过程具有极高的重现性。

4. 吸液

在吸液之前大拇指将控制按钮按下至第一停点，再将枪头尽量保持垂直状态浸入液面，然后缓慢匀速松开控制按钮回到原点吸取液体。吸液后在液面中保持 1s 再将枪头平缓移开，并轻靠器壁去除枪头外壁挂存的液体。

5. 放液

枪头紧贴容器壁，先将排放按钮按至第一停点排液，略停顿后按至第二停点进行吹液。

6. 卸去枪头

往下按压枪头脱卸按钮，即可卸下枪头。吸取不同液体样品时必须更换枪头。

四、滴定管的使用

滴定管是滴定分析时准确测量流出液体体积的量器。常用的滴定管容积为 50mL 和 25mL，其最小刻度是 0.1mL，在最小刻度之间可估计读出 0.01mL。

滴定管可分为酸式和碱式两种。酸式滴定管下端有一玻璃旋塞，开启旋塞时，溶液即自管内滴出。酸式滴定管用来装酸性及氧化性溶液，但不宜装碱液，因玻璃塞易被碱性溶液腐蚀而粘住，以致无法转动。碱式滴定管下端用橡胶管连接一支玻璃管嘴，橡胶管内装一玻璃圆珠以代替旋塞。用拇指和食指捏住玻璃圆珠处的橡胶管，可使之形成一窄缝而让溶液流出。碱式滴定管用来装碱性及无氧化性溶液，而不能装如碘、高锰酸钾、硝酸银溶液等能与橡胶管反应的物质，橡胶管也不能用铬酸洗液浸洗。使用聚四氟乙烯旋塞，克服了普通酸式滴定管怕碱的缺点，使酸式滴定管可以酸碱通用。

滴定管除无色的外，还有棕色的，用以装入高锰酸钾、硝酸银等见光易分解的溶液。

下面介绍聚四氟乙烯旋塞滴定管的使用。

1. 滴定管使用前的准备

新拿到一支滴定管，使用前应先做一些初步检查，如滴定管是否完好无损，旋塞转动是否灵活等。若不易操作或漏水，应予更换。初步检查合格后，进行下列准备工作。

(1) 洗涤　较干净无明显油污的滴定管，可直接用自来水冲洗，或用洗涤剂泡洗，不能沾去污粉刷洗，以免划伤内壁，影响体积的准确测量。若有明显油污不易洗净时，可用铬酸洗液洗涤。最后用自来水冲洗干净，随后用蒸馏水（每次5～10mL）淋洗三次即可使用。

(2) 检漏　滴定管在使用之前必须检查是否漏水。若漏水，可拧紧旋塞一端的螺帽。

(3) 装液　洗净后的滴定管在装液前，应先用待装溶液润洗2～3次，每次用量5～10mL。润洗完毕，即可装入标准溶液，应直接倒入，不得借助其他容器。

(4) 赶气泡　装入滴定液的滴定管，应检查出口下端是否存在气泡，如有，应及时排出。

(5) 滴定管的读数　放出溶液后（装满或滴定完后）需等待1～2min后方可读数。眼睛和刻度线应在同一水平面上，读数必须读到小数点后两位。为了帮助读数，可采用黑白纸板作辅助，这样能更清晰地读出黑色弯月面所对应的滴定管读数。若滴定管带有白底蓝条，则调整眼睛和液面在同一水平面后，读取两尖端相交处的读数。

2. 滴定

(1) 滴定操作　滴定时，应将滴定管垂直地夹在滴定管架上。滴定最好在锥形瓶中进行，必要时也可在烧杯中进行。具体操作为：左手的拇指在管前，食指和中指在管后，手指略弯曲，轻轻向内扣住旋塞，手心空握，以免旋塞松动或可能顶出旋塞使溶液从旋塞隙缝中渗出。右手的拇指、食指和中指拿住锥形瓶，使滴定管尖伸入瓶口下1～2cm处，边滴定边摇动锥形瓶，瓶底应向同一方向做圆周运动，不可前后振荡，以免溅出溶液。滴定和摇动溶液要同时进行，不能脱节。滴定时转动旋塞，控制溶液流出速度，要求做到：①能逐滴放出；②只放出一滴；③使溶液呈悬而未滴的状态，即练习加半滴溶液的技术。

(2) 滴定速度　滴定时应控制好滴定速度，左手不应离开滴定管，以防流速失控。开始时，滴定速度可稍快，但成滴不成线，约为10mL/min，即3～4滴/s；接近终点时，应改为一滴一滴加入，即加一滴摇几下，再加再摇；最后每加半滴摇几下。半滴的加入方法是：小心放下半滴滴定液悬于管口，用锥形瓶内壁轻触悬挂的半滴，然后用洗瓶冲下。

(3) 终点操作　当锥瓶内指示剂指示终点时，立刻关闭旋塞停止滴定，用洗瓶淋洗锥形瓶内壁。取下滴定管，右手执管上部无液部分，使管垂直，目光与液面平齐，读出读数。读数时应估读一位。

知识点六　电子天平的使用

电子天平是最新一代的天平，是化学实验室最常用的称量仪器，它利用电子装置完成电磁力补偿的调节，使物体在重力场中实现力的平衡，或通过电磁力矩的调节，使物体在重力场中实现力矩的平衡。电子天平具有称量准确、灵敏度高、性能稳定、操作简便快捷、使用寿命长等优点，此外还具有自动调零、自动校准、自动去皮和自动显示称量结果等功能。

实验室常用的电子天平按精度分为0.1g、0.01g和0.1mg。一般称量精度在0.001g以上的带有防风玻璃罩，用于精确称量；精度在0.01g以下的不带防风罩，用于一般称量。

电子天平型号很多，但就其基本结构和称量原理而言，各种型号的电子天平都是大同小异。

一、电子天平的使用方法

(1) 调节水平　天平开机前，应先观察水平仪的水泡是否位于圆环的中央，否则需调整天平底部的调节脚，使水泡位于水平仪中心。

(2) 预热　接通电源，预热30min后方可开启显示器。

(3) 开启显示器　轻按“ON”键，显示器全亮，约2s后，先显示天平的型号，稍后显示“0.0000g”，即可开始使用。如果显示不是“0.0000g”，则需按一下“TAR”键。

(4) 校正　首次使用天平必须校正，天平长时间没有使用过或移动位置，应重新校正。按“CAL”键，天平将显示所需校正的砝码质量，放上标准砝码直至显示其质量，校正完毕，取下标准砝码。

(5) 称量　将称量物轻放在秤盘上，待显示数字稳定后，即可读数，并记录称量结果。若需清零、去皮重，轻按“TAR”键，显示为零，即可去皮重。可继续在容器中加入药品进行称量，这时显示的是药品的净质量。将秤盘上所有物品拿走后，天平显示负值，按“TAR”键，天平显示为零。可根据实验要求选用一定的称量方法进行称量。

(6) 称后检查　称量结束后，若较短时间内还使用天平（或其他人还使用天平），一般不用按“OFF”键关闭显示器。实验全部结束后，关闭显示器，切断电源。若短时间（如2h内）还使用天平，可按一下“OFF”键，不必切断电源，让天平处于待命状态，再用时可省去预热时间，按一下“ON”键即可使用。

二、称量方法

用电子天平称取样品时，应根据不同的称量对象，采取相应的称量方法。

1. 直接称量法

天平零点调定后，用一个干净的纸条套住称量物（也可采用戴细纱手套、用镊子等方法），将称量物直接放置于秤盘上，所得读数即为被称物质量。这种称量方法适用于称量洁净干燥的器皿或棒状、块状的金属及其他整块的不易潮解或升华的固体样品，如小烧杯、表面皿、称量瓶等。

2. 固定质量称量法

在分析工作中，有时要求准确称取某一指定质量的样品。例如用基准物质配制某一指定浓度的标准溶液时，便采用固定质量称量法称取基准物质。此法称量速度很慢，适于称量不吸水、在空气中性质稳定、颗粒细小或粉末状样品。

称量方法是：先在电子天平上准确称出干燥洁净的容器质量（如表面皿、小烧杯、称量纸等），然后按“TAR”键，显示屏上显示为零，打开侧门，缓缓往容器里倾注样品，当显示屏显示的读数达到称量要求后立即停止抖入样品，关上侧门，再次进行读数。

3. 差减称量法

有些样品在空气中不稳定（如吸水返潮），同时对称出样品的质量不要求固定值，只要在称量范围内即可，这时可用差减称量法称取。这种方法适用于一般的颗粒状、粉末状样品或液体样品。

称量方法如下：用干净的纸条套住盛有样品的称量瓶，将其放到秤盘上准确称量。然后，同样用纸条套住称量瓶后将它从秤盘上取下，并置于盛接样品的容器上方，右手用小纸片夹住瓶盖柄，打开瓶盖，将称量瓶一边慢慢地向下倾斜，一边用瓶盖轻轻敲击瓶口的上部，使样品慢慢落入容器内。当倾出的样品接近所要称取的质量时，将称量瓶慢慢竖起，同时用称量瓶盖轻轻敲击瓶口侧面，使黏附在瓶口上的样品落入瓶内，再盖好瓶盖。把称量瓶再放回秤盘上称量，两次称得质量之差即为样品的质量。按上述方法连续递减，可称取多份样品。

干燥器是保持试剂干燥的容器，由厚质玻璃制成。其上部是一个磨口的盖子（磨口上涂有一层薄而均匀的凡士林），中部有一个有孔洞的活动瓷板，瓷板下放有干燥的氯化钙或硅胶等干燥剂，瓷板上放置装有需干燥存放的试剂的容器。

开启干燥器时，左手按住下部，右手按住盖子上的圆顶，沿水平方向向左前方推开器盖。盖子取下后应放在桌上安全的地方（注意要磨口向上，圆顶朝下），用左手放入或取出物体（如坩埚或称量瓶），并及时盖好干燥器盖。加盖时，也应当拿住盖子圆顶，沿水平方向推移盖好。搬动干燥器时，应用两手的大拇指同时将盖子按住，以防盖子滑落而打碎。

将坩埚或称量瓶等放入干燥器时，应放在瓷板圆孔内。但称量瓶比圆孔小时则应放在瓷板上。温度很高的物体必须冷却至室温或略高于室温，方可放入干燥器内。

知识点七 溶液的配制

一、实验室用水

分析实验中用于溶解、稀释和配制溶液的水都必须经过净化。实验要求不同，对水质的要求也不同，应根据实验要求，采用不同净化方法得到纯水。表 4-3 摘自 GB/T 6682—2008《分析实验室用水规格和试验方法》。根据标准规定，分析实验室用水分为三个级别。一级水用于有严格要求的分析实验，包括对颗粒有要求的实验，如高效液相色谱用水。一级水可用二级水经过石英设备蒸馏或离子交换混合床处理后，再用 0.2μm 微孔滤膜过滤来制取。二级水用于无机痕量分析等实验，如原子吸收光谱分析用水。二级水可用多次蒸馏或离子交换等制得。

表 4-3　化学实验室用水的级别及主要技术指标

指标名称		一级	二级	三级
pH 值范围(25℃)		—	—	5.0～7.5
电导率(25℃)/($mS \cdot m^{-1}$)	≤	0.01	0.10	0.50
可氧化物质(以 O 计)/($mg \cdot L^{-1}$)	≤	—	0.08	0.4
蒸发残渣(105℃±2℃)含量/($mg \cdot L^{-1}$)	≤	—	1.0	2.0
吸光度(254nm,1cm 光程)	≤	0.001	0.01	—
可溶性硅(以 SiO_2 计)含量/($mg \cdot L^{-1}$)	≤	0.01	0.02	—

实验室用水常用的制备方法有三种。

1. 蒸馏法

将自来水在蒸馏装置中加热汽化，再将水蒸气冷却，即得到蒸馏水，为三级水。蒸馏法设备成本低，操作简单，但能量消耗大，且只能除去水中非挥发性杂质及微生物等，不能完全除去水中溶解的气体杂质。此外，由于蒸馏装置所用材料不同，所带的杂质也不同，目前使用的蒸馏装置是由不锈钢、纯铝和玻璃等材料制成的，所以可能会带入金属离子。

2. 离子交换法

将自来水依次通过阳离子树脂交换柱、阴离子树脂交换柱、阴阳离子树脂混合交换柱后所得的水称为去离子水，为三级水。其纯度比蒸馏水高，且成本低，但设备及操作较复杂，不能除去非离子型杂质，常含有微量的有机物。

3. 电渗析法

这种方法是在直流电场的作用下，利用阴、阳离子交换膜对原水中存在的阴、阳离子具有选择性渗透的性质而去除离子型杂质。同离子交换法相似，此法也不能除去非离子型杂质。好的电渗析器所制备的纯水电阻率为 0.15～0.20MΩ · cm，接近三级水的质量，仅适用于要求不是很高的分析项目。

二、化学试剂

分析检验中所用试剂的质量，直接影响分析结果的准确性，因此应根据所做实验的具体情况，如分析方法的灵敏度与选择性、分析对象的含量及对分析结果准确度的要求等，合理选择相应级别的试剂，在既能保证实验正常进行的同时，又可避免浪费。另外试剂应合理保存，避免被污染和变质。

1. 常用试剂的规格

化学试剂的规格是根据试剂纯度划分的，一般分为四个等级。试剂的分级、标签颜色和主要用途如表 4-4 所示。

表 4-4 一般化学试剂的规格及选用

级别	中文名称	英文符号	适用范围	标签颜色
一级	优级纯(保证试剂)	GR	精密分析实验	绿色
二级	分析纯(分析试剂)	AR	一般分析实验	红色
三级	化学纯	CP	一般化学实验	蓝色
四级	实验试剂	LR	一般化学实验辅助试剂	棕色或其他颜色

此外，根据试剂的专门用途，还有光谱试剂、色谱试剂和生物试剂等，这些试剂分别用于光谱分析、色谱分析和生物实验。

不同级别的试剂因纯度不同价格差别很大，因此，在满足实验要求的前提下，为降低实验成本，应尽量选用较低级别的试剂，以免造成浪费。

2. 化学试剂的取用

化学试剂一般在准备实验时分装，固体试剂装在易于取放的广口瓶内，液体试剂则装在细口瓶或滴瓶内，见光易分解的试剂应放在棕色瓶内，盛碱液的细瓶应使用橡胶塞，每一个试剂瓶上都应贴有标签，标明试剂的名称、浓度和日期。

(1) 固体试剂的取用　要用清洁、干燥的药匙取用试剂。药匙的两端为大、小两个匙，分别用于取大量固体试剂和少量固体试剂。用过的药匙洗净晾干后，存放在干净的器皿中。

不要多取试剂，多取的试剂不能倒回原试剂瓶，可放在指定的容器中以供他用。

称取一定质量的固体试剂时，应把固体放在称量纸上称量。具有腐蚀性或易潮解的固体试剂，必须放在表面皿或玻璃容器内称量。

有毒的试剂要在教师指导下取用。

(2) 液体试剂的取用　从试剂瓶取用液体试剂时要用倾注法，先将瓶塞倒放在实验台面上，把试剂瓶上贴标签一面握在手心，逐渐倾斜试剂瓶，让试剂沿着洁净的试管壁流入试管，或沿着洁净的玻璃棒注入烧杯中。取出所需量后，应将试剂瓶口在容器或玻璃棒上靠一下，再逐渐竖起试剂瓶，以免遗留在瓶口的液滴流到试剂瓶的外壁。

从滴瓶中取少量试剂时，应提起滴管，使滴管口离开液面，用手指紧捏滴管上部的橡胶乳头，赶出滴管中的空气，然后把滴管伸入试剂里，放松手指吸入试剂，再提起滴管，垂直地放在试管口或烧杯的上方将试剂逐滴滴入。

定量取用液体试剂时，一般用量筒、移液管量取或用滴管吸取。多取的试剂不能倒回原瓶，应倒入指定容器内以供他用。

三、溶液浓度的表示方法

一定量溶剂或溶液中所含溶质的量称为溶液的浓度。

1. 物质的量浓度

物质的量是表示物质数量的基本物理量，物质 B 的物质的量用符号 n_B 表示。物质的量的单位是摩尔（mol）。

12g ^{12}C 含有的原子数就是阿伏伽德罗常数，用符号 N_A 表示，取其近似值为 6.02×10^{23}。摩尔是物质的量的单位，某物质如果含有阿伏伽德罗常数个微粒，其物质的量就是 1mol。

在使用摩尔时，应指明基本单元。同一系统中的同一物质，所选的基本单元不同，则其物质的量也不同。例如，若分别用 NaOH、$\frac{1}{2}$NaOH 和 2NaOH 作基本单元，则相同质量的氢氧化钠的物质的量之间有如下关系：

$$n_{NaOH}=\frac{1}{2}n_{1/2NaOH}=2n_{2NaOH}$$

可见，基本单元的选择是任意的，既可以是实际存在的，也可以根据需要人为设定。

B 的物质的量 n_B 可以通过 B 的质量和摩尔质量求算。B 的摩尔质量 M_B 定义为 B 的质量 m_B 除以 B 的物质的量 n_B，单位是 $kg \cdot mol^{-1}$。

$$M_B=m_B/n_B$$

单位体积的溶液中所含溶质 B 的物质的量称为 B 的物质的量浓度，用 c_B 表示，单位为 $mol \cdot L^{-1}$。

$$c_B=n_B/V$$

【例 4-2】 用电子天平称取 1.2346g $K_2Cr_2O_7$ 基准物质，溶解后转移至 100.0mL 容量瓶中定容，试计算 $K_2Cr_2O_7$ 的浓度。

解： 已知 $m_{K_2Cr_2O_7}=1.2346g$；$M_{K_2Cr_2O_7}=294.18g \cdot mol^{-1}$，则

$$c_{K_2Cr_2O_7}=m_{K_2Cr_2O_7}\div M_{K_2Cr_2O_7}\div V$$

$$=1.2346g\div 294.18g \cdot mol^{-1}\div 100.0mL\times 10^{-3}$$

$$=0.04197mol \cdot L^{-1}$$

2. 溶质的质量分数

溶液中溶质 B 的质量除以溶液的质量，称为溶质 B 的质量分数，用 w_B 表示，单位为%。

$$w_B=m_B/m$$

3. 配制溶液的计算

在实际工作中，常常需要配制一定浓度的溶液。溶液的配制一般有两种情况：一是将固体物质配制成溶液；另一种是用浓溶液配制稀溶液。无论哪种情况，都应遵守“溶液配制前后溶质的量保持不变”的原则。

(1) 质量分数和物质的量浓度的换算　质量分数与物质的量浓度换算的桥梁是密度，以质量不变列等式。若某溶液中溶质的质量分数为 w_B(%)，物质的量浓度为 c_B($mol \cdot L^{-1}$)，B 的摩尔质量为 M(g/mol)，密度为 ρ($g \cdot mL^{-1}$)，则：

$$c_BM=1000\rho w_B$$

$$c_B=1000\rho w_B/M$$

(2) 溶液稀释的计算　溶液稀释前后溶质的量不变，只是溶剂的量改变了，因此根据溶质的量不变原则列等式。若稀释前溶液的浓度为 c_1，体积为 V_1，稀释后溶液的浓度为 c_2，

体积为 V_2，就存在下面的稀释公式：

$$c_1V_1=c_2V_2$$

【例 4-3】 欲配制 0.1mol·L^{-1} 的盐酸溶液 400mL，需质量分数 37%、密度 1.19g·mL^{-1} 的浓盐酸多少毫升？

解：

$$c_{HCl}=1.19\times1000\times37\%/36.5\approx12mol\cdot L^{-1}$$

$$c_1V_1=c_2V_2$$

则：

$$V_1=c_2V_2/c_1=0.1\times400/12=3.3mL$$

四、溶液的配制

根据溶液所含溶质是否确知，溶液可分为两种，一种是浓度准确已知的溶液，称为标准溶液，这种溶液的浓度可准确表示出来（定量分析中用 4 位有效数字表示）。另一种是浓度不是确知的，称为一般溶液，这种溶液的浓度一般用 1～2 位有效数字表示出来。这两种溶液的用途不同，如在定量测定实验中需要配制标准溶液，在一般物质化学性质实验中，则使用一般溶液即可。

1. 一般溶液的配制

在配制一般溶液时，使用电子天平（精度 0.1g）、量筒、带刻度烧杯等低准确度的仪器配制就能满足需要。

（1）固体试剂配制溶液　对易溶于水而不发生水解的固体试剂，如 NaOH、$H_2C_2O_4$、KNO_3 等，配制其溶液时，可用电子天平（精度 0.1g）称取所需量的固体试剂，倒入带刻度的烧杯中，加入少量蒸馏水，搅拌溶解后稀释至所需体积，即得所需的溶液。然后将溶液移入试剂瓶中，贴上标签，备用。

（2）液体试剂配制溶液　对于液体试剂，如盐酸、硫酸、硝酸、醋酸、氨水等，配制其稀溶液时，先用量筒（量杯）量取所需量的浓溶液，然后用适量的蒸馏水稀释。配制 H_2SO_4 溶液时需特别注意应在不断搅拌下将浓硫酸缓慢地倒入蒸馏水中，切不可将操作顺序倒过来。

量筒作为量出容器，是实验室最常用的度量液体体积的仪器。实际使用过程中可根据需要选择不同体积的量筒，一般选择的量筒容量应略大于所需量取溶液的体积，若选择的量筒容积太大，则会造成较大的测量误差。

量筒取液的方法：将液体注入量筒时，试剂瓶嘴应紧贴量筒的管口非量筒嘴一边，保持量筒竖直，倾倒液体应缓慢，液体应顺着量筒内壁缓慢流入。量筒读数时同样应保持量筒竖直，视线与量筒内凹液面底的切线相平，正确读数。将量筒内的液体倒入容器，倒完后需多停留一会儿，不得立刻移走量筒，以使量筒内液体全部倒出，但不需用自来水冲洗量筒后将洗涤液一起倒入容器。

2. 标准溶液的配制

配制标准溶液的方法一般有直接配制法和间接配制法两种。

（1）直接法　用精度为0.0001g的电子天平准确称取一定量基准试剂于烧杯中，加入适量的蒸馏水溶解后转入容量瓶，再用蒸馏水稀释至刻度，摇匀，根据物质的质量和溶液体积，即可计算出该标准溶液的准确浓度。能用直接法配制标准溶液的一定是基准物质，常用的基准物质有草酸、氯化钠、无水碳酸钠、重铬酸钾等。

（2）间接法　不符合基准试剂条件的物质（如NaOH、HCl等），不能直接配制标准溶液，可按照一般溶液的配制方法配成大致所需浓度的溶液，然后再用基准物质或另一种标准溶液测出它的准确浓度，这个过程称作标定，这种配制标准溶液的方法也称标定法。

实验中有时也用稀释方法，将浓的标准溶液稀释为稀的标准溶液。具体做法为：准确量取（通过移液管或吸量管）一定体积的浓溶液，放入适当的容量瓶中，用蒸馏水稀释到刻度，即得到所需的标准溶液。

【技能训练】

实验技能一　电子天平称量操作

一、实验目的

（1）能规范使用电子天平。

（2）能正确进行直接称量、固定质量称量和差减称量操作。

二、实验内容

（1）用直接称量法称量小烧杯、表面皿的质量并记录。

（2）用固定质量称量法称取0.4903g $K_2Cr_2O_7$ 两份。

（3）用差减称量法连续称取约0.2g NaCl样品三份，并记录。

三、实验仪器和试剂

（1）仪器　电子天平、干燥器、表面皿、称量瓶、小烧杯、牛角匙。

（2）试剂　重铬酸钾（$K_2Cr_2O_7$）、氯化钠（NaCl）。

四、实验步骤

1. 直接称量法

用直接称量法称量小烧杯、表面皿的质量并记录，具体操作见表4-5。

表 4-5　直接称量法的步骤、操作方法及操作提示

序号	步骤	操作方法	操作提示
1	检查天平	取下天平罩，叠好，放于天平后。检查秤盘内是否洁净，必要时予以清扫	如有灰尘应用毛刷扫净。清洁时不得用手直接接触天平零件
2	水平调节	开机前，先检查水平仪的水泡是否位于圆环中央，否则需调整天平底部的调节脚，使水泡位于水平仪中心 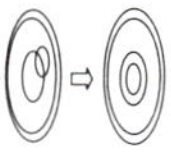	带有两个水平调节脚的天平：①当水平泡位于时钟“12 点”位置时，需顺时针同时调节水平脚；②位于“3 点”位置时，需顺时针调节左水平脚，逆时针调节右水平脚；③位于“6 点”位置时，需逆时针同时调节水平脚；④位于“9 点”位置时，需逆时针调节左水平脚，顺时针调节右水平脚
3	预热	接通电源，预热 30min 后方可开启显示器	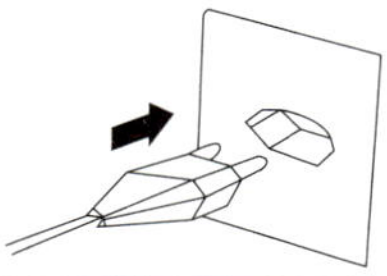
4	开启显示器	关好天平门，轻按“ON”键，显示器全亮，约 2s 后，先显示天平的型号，稍后显示“0.0000g”，即可开始使用。如果显示不是“0.0000g”，则需按一下“TAR”键	
5	校正	首次使用天平必须校正，天平长时间没有使用过或移动位置，应重新校正。按“CAL”键，天平将显示所需校正的砝码质量，放上标准砝码直至显示其质量，校正完毕，取下标准砝码	
6	称量	打开天平侧门，将称量物轻放在秤盘上，关闭天平门，待显示数字稳定后，即可读数，并记录称量结果。打开天平门，取出被测物，关闭天平门	①天平载重不得超过其最大负荷； ②称量读数要立即记录在数据记录表中
7	称后整理	短时间内(如 2h 内)还使用天平，可按一下“OFF”键，不必切掉电源，让天平处于待命状态，再用时可省去预热时间，按一下“ON”键即可使用	称量完毕后，应及时清扫天平

2. 固定质量称量法（表 4-6）

表 4-6　固定质量称量法的步骤、操作方法及操作提示

序号	步骤	操作方法	操作提示
1	准备	检查秤盘是否洁净，若不洁净用毛刷清理。天平清零	不得随意改变天平的位置，否则必须重新调水平
2	称量接收容器质量	将干燥的小烧杯轻放在秤盘上，待显示数字稳定后，轻按“TAR”键，天平显示零点，即可去皮重	①小烧杯必须洁净、干燥。 ②绝不能把过热的小烧杯放在秤盘上
3	添加样品	打开侧门，用牛角匙缓慢将 $K_2Cr_2O_7$ 样品抖入小烧杯中，直至天平显示屏显示的读数为 0.4903g，立即停止抖入样品，关上侧门，再次进行读数	①称量过程中一定要避免将样品抖到秤盘上或底板上，否则必须重称，且用毛刷清扫秤盘。 ②分析检验中，规定“精密称取”时，系指称量应准确至所取质量的 1%。 ③ 取出的多余试剂应弃去，不要放回原试剂瓶中
4	称后整理	用软毛刷清扫秤盘。按一下“OFF”键，不必切掉电源，让天平处于待命状态，再用时可省去预热时间，按一下“ON”键即可使用	天平归零后再关闭

3. 差减称量法（表 4-7）

表 4-7 差减称量法的步骤、操作方法及操作提示

序号	步骤	操作方法	操作提示
1	准备	天平清零	观察天平秤盘和底板是否清洁，用毛刷清扫秤盘
2	取用称量瓶	从干燥器中取出盛有氯化钠样品的称量瓶，将其放到秤盘上	取用称量瓶时，要戴上手套或用纸条从干燥器中取用，称量瓶一经取出只能在实验人员手中或天平的秤盘上，不可放到实验台上，以免带来称量误差
3	称量瓶＋样品质量	准确称出称量瓶＋样品质量，记录为 m_1	取被称物时，动作要轻、快，切不可用力过猛
4	倾倒样品	将称量瓶从秤盘上取下，并置于锥形瓶上方，右手打开瓶盖，将称量瓶一边慢慢地向下倾斜，一边用瓶盖轻轻敲击瓶口的上部，使样品慢慢落入锥形瓶内。当估计样品接近所需量 0.2g 时，继续用瓶盖轻击瓶口，同时将瓶身缓缓竖直，用瓶盖敲击瓶口上部，使粘于瓶口的样品落入瓶中，盖好瓶盖	在分析检验中，取用量为“约”若干时，系指取用量不得超过规定量的±10%。若过量了，则要弃去重称
5	再称称量瓶＋样品质量	把称量瓶放回秤盘上，准确称取称量瓶和剩余样品质量，记录为 m_2。两次称得质量之差即为样品的质量	称取多份样品前，先将洁净的锥形瓶按照编号排列，以免混乱
6	称后整理	称量完毕后，取下被称物，关闭玻璃门，按“OFF”键关闭天平。填写天平使用记录。整理好台面之后方可离开	若当天不再使用天平，应拔下电源插头，盖好防尘罩

五、实验数据记录与处理

1. 直接称量法

称量小烧杯、表面皿并记录，结果填于表 4-8 中。

表 4-8 直接称量法数据记录

样品	质量/g
小烧杯	
表面皿	

2. 固定质量称量法

称量 0.4903g $K_2Cr_2O_7$ 固体两份并记录，结果填于表 4-9 中。

表 4-9 固定质量称量法数据记录

编号	1	2
样品质量/g		

3. 差减称量法

准确称量 0.2g NaCl 三份并记录，结果填于表 4-10 中。

表 4-10 差减称量法数据记录

编号	1	2	3
倾出样品前称量瓶+样品质量 m_1/g			
倾出样品后称量瓶+样品质量 m_2/g			
样品质量 m/g			

六、思考题

1. 差减称量法的操作要点是什么？
2. 用电子天平称量时，显示数字不停跳动，有可能是什么原因造成的？

实验技能二 溶液的配制

一、实验目的

（1）能用固体物质和液体试剂配制一般溶液，练习电子天平和量筒的使用。
（2）能用基准物质直接配制标准溶液，进一步练习移液管和容量瓶的使用。

二、实验内容

（1）配制 500mL 0.1mol·L^{-1} 的 NaOH 溶液。
（2）配制 500mL 0.1mol·L^{-1} 的 HCl 溶液。

三、实验原理

市售浓盐酸为无色透明的 HCl 水溶液，HCl 含量为 36%～38%，密度约为 1.18g·mL^{-1}。由于浓盐酸易挥发放出 HCl 气体，直接配制准确度差，因此配制盐酸标准溶液时需用间接配制法。

NaOH 有很强的吸水性且可吸收空气中的 CO_2，因而，市售的 NaOH 中常含有 Na_2CO_3。由于碳酸钠的存在，对指示剂的使用影响较大，应设法除去。除去 Na_2CO_3 最常用的方法是将 NaOH 先配成饱和溶液（约 52%，质量分数），由于 Na_2CO_3 在饱和 NaOH 溶液中几乎不溶解，会慢慢沉淀出来，因此，可用饱和氢氧化钠溶液，配制不含 Na_2CO_3 的 NaOH 溶液。待 Na_2CO_3 沉淀后，可吸取一定量的上清液，稀释至所需浓度即可。此外，用来配制 NaOH 溶液的蒸馏水，也应加热煮沸冷却，以除去其中的 CO_2。

四、实验仪器和试剂

1. 仪器

量筒、烧杯、电子天平（精度分别为 0.1g 和 0.0001g）、容量瓶、滴管、洗耳球、玻璃棒、试剂瓶、标签纸。

2. 试剂

固体 NaOH、浓盐酸、蒸馏水。

五、实验步骤

1. 配制 500mL 0.1mol·L^{-1} 的 NaOH 溶液（表 4-11）

表 4-11　配制 500mL 0.1mol·L^{-1} NaOH 溶液的方法

序号	步骤	操作方法	操作提示
1	称量	在电子天平上称取 2g 固体 NaOH 于 500mL 烧杯中	固体 NaOH 应在表面皿或小烧杯中称量
2	溶解、稀释	用量筒量取 500mL 蒸馏水，加入盛有 NaOH 的烧杯中，搅拌使之全部溶解	应选用无二氧化碳的蒸馏水
3	装瓶	将配制好的溶液转移至试剂瓶中，用橡胶塞塞好瓶口，摇匀，贴上标签备用	配好的溶液要放置达到室温后才能装入试剂瓶中

2. 配制 500mL 0.1mol·L^{-1} 的 HCl 溶液（表 4-12）

表 4-12　配制 500mL 0.1mol·L^{-1} HCl 溶液的方法

序号	步骤	操作方法	操作提示
1	准备	准备一只洁净干燥的 500mL 烧杯，装入 100mL 左右蒸馏水	盐酸具有强烈的刺激性，试剂配制过程应在通风橱内进行
2	量取浓盐酸	用洁净的小量筒量取 4.2mL 浓盐酸，倒入盛有蒸馏水的烧杯中，边倒边搅拌	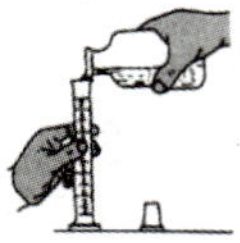
3	稀释	加蒸馏水至 500mL，搅拌均匀	加入蒸馏水的量不需要准确
4	装瓶	将配制好的溶液移入试剂瓶中，盖上玻璃塞，摇匀，贴上标签，备用	配制好的盐酸溶液要密闭保存

六、思考题

1. 用移液管进行移液、装液前须用操作液润洗 2～3 次，锥形瓶也须用操作液润洗吗？为什么？

2. 配制 NaOH 溶液为何选用无二氧化碳的蒸馏水溶解？

【知识拓展】

分析化学的发展趋势

分析化学是近年来发展最为迅速的学科之一，它同现代科学技术的发展分不开。一方面，现代科学的发展要求分析化学提供更多的关于物质组成和结构的信息；另一方面，现代科学也向分析化学不断提供新的理论、方法和手段，促进了分析化学的发展。例如，半导体技术中的原子级加工，要求测出单个原子的数目；纯氧顶吹炼钢每炉只用几十分钟，它要求炉前快速分析；在地质普查、勘探工作中，需要获得上百万、上千万个数据，不仅要求快速自动化，而且要求发展遥测技术。不仅如此，分析化学的任务也不再局限于测定物质的成分和含量，而且还要求知道物质的结构、价态、状态等性质，因此分析化学的研究领域也由宏观发展到微观，由表观深入到内部，从总体进入到微区、表面或薄层，由静态发展到动态。

随着电子工业和真空技术的发展，许多新技术也应用到分析化学中来，出现了新的测试方法和分析仪器，它们以高度灵敏和快速为特点。例如，使用电子探针，试样体积可小至10～12mL；电子光谱的绝对灵敏度可达10～18g。近年来激光技术已应用在可见光分光光度分析、原子吸收光谱分析和液相色谱等方面。由于引入了傅里叶变换技术，电化学、红外光谱和核磁共振等分析技术的面目焕然一新，进一步提高了分析的灵敏度和速度。近年来，由于计算机和计算科学的发展，微机与分析仪器的联用，不但可以自动报出数据，对科学实验条件或生产工艺进行自动调节、控制，而且可以对分析程序进行自动控制，使分析过程自动化，大大提高了分析工作的水平。

【立德树人】

化学家王琎一辈子的科学追求

王琎（1888—1966年），字季梁，黄岩宁溪人，中国化学史与分析化学研究的开拓者。毕生致力研究中国化学史，擅长经典微量分析。他用古钱分析研究中国古代冶金史，解决了正确区分汉、三国、晋、隋五铢钱，中国用锌的起源与进化，铜的化学成分与铅、锡、锌之间的关系等问题的争议。主要著作有《五铢钱的化学成分》《古代应用铅锌锡考》《中国古代金属化学》《丹金术》等。

曾任国立中央研究院化学研究所所长，四川大学、浙江大学、浙江师范学院、杭州大学教授。是全国政协二、三、四届委员，政协浙江省二、三届委员会副主席，九三学社杭州分社三届委员会副主委，中国化学学会理事，浙江分会理事长。

1916年，王琎为《科学》杂志编辑了《爱迪生专号》，以饱满的激情亲自写发刊词：“科学家和发明家，要使人钦仰，不但靠他科学上的贡献，也在乎人格的伟大。大科学家如法拉第（Faraday）、麦克斯韦（Maxwell）、巴斯德（Pastear）等俱富人类应有的美德，例如谦逊、直爽、简单、有目的的努力、诚实、富有同情心、高尚和对社会有责任心，这种优美品格在爱迪生身上都可寻到，贫穷和失学不能挫折他上进的毅力，妇孺皆知的名誉和著名大学最高的学位，不能引发他一毫的虚荣心，耄耋的年龄和巨万的资产，不能懈怠他要探讨新学说和做新实验的锐志。而他爱国的热肠尤其在欧战时期可以看出，他在祖国困难的时期，将他的学识精神和他设备完美的实验室，俱贡献于政府，作国防研究之用。这种精神在我们中国正要极力提倡，所以我们要纪念爱迪生，把他来做我们的榜样。”

王琎热情地赞美爱迪生等伟大科学家的爱国主义精神及其崇高的品格，正是他长期以来追求并躬身实践的精神与品格的写照，值得后学崇敬与弘扬。他写道：“真正的学者，思想家，科学家，没有一个不希望中国急起直追，去利用文明新利器——科学，来解决她自身的困难的，不过直到现在，我们仍是落后，我们感到惭愧，所以我们要纪念爱迪生和发刊‘爱迪生专号’。”1952 年，王琎教授说：“科学是最冷静、最客观的东西。不过，你对她冷淡，她也对你冷淡；若是你对她热烈的话，她也会对你热烈的。……科学又是最富于革命性的，时刻在变革、在创新。只要有 persistence（坚持）和 imagination（想象），做一个优秀的科学家绝非难事。”

【模块总结】

- 化学分析基础
  - 分析化学概述
    - 分析化学的任务和作用
    - 分析化学的分类
  - 误差及数据处理
    - 定量分析中的误差
    - 数据的记录与处理
  - 滴定分析概述
    - 滴定反应的条件与滴定方式
    - 标准溶液和基准物质
    - 标准溶液浓度表示法
    - 滴定分析结果的计算
  - 实验室安全认知
    - 实验室安全守则
    - 实验室紧急情况的处理
    - 实验室废弃物的处理
  - 滴定分析仪器的使用
    - 移液管的使用
    - 容量瓶的使用
    - 移液枪的使用
    - 滴定管的使用
  - 电子天平的使用
    - 电子天平的使用方法
    - 称量方法
  - 溶液的配制
    - 实验室用水
    - 化学试剂
    - 溶液浓度的表示方法
    - 溶液的配制
  - 实验技能
    - 电子天平称量操作
    - 溶液的配制

【知识检测】

一、选择题

1. 在滴定分析中，一般用指示剂颜色的突变来判断化学计量点的到达，在指示剂变色时停止滴定。这一点称为（　　）。

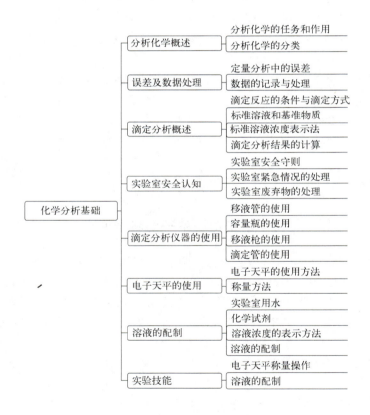

A. 化学计量点　　B. 滴定终点　　C. 滴定误差　　D. 滴定分析

2. 用25mL移液管移出的溶液体积应记录为（　　）。

A. 25mL　　B. 25.0mL　　C. 25.00mL　　D. 25.000mL

3. 滴定分析的相对误差一般要求为±0.1%，滴定时消耗标准溶液的体积应控制在（　　）。

A. 10mL以下　　B. 15～20mL　　C. 20～30mL　　D. 40～50mL

4. 滴定分析的相对误差一般要求为±0.1%，若称取试样的绝对误差为±0.0002g，则一般至少称取试样（　　）。

A. 0.1g　　B. 0.2g　　C. 0.3g　　D. 0.8g

5. 某项分析结果精密度很好，准确度很差，可能是由（　　）造成的。

A. 称量记录有差错　B. 砝码未校正　　C. 试剂不纯　　D. 所用计量器具未校正

6. 在滴定分析中，出现下列哪种情况可导致系统误差（　　）。

A. 试样未充分混匀　　B. 滴定时有溶液溅出

C. 所用水中有干扰离子　　D. 称量时天平两臂不等

7. 在分析中做空白试验的目的是（　　）。

A. 提高精密度　　B. 提高准确度　　C. 消除系统误差　　D. 减少偶然误差

8. 下列方法中可以减小分析中偶然误差的是（　　）。

A. 进行对照试验　　B. 进行空白试验　　C. 进行仪器校正　　D. 增加平行试验次数

9. 欲测某试样中SO_3含量，由四人分别进行测定。试样称取量皆为2.2g，四人获得四份报告如下，其中（　　）是合理的。

A. 2.0852%　　B. 2.085%　　C. 2.08%　　D. 2.1%

10. 下列操作哪些是错误的？（　　）

A. 配制NaOH标准溶液时用量筒量水

B. 基准Na_2CO_3放在270℃的烘箱中烘至恒重

C. $AgNO_3$标准溶液装在无色试剂瓶中

D. 用标准溶液洗涤滴定管三次以备滴定

二、判断题

1. 增加平行测定次数可以减免偶然误差。（　　）
2. 用相对平均偏差表示精密度比用标准偏差更可靠。（　　）
3. 每次用移液管转移溶液后的残留量稍有不同，这样引起的误差为系统误差。（　　）
4. 某分析人员滴定时发现有少量试液溅出，这会造成偶然误差。（　　）
5. 在分析测试中，测定次数越多，准确度越高。（　　）
6. 一般来说，精密度高，准确度一定高。（　　）
7. 一般来说，准确度高，精密度一定高。（　　）
8. 系统误差总是出现，偶然误差偶然出现。（　　）
9. 在分析数据中，所有的“0”均为有效数字。（　　）
10. 定量分析要求越准确越好，所以记录测量值的有效数字位数越多越好。（　　）
11. 分析试验所用纯水纯度越高越好。（　　）
12. 由化学计量点与滴定终点不同而引起的误差称为终点误差。（　　）
13. 10g碘化钾，溶于水后稀释至100mL，该碘化钾溶液的质量分数为10%。（　　）
14. 优级纯试剂就是基准试剂。（　　）

15. 直接滴定法是最常用和最基本的滴定方式。 (　　)

16. 化学反应需要加热才能进行，就必须用返滴定法。 (　　)

三、计算题

1. 某学生分析工业纯碱试样，称取 Na_2CO_3 为 50.00%的试样重 0.4240g，滴定时消耗 $0.1000mol \cdot L^{-1}$ 的 HCl 溶液共 40.10mL，该次滴定的相对误差为多少？已知 $M_{Na_2CO_3}=106.00g \cdot mol^{-1}$。

2. 下列数据各包括几位有效数字？

①1.057　　②0.0425　　③$3.0\times10^{-4}$　　④pH=10.5

⑤0.05%　　⑥113.86　　⑦45.07%　　⑧pOH=2.17

3. 计算下列各式：

（1）$7.9936\div0.9967-5.02$

（2）$2.187\times0.584+9.6\times10^{-5}-0.0326\times0.00814$

4. 称取基准物质 Na_2CO_3 0.1580g，标定 HCl 溶液的浓度，消耗 HCl 溶液 24.80mL，该盐酸溶液的物质的量浓度是多少？

5. 称取草酸钠基准物质 0.2178g 标定 $KMnO_4$ 溶液的浓度，用去 $KMnO_4$ 溶液 25.48mL，计算 c_{KMnO_4}。

四、简答题

1. 如何配制铬酸洗液？

2. 差减称量法的操作要点是什么？

3. 移液管进行移液、装液前须用操作液润洗 2～3 次，锥形瓶也须用操作液润洗吗？为什么？

4. 用容量瓶配制溶液时是否需要干燥？为什么定容时，溶液的温度必须与室温相同？

5. 滴定至临近终点时加入半滴操作是怎样进行的？

模块四知识检测
参考答案

模块五

酸碱平衡与酸碱滴定法

【学习目标】

知识目标

1. 了解酸碱质子理论及共轭酸碱对的概念及关系；
2. 掌握弱电解质的离解平衡及有关计算；
3. 掌握各类酸碱溶液 pH 值的计算方法；
4. 掌握缓冲溶液的作用原理及选择原则；
5. 熟悉酸碱指示剂的变色原理、变色范围及常用的酸碱指示剂；
6. 掌握一元酸碱滴定曲线及弱酸、弱碱能被准确滴定的判据。

能力目标

1. 能用减量法熟练称量基准物质；
2. 能在实际分析中合理选择酸碱指示剂指示滴定终点；
3. 能正确制备酸碱标准溶液，并能利用酸碱滴定法准确分析样品。

素质目标

1. 培养规范操作意识和质量意识；
2. 培养认真负责、严谨求实的工作态度；
3. 培养良好的团队合作精神和竞争意识。

【项目引入】

混合碱的测定

混合碱是碳酸氢钠（$NaHCO_3$）和碳酸钠（Na_2CO_3）或者碳酸钠（Na_2CO_3）和氢氧化钠（NaOH）的混合物。混合碱的应用较广，是因为其溶解性能好，白度高，可以用于各种工业废水排放治理，如印染、电镀、化工、造纸等行业的废水排放治理。混合碱可以广泛用于去除磷酸盐和大多数的重金属，降低生化需氧量，杀灭细菌和病毒，以及去除水中氨氮等。

因混合碱的应用广泛，其分析十分重要，需要精确测定其成分和含量。混合碱的化学性质取决于其中各成分的比例和性质，因此分析混合碱需要考虑各种因素，以确保分析结果的准确性。常用的分析方法有酸碱滴定法、离子色谱法和元素分析法，其中酸碱滴定法是测定混合碱中各成分相对含量最常用的方法。

用酸碱滴定法测定混合碱，需要借助酸碱平衡与酸碱滴定法的相关理论，本模块系统介绍酸碱平衡与酸碱滴定法。

习题-化学检验员（中级）核心考点

【知识链接】

知识点一 酸碱质子理论

酸和碱都是重要的化学物质。人们对于酸、酸概念的讨论经过了 200 多年，近代产生了下列酸碱理论：①1887 年，瑞典科学家阿伦尼乌斯（S. A. Arrhenius）从他的电离学观点出发，提出了酸碱电离理论；②1905 年，富兰克林（E. C. Franklin）提出了酸碱溶剂理论；③1923 年，丹麦物理化学家布朗斯特（J. N. BrÖnsted）和英国化学家劳瑞（T. M. Lowry）共同提出了酸碱质子理论；④1923 年，路易斯（G. N. Lewis）提出了酸碱电子理论。这些理论中，酸碱质子理论既适用于水浴液系统，也适用于非水浴液系统和气体间反应系统，并且能定量处理。为此，本章将重点介绍酸碱质子理论。

一、酸碱定义

酸碱质子理论认为，凡是能给出质子的物质就是酸，酸失去 1 个质子后转化成它的共轭碱；凡是能接受质子的物质就是碱，碱得到 1 个质子后转变为它的共轭酸。例如，HAc 能给出 1 个质子而转变为共轭碱 Ac^-；NH_3 能接受 1 个质子而转化为共轭酸 NH_4^+。这种因得失 1 个质子而互相转变的每一对酸碱称为共轭酸碱对。例如，HAc 和 Ac^- 是共轭酸碱对，NH_4^+ 和 NH_3 也是共轭酸碱对。下面再列出一些共轭酸碱对。

$$\text{酸} \rightleftharpoons \text{质子} + \text{碱}$$

$$HAc \rightleftharpoons H^+ + Ac^-$$

$$NH_4^+ \rightleftharpoons H^+ + NH_3$$

$$HCl \rightleftharpoons H^+ + Cl^-$$

$$H_2CO_3 \rightleftharpoons H^+ + HCO_3^-$$

$$HCO_3^- \rightleftharpoons H^+ + CO_3^{2-}$$

$$H_3O^+ \rightleftharpoons H^+ + H_2O$$

$$H_2O \rightleftharpoons H^+ + OH^-$$

从上面的例子可以看出：①酸和碱可以是不带电荷的中性分子，也可以是带有负电荷或正电荷的离子；②HCO_3^- 和 H_2O 等既能失去质子表现为酸，也可获得质子表现为碱，所以称作两性物质；③H_2CO_3 失去1个质子转化为 HCO_3^-，失去2个质子才形成 CO_3^{2-}，所以 H_2CO_3 的共轭碱是 HCO_3^- 而不是 CO_3^{2-}，HCO_3^- 的共轭碱才是 CO_3^{2-}，所有的多元酸都有类似的问题。

二、酸碱反应实质

由于质子的体积特别小，电荷密度非常高，所以游离的质子不能存在于水溶液中，而是以水合氢离子（H_3O^+）形式存在，它的转移是以 H_2O 为媒介的。因而上述共轭酸碱体系在溶液中不能单独存在，也就是说上述反应不是完整的酸碱反应，它只能代表半个酸碱反应，称作酸碱半反应。

酸碱反应的实质是质子转移的反应，酸给出质子而碱同时接受质子。例如：

$$NH_3+H_3O^+ \rightleftharpoons H_2O+NH_4^+$$

$$HAc+H_2O \rightleftharpoons H_3O^+ +Ac^-$$

在上述反应中水作为两性物质，既能给出质子又能接受质子，所以水分子之间能发生质子自递反应，其中一个水分子给出质子表现为酸，另一个水分子接受质子表现为碱。

$$H_2O+H_2O \rightleftharpoons H_3O^+ +OH^-$$

这种在溶剂分子间发生的质子传递作用，称为溶剂水的质子自递反应，质子自递反应的平衡常数称为水的质子自递常数$K_w^\ominus$。

$$K_w^\ominus=\frac{[H_3O^+]}{c^\ominus}\frac{[OH^-]}{c^\ominus}=[H_3O^+]'[OH^-]' \tag{5-1}$$

25℃时，$K_w^\ominus$ 值为 1.0×10^{-14}。$K_w^\ominus$ 值非常小，说明水的质子自递反应是相当微弱的。

为了书写方便，通常将水合质子 H_3O^+ 简写成 H^+，水的质子自递反应简写为：

$$H_2O \rightleftharpoons H^+ +OH^-$$

三、酸碱强度

酸有强弱之分。酸的强度可以根据不同的酸向同一种碱转移1个质子倾向的大小来衡量。在水溶液中，酸和水反应的平衡常数，即酸的离解常数 $K_a^\ominus$ 值的大小，能反映酸的强度。离解常数越大，酸的强度也越大。

$$HA \rightleftharpoons H^+ +A^-$$

$$K_a^\ominus=\frac{[H^+]'[A^-]'}{[HA]'} \tag{5-2}$$

同样，碱的强度也可以根据碱的离解常数$K_b^\ominus$ 值的大小来度量。

$$B+H_2O \rightleftharpoons BH^+ +OH^-$$

$$K_b^\ominus=\frac{[BH^+]'[OH^-]'}{[B]'} \tag{5-3}$$

酸的$K_a^\ominus$ 值和其共轭碱的$K_b^\ominus$ 值之间存在着一定的关系。以 HA 及其共轭碱 A^- 为例：

$$HA \rightleftharpoons H^+ +A^-;K_a^\ominus=\frac{[H^+]'[A^-]'}{[HA]'}$$

$$A^- + H_2O \rightleftharpoons HA + OH^- \qquad K_b^\ominus = \frac{[HA]'[OH^-]'}{[A^-]'}$$

$$K_a^\ominus K_b^\ominus = \frac{[H^+]'[A^-]'}{[HA]'} \times \frac{[HA]'[OH^-]'}{[A^-]'} = [H^+]'[OH^-]' \tag{5-4}$$

$$= K_w^\ominus = 1.0 \times 10^{-14} (25℃)$$

$$pK_a^\ominus + pK_b^\ominus = pK_w^\ominus = 14.00 (25℃) \tag{5-5}$$

一对共轭酸碱 $K_a^\ominus$ 和 $K_b^\ominus$ 值的乘积等于 $K_w^\ominus$ 值，所以知道了酸或碱的离解常数就可以求得其共轭碱或共轭酸的离解常数。

【例 5-1】 已知 NH_3 的 $K_b^\ominus = 1.8 \times 10^{-5}$，求其共轭酸 NH_4^+ 的 $K_a^\ominus$。

解： 根据式(5-4)，$K_a^\ominus K_b^\ominus = K_w^\ominus$，所以 NH_4^+ 的 $K_a^\ominus$ 为：

$$K_a^\ominus = \frac{K_w^\ominus}{K_b^\ominus} = \frac{1.0 \times 10^{-14}}{1.8 \times 10^{-5}} = 5.6 \times 10^{-10}$$

酸碱的强弱取决于酸碱本身给出质子或接受质子能力的强弱。物质给出质子的能力越强，$K_a^\ominus$ 值越大，酸性就越强；反之就越弱。同样地，物质接受质子的能力越强，$K_b^\ominus$ 值越大，碱性就越强；反之就越弱。酸碱离解常数 $K_a^\ominus$、$K_b^\ominus$ 的大小，可以定量地说明酸或碱的强弱程度。

在共轭酸碱对中，如果酸越易给出质子，酸性越强，$K_a^\ominus$ 值越大，则其共轭碱对质子的亲和力越弱，$K_b^\ominus$ 值越小，碱性越弱。反之，酸性越弱，其共轭碱的碱性就越强。例如，$HClO_4$、H_2SO_4、HCl、HNO_3 都是强酸，它们在水溶液中给出质子的能力很强，$K_a^\ominus \gg 1$，但它们相应的共轭碱几乎没有能力从 H_2O 中取得质子转化为共轭酸，$K_b^\ominus$ 小到无法测出，这些共轭碱都是极弱的碱。而 NH_4^+、HS^- 的 $K_a^\ominus$ 分别为 5.6×10^{-10}、7.1×10^{-15}，它们是极弱的酸，它们的共轭碱 NH_3 是较强的碱，S^{2-} 则是强碱。

对于多元酸，它们在水溶液中是分级离解的，存在多个共轭酸碱对，这些共轭酸碱对的 $K_a^\ominus$ 和 $K_b^\ominus$ 之间也有一定的对应关系。例如，二元酸 $H_2C_2O_4$ 分两步离解：

$$H_2C_2O_4 \rightleftharpoons H^+ + HC_2O_4^-$$

$$K_{a1}^\ominus = \frac{[H^+]'[HC_2O_4^-]'}{[H_2C_2O_4]'} \tag{5-6}$$

$$HC_2O_4^- + H_2O \rightleftharpoons H_2C_2O_4 + OH^-$$

$$K_{b2}^\ominus = \frac{[H_2C_2O_4]'[OH^-]'}{[HC_2O_4^-]'} \tag{5-7}$$

$$HC_2O_4^- \rightleftharpoons H^+ + C_2O_4^{2-}$$

$$K_{a2}^\ominus = \frac{[H^+]'[C_2O_4^{2-}]'}{[HC_2O_4^-]'} \tag{5-8}$$

$$C_2O_4^{2-} + H_2O \rightleftharpoons HC_2O_4^- + OH^-$$

$$K_{b1}^\ominus = \frac{[HC_2O_4^-]'[OH^-]'}{[C_2O_4^{2-}]'} \tag{5-9}$$

由上述平衡可得：

$$K_{a1}^{\ominus}K_{b2}^{\ominus}=K_{a2}^{\ominus}K_{b1}^{\ominus}=[H^+]'[OH^-]'=K_w^{\ominus} \qquad (5\text{-}10)$$

对于三元酸，同样可以得到如下关系：

$$K_{a1}^{\ominus}K_{b3}^{\ominus}=K_{a2}^{\ominus}K_{b2}^{\ominus}=K_{a3}^{\ominus}K_{b1}^{\ominus}=[H^+]'[OH^-]'=K_w^{\ominus} \qquad (5\text{-}11)$$

【例 5-2】 试求 HPO_4^{2-} 的共轭碱 PO_4^{3-} 的 $K_{b1}^{\ominus}$。

已知 $K_{a1}^{\ominus}=7.6\times10^{-3}$；$K_{a2}^{\ominus}=6.3\times10^{-8}$；$K_{a3}^{\ominus}=4.4\times10^{-13}$。

解： 根据式(5-11)，$K_{b1}^{\ominus}K_{a3}^{\ominus}=K_w^{\ominus}$，则：

$$K_{b1}^{\ominus}=\frac{K_w^{\ominus}}{K_{a3}^{\ominus}}=\frac{1.0\times10^{-14}}{4.4\times10^{-13}}=2.3\times10^{-2}$$

习题-化学实验技能大赛真题

知识点二　弱酸、弱碱 pH 值的计算

通常所说的弱酸和弱碱的基本存在形式为中性分子。它们大部分以分子存在于水溶液中，与水发生质子转移反应，只部分离解为阴、阳离子。通常所说的盐多数为强电解质，在水中完全离解为阴、阳离子，其中有些阳离子或阴离子与水也能发生质子转移反应，或者给出质子或者接受质子，称它们为离子酸或离子碱。另外，从每个酸（或碱）分子、离子能否给出（或接受）多个质子来划分：只能给出一个质子的，称为一元弱酸，能给出多个质子的为多元弱酸；只能接受一个质子的，称为一元弱碱，能接受多个质子的为多元弱碱；弱酸、弱碱在水溶液中的质子转移平衡完全服从化学平衡移动的一般规律，其标准平衡常数均小于 1。

一、一元弱酸（或弱碱）溶液 pH 值的计算

可以借助 pH 计测定溶液的 pH 值，然后通过计算来确定弱酸的离解常数。已知一元弱酸的离解常数 $K_a^{\ominus}$，就可以计算出一定浓度的一元弱酸溶液的平衡组成。实际上，在一元弱酸溶液中同时存在着弱酸和水的两种离解平衡：

$$HA(aq)\rightleftharpoons A^-(aq)+H^+(aq)$$

$$H_2O(l)\rightleftharpoons OH^-(aq)+H^+(aq)$$

它们都离解出 H^+，二者之间相互联系，相互影响。通常情况下 $K_a^{\ominus}\gg K_w^{\ominus}$。$c_{HA}$ 不是很小时，H^+ 主要是由 HA 离解产生的。因此，计算溶液中 $[H^+]$ 时，就可以不考虑水的离解平衡。

当 $c'_{HA}/K_a^{\ominus}\geqslant500$，且 $c'_{HA}K_a^{\ominus}\geqslant20K_w^{\ominus}$ 时，可用下列近似公式计算 $[H^+]'$：

$$[H^+]'=\sqrt{K_a^{\ominus}c'_{HA}} \qquad (5\text{-}12)$$

同理，在一元弱碱的离解平衡中也存在类似关系式。

当 $c'_{BOH}/K_b^{\ominus} \geqslant 500$，且 $c'_{BOH}K_b^{\ominus} \geqslant 20K_w^{\ominus}$ 时，可用下列近似公式计算 $[OH^-]'$：

$$[OH^-]' = \sqrt{K_b^{\ominus} c'_{BOH}} \tag{5-13}$$

【例 5-3】 计算 0.20mol·L^{-1} HCOOH 溶液的 pH 值。

解： 已知 HCOOH 的 $K_a^{\ominus} = 1.77 \times 10^{-4}$，$c = 0.20\text{mol} \cdot \text{L}^{-1}$，则：

$$c'/K_a^{\ominus} \geqslant 500, \text{且 } c'K_a^{\ominus} \geqslant 20K_w^{\ominus}$$

$$[H^+]' = \sqrt{K_a^{\ominus} c'} = \sqrt{0.20 \times 1.77 \times 10^{-4}} = 10^{-2.22}$$

$$[H^+] = [H^+]'c^{\ominus} = 10^{-2.22} \times 1\text{mol} \cdot \text{L}^{-1} = 10^{-2.22}\text{mol} \cdot \text{L}^{-1}$$

$$\text{pH} = 2.22$$

【例 5-4】 计算 0.10mol·L^{-1} NaAc 溶液的 pH 值。

解： 已知 HAc 的 $K_a^{\ominus} = 1.8 \times 10^{-5}$，则 Ac^- 的 $K_b^{\ominus} = \dfrac{K_w^{\ominus}}{K_a^{\ominus}} = \dfrac{1.0 \times 10^{-14}}{1.8 \times 10^{-5}} = 5.6 \times 10^{-10}$

$$c'/K_b^{\ominus} \geqslant 500, \text{且 } c'K_b^{\ominus} \geqslant 20K_w^{\ominus}$$

所以：
$$[OH^-]' = \sqrt{K_b^{\ominus} c'} = \sqrt{0.10 \times 5.6 \times 10^{-10}} = 7.5 \times 10^{-6.0}$$

$$[OH^-] = [OH^-]'c^{\ominus} = 7.5 \times 10^{-6.0} \times 1\text{mol} \cdot \text{L}^{-1} = 7.5 \times 10^{-6.0}\text{mol} \cdot \text{L}^{-1}$$

$$\text{pOH} = 5.12 \qquad \text{pH} = 8.88$$

二、多元弱酸（或弱碱）溶液 pH 值的计算

含有一个以上可以离解的 H^+ 的酸，如 H_2SO_4、H_3PO_4、H_2S、H_2CO_3、H_2SO_3 等称为多元酸。

多元酸在水溶液中是分级离解的，每一级离解都能产生一定量的 H^+。但是，由于 $K_{a1}^{\ominus}$ 值比 $K_{a2}^{\ominus}$ 值和 $K_{a3}^{\ominus}$ 值更大，因此溶液中 H^+ 主要来自多元酸的第一步离解。在绝大多数情况下，可以忽略第二级和以后各级的离解，将多元酸看作是一元弱酸，利用其 $K_{a1}^{\ominus}$ 值按最简式，必要时采用较精确式来计算溶液的 $[H^+]$。

当 $K_{a1}^{\ominus} \gg K_{a2}^{\ominus}$，$c'/K_{a1}^{\ominus} \geqslant 500$，且 $c' \cdot K_{a1}^{\ominus} \geqslant 20K_w^{\ominus}$ 时，可用下列近似公式计算 $[H^+]'$：

$$[H^+]' = \sqrt{K_{a1}^{\ominus} c'} \tag{5-14}$$

同理，在多元弱碱的离解平衡中也存在如下的关系式：

当 $K_{b1}^{\ominus} \gg K_{b2}^{\ominus}$，$c'/K_{b1}^{\ominus} \geqslant 500$，且 $c'K_{b1}^{\ominus} \geqslant 20K_w^{\ominus}$ 时，可用下列近似公式计算 $[OH^-]'$：

$$[OH^-]' = \sqrt{K_{b1}^{\ominus} c'} \tag{5-15}$$

三、两性物质溶液 pH 值的计算

常见的两性物质有：多元酸的酸式盐，如 $NaHCO_3$、NaH_2PO_4；弱酸弱碱盐，如 NH_4Ac、NH_4CN 等。一般使用最简式计算其 $[H^+]'$：

$$[H^+]'=\sqrt{K_{a1}^{\ominus}K_{a2}^{\ominus}} \quad (5\text{-}16)$$

当 $K_{a1}^{\ominus} \gg K_{a2}^{\ominus}$，$c'/K_{a1}^{\ominus} \geqslant 20$，且 $c'K_{a2}^{\ominus} \geqslant 20K_w^{\ominus}$ 时，可用式(5-16)计算两性物质溶液的 pH 值。

【例 5-5】 计算 0.10mol·L^{-1} $NaHCO_3$ 溶液的 pH 值。已知 H_2CO_3 的 $K_{a1}^{\ominus}=4.30\times10^{-7}$，$K_{a2}^{\ominus}=5.61\times10^{-11}$。

解： 因为 $K_{a1}^{\ominus} \gg K_{a2}^{\ominus}$，$c'/K_{a1}^{\ominus} \geqslant 20$，且 $c'K_{a2}^{\ominus} \geqslant 20K_w^{\ominus}$，

所以：　$[H^+]'=\sqrt{K_{a1}^{\ominus}K_{a2}^{\ominus}}=\sqrt{4.30\times10^{-7}\times5.61\times10^{-11}}=4.9\times10^{-9}$

则：
$$[H^+]=4.9\times10^{-9}\,\text{mol}\cdot\text{L}^{-1}$$
$$pH=8.31$$

知识点三　缓冲溶液

一、同离子效应

一定温度下弱电解质如弱酸 HAc 在溶液中存在以下离解平衡：

$$HAc \rightleftharpoons H^+ + Ac^-$$

若在此平衡系统中加入易溶强电解质 NaAc，溶液中的 Ac^- 浓度大为增加，HAc 的离解平衡向左移动。

在离子平衡系统中，某一物质浓度的变化可使平衡发生移动。

在弱酸或弱碱溶液中，加入与其含有相同离子的另一强电解质，使离解平衡向左移动，从而降低了弱酸或弱碱的离解度，这种作用称为同离子效应。

二、缓冲溶液及其 pH 值计算

能够抵抗外加少量强酸、强碱或稍加稀释，其自身 pH 值不发生显著变化的性质，称为酸碱缓冲作用。具有酸碱缓冲作用的溶液称为酸碱缓冲溶液，简称缓冲溶液。

分析化学中要用到很多缓冲溶液，大致可以分为两类：一类是测量其他溶液 pH 值时作为参照标准用的，称为标准缓冲溶液，见表 5-1；另一类是作为控制溶液酸度用的一般缓冲溶液，常用的这类缓冲溶液见表 5-2。

表 5-1　几种常用的标准缓冲溶液

标准缓冲溶液	pH 值(25℃实验值)
饱和酒石酸氢钾(0.034mol·L^{-1})	3.56
邻苯二甲酸氢钾(0.05mol·L^{-1})	4.01
0.025mol·L^{-1} NaH_2PO_4-0.025mol·L^{-1} Na_2HPO_4	6.86
硼砂(0.01mol·L^{-1})	9.19

缓冲溶液一般由浓度较大的弱酸（碱）及其共轭碱（酸）组成，如 HAc-NaAc、NH_3-NH_4Cl 等。由于共轭酸碱对的 $K_a^\ominus$、$K_b^\ominus$ 值不同，所形成的缓冲溶液能调节和控制的 pH 值范围也不同，常用的缓冲溶液可控制的 pH 值范围参阅表 5-2。

表 5-2　常用的缓冲溶液的性质

编号	缓冲溶液	酸的存在形态	碱的存在形态	pK_a	可控 pH 范围
1	氨基乙酸-HCl	$^+NH_3CH_2COOH$	$^+NH_3CH_2COO^-$	2.35	1.4～3.4
2	邻苯二甲酸氢钾-HCl	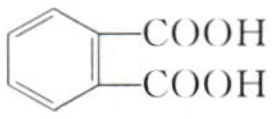	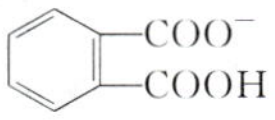	2.95	2.0～4.0
3	HAc-NaAc	HAc	NaAc	4.74	3.8～5.8
4	六亚甲基四胺-HCl	$(CH_2)_6N_4H^+$	$(CH_2)_6N_4$	5.15	4.2～6.2
5	NaH_2PO_4-Na_2HPO_4	$H_2PO_4^-$	HPO_4^{2-}	7.21	6.2～8.2
6	$Na_2B_4O_7$-HCl	H_3BO_3	$H_3BO_3^-$	9.24	8.0～10.0
7	NH_3-NH_4Cl	NH_4^+	NH_3	9.26	8.3～10.3
8	$NaHCO_3$-Na_2CO_3	HCO_3^-	CO_3^{2-}	10.25	9.3～11.3

由弱酸 HA 及其共轭碱 A^- 组成的溶液中，若用 c_a 和 c_b 分别表示 HA 和 A^- 的分析浓度，可推导出计算此溶液中 $[H^+]$ 及 pH 值的最简式：

$$[H^+]=K_a^\ominus \frac{c_a}{c_b}$$

$$pH=pK_a^\ominus-\lg\frac{c_a}{c_b} \tag{5-17}$$

习题-化学检验员（中级）核心考点

【例 5-6】 某缓冲溶液含 $0.10mol \cdot L^{-1}$ HAc 和 $0.010mol \cdot L^{-1}$ NaAc，该溶液的 pH 值是多少？

解： 已知 HAc 的 $pK_a^\ominus=4.74$，则：

$$pH=pK_a^\ominus-\lg\frac{c_a}{c_b}=4.74-\lg\frac{0.10}{0.010}=3.74$$

在高浓度的强酸强碱溶液中，由于 H^+ 或 OH^- 的浓度本来就很高，外加的少量酸或碱不会对溶液的酸碱度产生太大的影响。在这种情况下，强酸强碱也就是缓冲溶液。它们主要是高酸度（pH<2）和高碱度（pH>12）时的缓冲溶液。另外，两性物质也是常用的缓冲溶液。

三、缓冲溶液的缓冲容量

各种缓冲溶液具有不同的缓冲能力，其大小可用缓冲容量来衡量。缓冲容量是使 1L 缓冲溶液的 pH 值增加 1 个单位所需要加入强碱的物质的量，或使溶液 pH 值减少 1 个单位所需要加入强酸的物质的量。

缓冲溶液的缓冲容量越大，其缓冲能力越强。缓冲容量的大小与产生缓冲作用组分的浓度有关，其浓度越高，缓冲容量越大。此外，也与缓冲溶液中各组分浓度的比值有关。如果缓冲组分的总浓度一定，缓冲组分的浓度比值为 1∶1 时，缓冲容量为最大。一般情况下，当缓冲溶液中缓冲组分比大于 10∶1 或小于 1∶10 时，缓冲溶液的缓冲能力较差。在实际应用中，常采用弱酸及其共轭碱的组分浓度比为 $c_a : c_b = 10 : 1$ 和 $c_a : c_b = 1 : 10$ 作为缓冲溶液 pH 值的缓冲范围。通过计算可知：

当 $c_a : c_b = 10 : 1$ 时，$pH = pK_a^{\ominus} + 1$；

当 $c_a : c_b = 1 : 10$ 时，$pH = pK_a^{\ominus} - 1$。

即缓冲溶液 pH 值的缓冲范围理论上为 $pH = pK_a^{\ominus} \pm 1$。常用缓冲溶液的缓冲范围见表 5-2。

四、缓冲溶液的选择

分析化学中用于控制溶液酸度的缓冲溶液很多，通常根据实际情况选用不同的缓冲溶液。缓冲溶液选择原则如下：

① 所选用的缓冲溶液对测量过程没有干扰。

② 所需控制的 pH 值应在缓冲溶液的缓冲范围之内。如果缓冲溶液是由弱酸及其共轭碱组成的，则所选的弱酸的 $pK_a^{\ominus}$ 值应尽量与所需控制的 pH 值一致。

③ 缓冲组分的浓度应在 $0.01 \sim 1mol \cdot L^{-1}$ 之间，组分的浓度比接近 1，以保证足够的缓冲容量。

④ 组成缓冲溶液的物质应价廉易得，避免污染环境。

知识点四 酸碱指示剂

一、作用原理

酸碱指示剂一般是有机弱酸或弱碱。它们的各种存在形式由于结构不同，具有不同的颜色。当溶液的 pH 值变化时，指示剂主要存在形式发生变化，结构也跟着变化，因此溶液会呈现不同的颜色。例如，酚酞是一种有机弱酸，在溶液中有如图 5-1 所示的平衡。

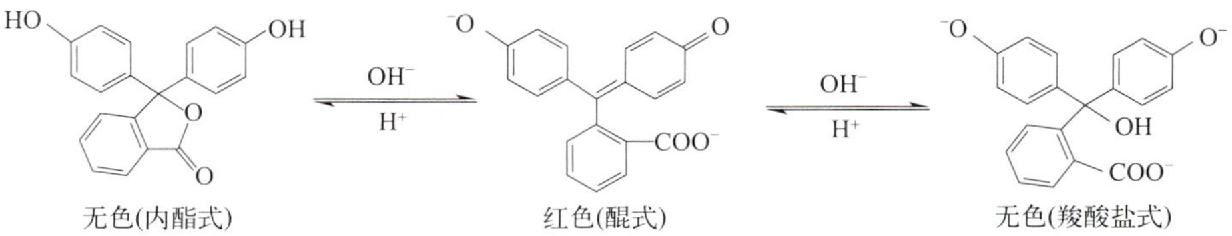

图 5-1 酚酞变色原理

在酸性溶液中，由于有大量的 H^+ 存在，平衡自右向左移动，酚酞主要以内酯式结构存在，溶液显示无色；在碱性溶液中，OH^- 浓度较大，平衡自左向右移动，主要存在结构为醌式，溶液呈现红色。酚酞指示剂在 $pH = 8.0 \sim 9.6$ 时，由无色逐渐变为红色。

甲基橙是一种有机弱碱，在水溶液中有如图 5-2 所示的离解平衡和颜色变化。

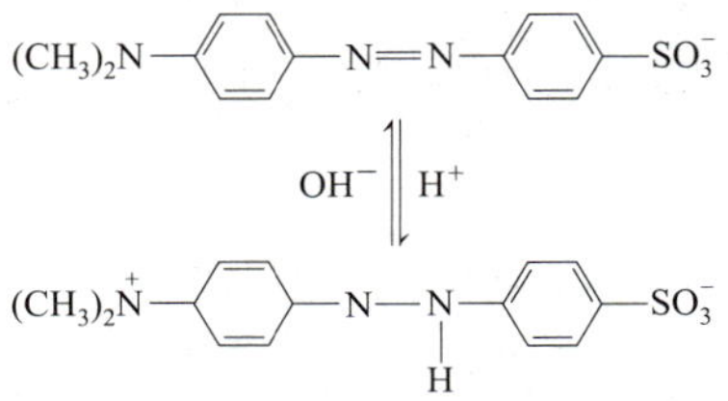

图 5-2　甲基橙变色原理

由平衡关系可见，当溶液中 H^+ 浓度增大时，平衡向右移动，甲基橙主要以醌式存在，呈现红色；反之，则平衡向左移动，甲基橙呈现黄色。甲基橙指示剂在 pH＝3.1～4.4 时，由红色逐渐变为黄色。

综上所述，指示剂的颜色变化，起因于溶液的 pH 值的变化。pH 值的变化，可引起指示剂分子结构的改变，因而显示出不同的颜色。但是，并不是溶液的 pH 值稍有变化或任意变化，都能引起指示剂颜色的变化，指示剂的变色是在一定 pH 值范围内进行的。

二、变色范围

为了进一步说明指示剂颜色变化与酸度的关系，现以弱酸型指示剂（HIn）为例进行讨论。HIn 表示指示剂酸式，In^- 表示指示剂碱式，指示剂在溶液中的离解平衡为：

$$\underset{\text{酸式色}}{HIn} \rightleftharpoons H^+ + \underset{\text{碱式色}}{In^-}$$

$$K^{\ominus}_{HIn} = \frac{[H^+]'[In^-]'}{[HIn]'} \qquad \frac{K^{\ominus}_{HIn}}{[H^+]'} = \frac{[In^-]'}{[HIn]'} \tag{5-18}$$

式中，$K^{\ominus}_{HIn}$ 为指示剂的离解常数。

当 $[H^+]' = K^{\ominus}_{HIn}$，式中 $\frac{[In^-]'}{[HIn]'} = 1$，HIn 和 In^- 两者浓度相等，溶液表现出酸式色和碱式色的中间颜色，此时 $pH = pK^{\ominus}_{HIn}$，称为指示剂的理论变色点。

一般来说，如果 $\frac{[In^-]'}{[HIn]'} > \frac{10}{1}$，观察到的是 In^- 的颜色；当 $\frac{[In^-]'}{[HIn]'} = \frac{10}{1}$ 时，可在 In^- 的颜色中勉强看到 HIn 的颜色，此时，$pH = pK^{\ominus}_{HIn} + 1$。如果 $\frac{[In^-]'}{[HIn]'} < \frac{1}{10}$，观察到的是 HIn 的颜色；当 $\frac{[In^-]'}{[HIn]'} = \frac{1}{10}$ 时，可在 HIn 的颜色中勉强看到 In^- 的颜色，此时，$pH = pK^{\ominus}_{HIn} - 1$。因此，由 $pH = pK^{\ominus}_{HIn} - 1$ 变化到 $pH = pK^{\ominus}_{HIn} + 1$，或由 $pH = pK^{\ominus}_{HIn} + 1$ 变化到 $pH = pK^{\ominus}_{HIn} - 1$ 时，人们才能明显地观察出指示剂颜色的变化。$pH = pK^{\ominus}_{HIn} \pm 1$ 称为指示剂变色的 pH 值范围，简称指示剂变色范围。

根据以上讨论，指示剂变色范围应为 $pH = pK^{\ominus}_{HIn} \pm 1$，是 2 个 pH 单位。但实际测得的大多数指示剂的变色范围小于 2 个 pH 单位，并且指示剂的理论变色点也不是变色范围的中点。这是由人们对不同颜色的敏感程度不同，及指示剂两种颜色互相掩盖所致的。另外，溶液的温度也影响指示剂的变色范围。常用的酸碱指示剂列于表 5-3 中。

表 5-3 常用酸碱指示剂

指示剂	酸式色	碱式色	pK_{HIn}	变色范围	浓度
百里酚蓝（Ⅰ）	红色	黄色	1.7	1.2～2.8	0.1%的 20%乙醇
甲基黄	红色	黄色	3.3	2.9～4.0	0.1%的 90%乙醇
甲基橙	红色	黄色	3.4	3.1～4.4	0.05%的水溶液
溴酚蓝	黄色	紫色	4.1	3.0～4.6	0.1%的 20%乙醇或其钠盐水溶液
溴甲酚绿	黄色	蓝色	4.9	4.0～5.6	0.1%的 20%乙醇或其钠盐水溶液
甲基红	红色	黄色	5.0	4.4～6.2	0.1%的 60%乙醇或其钠盐水溶液
溴百里酚蓝	黄色	蓝色	7.3	6.0～7.6	0.1%的 20%乙醇或其钠盐水溶液
中性红	红色	黄橙色	7.4	6.8～8.0	0.1%的 60%乙醇
苯酚红	黄色	红色	8.0	6.7～8.4	0.1%的 60%乙醇或其钠盐水溶液
百里酚蓝（Ⅱ）	黄色	蓝色	8.9	8.0～9.6	0.1%的 20%乙醇
酚酞	无色	红色	9.1	8.0～9.6	0.1%的 90%乙醇
百里酚酞	无色	蓝色	10.0	9.4～10.6	0.1%的 90%乙醇

在实际工作中，需要注意指示剂使用的温度条件和它的用量等。温度对指示剂的离解常数有影响，因而会影响它的变色范围。例如，甲基橙的变色范围，在 25℃时 pH 值为 3.1～4.4，而在 100℃时 pH 值为 2.5～3.7。另外，滴定分析中指示剂加入量的多少也会影响变色的敏锐程度。而且，指示剂本身是有机弱酸或弱碱，也要消耗滴定剂，影响分析结果的准确度。因此，一般指示剂应适当少用，变色会明显一些，引入的误差也小一些。

知识点五 酸碱滴定法

酸碱滴定过程中，随着滴定剂不断地加入到被滴定溶液中，溶液的 pH 值不断变化，可根据滴定过程中溶液 pH 值的变化规律，选择合适的指示剂，进而正确地指示滴定终点。下面按照不同类型的滴定反应分别予以讨论。

一、一元酸碱的滴定

1. 强碱（酸）滴定强酸（碱）

强碱（酸）滴定强酸（碱）时发生的反应为：

$$H^+ + OH^- \rightleftharpoons H_2O$$

滴定反应的平衡常数为：

$$K^{\ominus} = \frac{1}{[H^+]'[OH^-]'} = \frac{1}{K_w^{\ominus}} = 1.0\times10^{14}$$

$K^{\ominus}$ 数值很大，反应十分完全。

现以 0.1000mol·L^{-1} NaOH 溶液滴定 20.00mL 0.1000mol·L^{-1} HCl 溶液为例，讨论强碱滴定强酸的情况。为了解整个滴定过程中的详细情况，分述如下：

（1）滴定开始前　溶液的 pH 值取决于 HCl 的原始浓度，即分析浓度，因 HCl 是强酸，故：

$$[H^+]=0.1000mol \cdot L^{-1};pH=1.00。$$

(2) 滴定开始至化学计量点前　溶液的 pH 值由剩余 HCl 的物质的量决定。

$$[H^+]=\frac{剩余\ HCl\ 的物质的量}{溶液总体积}$$

如加入 NaOH 溶液 19.98mL，溶液中：

$$[H^+]=\frac{0.1000mol \cdot L^{-1}\times 0.02mL}{(20.00+19.98)mL}=5.0\times 10^{-5}mol \cdot L^{-1}$$

$$pH=4.30$$

其他各点的 pH 值仍按上述方法计算。

(3) 化学计量点时　在化学计量点时 NaOH 与 HCl 恰好反应完全，此时溶液中 H^+ 来自于水的离解，$[H^+]=[OH^-]=1.0\times 10^{-7}mol \cdot L^{-1}$，化学计量点时 pH 值为 7.00，溶液呈中性。

(4) 化学计量点后　此时溶液的 pH 值根据过量碱的物质的量进行计算。

$$[OH^-]=\frac{过量\ NaOH\ 的物质的量}{溶液总体积}$$

如滴入 NaOH 溶液 20.02mL，即过量 0.1%，此时，溶液的体积为 40.02mL，溶液中

$$[OH^-]=\frac{0.1000mol \cdot L^{-1}\times (20.02-20.00)mL}{(20.02+20.00)mL}=5.0\times 10^{-5}mol \cdot L^{-1}$$

$$pOH=4.30$$

$$pH=9.70$$

化学计量点后的各点，均可按此方法逐一计算。

将上述计算值列于表 5-4 中，以 NaOH 加入量为横坐标，对应的 pH 值为纵坐标，绘制 pH-V 关系曲线，称为滴定曲线，如图 5-3 所示。

表 5-4　用 0.1000mol·L^{-1} NaOH 溶液滴定 20.00mL 0.1000mol·L^{-1} HCl 溶液

加入 NaOH 溶液		剩余 HCl 溶液体积 V/mL	过量 NaOH 溶液体积 V/mL	$[H^+]$/(mol·L^{-1})	pH 值
α/%	V/mL				
0.0	0.00	20.00	—	1.0×10^{-1}	1.00
90.0	18.00	2.00	—	5.3×10^{-3}	2.28
99.0	19.80	0.20	—	5.0×10^{-4}	3.30
99.9	19.98	0.02	—	5.0×10^{-5}	4.30
100.0	20.00	0.00	—	1.0×10^{-7}	7.00
100.1	20.02	—	0.02	2.0×10^{-10}	9.70
101.0	20.20	—	0.20	2.0×10^{-11}	10.70
110.0	22.00	—	2.00	2.1×10^{-12}	11.70
200.0	40.00	—	20.00	3.0×10^{-13}	12.50

从表 5-4 和图 5-3 可见，整个滴定过程中 pH 值的变化是不均匀的。在滴定开始时，溶液中还存在着较多的 HCl，pH 值升高缓慢，曲线比较平坦。随着 NaOH 不断滴入，HCl 的量逐渐减少，pH 值升高的速度逐渐加快。在化学计量点附近，从剩余 0.02mL（约半滴）HCl 到过量 0.02mL NaOH，即滴定由 HCl 还剩余 0.1%到 NaOH 过量 0.1%（在滴定允许相对误差范围内），溶液的 pH 值从 4.3 急剧升高到 9.70，变化了 5.4 个 pH 单位，形成了滴定曲线中的突跃部分。在化学计量点前后±0.1%相对误差范围内溶液 pH 值的变化范围，

称为酸碱滴定的 pH 突跃范围，也称为滴定突跃。对于本例来说，滴定突跃为 4.3～9.7。通过滴定突跃以后，滴定曲线又趋于平坦。

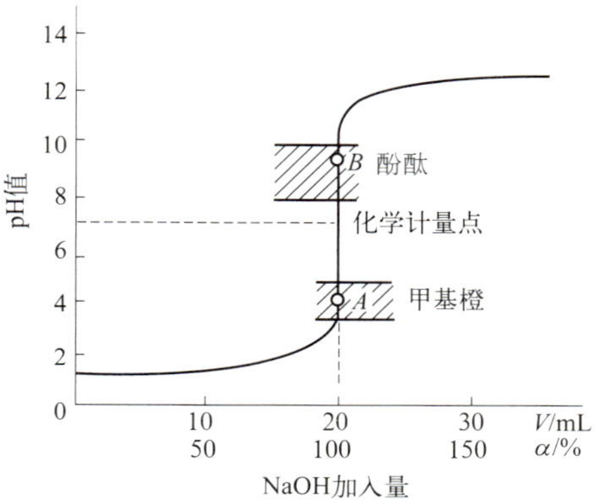

图 5-3　0.1000mol・L^{-1} NaOH 滴定 20.00mL 0.1000mol・L^{-1} HCl 的滴定曲线

强碱滴定强酸化学计量点时 pH 值为 7.0，指示剂最好能在此时变色，但实际上不容易做到。如果根据指示剂变色结束滴定，而此时溶液的 pH 值处于滴定突跃范围以内，则终点误差不会超过±0.1%。因此，凡在滴定突跃范围内变色的指示剂，如甲基红、酚酞、溴百里酚蓝、苯酚红等，均能作为此类滴定的指示剂。如用甲基橙作指示剂，当滴定至甲基橙由红色突变为橙色时，溶液的 pH 值约为 4.4，这时加入 NaOH 的量与化学计量点时应加入量的差值不足 0.02mL，终点误差小于－0.1%，符合滴定分析的要求。若改用酚酞为指示剂，溶液呈微红色时 pH 值略大于 8.0，此时 NaOH 的加入量超过化学计量点时应加入的量也不到 0.02mL，终点误差小于＋0.1%，仍然符合滴定分析的要求。因此，选择指示剂的原则是：指示剂变色范围全部或部分落入滴定突跃范围内，指示剂变色明显。

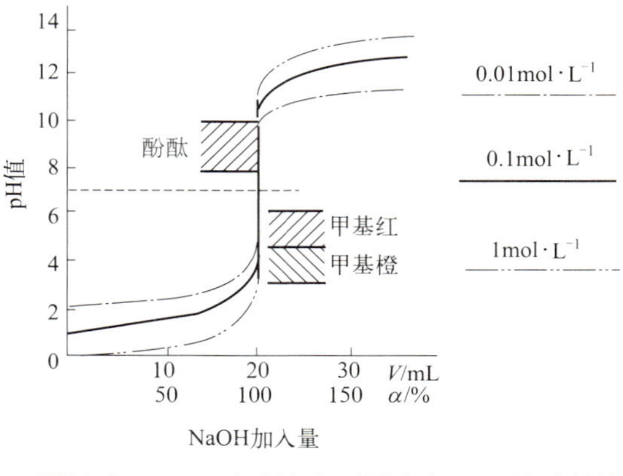

图 5-4　不同浓度 NaOH 溶液滴定不同浓度 HCl 溶液的滴定曲线

以上讨论的是 0.1mol・L^{-1} NaOH 溶液滴定 0.1mol・L^{-1} HCl 溶液的情况。如改变 NaOH 溶液浓度，化学计量点的 pH 值仍然是 7.0，但滴定突跃的长短不同，如图 5-4 所示，酸碱溶液浓度越大，滴定曲线化学计量点附近的滴定突跃越长，可供选择的指示剂越多。酸碱溶液的浓度越小，则化学计量点附近的滴定突跃就越短，可供选择的指示剂就越少，指示剂的选择就受到限制。例如，若用 0.01mol・L^{-1} NaOH 溶液滴定 0.01mol・L^{-1} HCl 溶液，滴定突跃减小为5.3～8.7，若仍用甲基橙作指示剂，终点误差将>0.1%，故只能用酚酞、甲基红等，才能符合滴定分析的要求。

若用HCl滴定NaOH（条件与前相同），滴定曲线与图5-3方向相反，二者对称，如图5-6虚线所示。

2. 强碱（酸）滴定弱酸（碱）

强碱滴定弱酸的滴定反应为：

$$HA + OH^- \rightleftharpoons A^- + H_2O$$

滴定反应的平衡常数为：

$$K^\ominus = \frac{[A^-]'}{[HA]'[OH^-]'} = \frac{K_a^\ominus}{K_w^\ominus}$$

强酸滴定弱碱的滴定反应为：

$$B + H^+ \rightleftharpoons BH^+$$

滴定反应的平衡常数为：

$$K^\ominus = \frac{[BH^+]'}{[B]'[H^+]'} = \frac{K_b^\ominus}{K_w^\ominus}$$

这两类滴定反应的$K^\ominus$值较强碱强酸之间反应的$K^\ominus$值为小，表明反应的进行程度相对较差。如果弱酸的$K_a^\ominus$或弱碱的$K_b^\ominus$值较大，$K^\ominus$值也较大，滴定反应较为完全。

现以0.1000mol·L^{-1} NaOH溶液滴定20.00mL 0.1000mol·L^{-1} HAc溶液为例，讨论强碱滴定弱酸的情况。已知HAc的离解常数p$K_a^\ominus$=4.74，滴定过程中溶液pH值可按如下方法计算。

（1）滴定开始前　溶液的[H$^+$]及pH值根据HAc离解平衡来计算：

$$[H^+]' = \sqrt{K_a^\ominus c_{HAc}} = \sqrt{0.1000 \times 1.8 \times 10^{-5}} = 1.3 \times 10^{-3}$$

$$[H^+] = 1.3 \times 10^{-3} mol \cdot L^{-1}$$

$$pH = 2.87$$

（2）滴定开始至化学计量点前　溶液中既有未反应的剩余HAc，又有反应产物Ac$^-$，溶液的[H$^+$]及pH值应根据下式计算：

$$[H^+] = K_a^\ominus \frac{c_a}{c_b}$$

$$pH = pK_a^\ominus - \lg \frac{c_a}{c_b}$$

当滴入NaOH溶液19.98mL时，则有：

$$c_{HAc} = \frac{0.02mL \times 0.1000mol \cdot L^{-1}}{20.00mL + 19.98mL} = 5.0 \times 10^{-5} mol \cdot L^{-1}$$

$$c_{Ac^-} = \frac{19.98mL \times 0.1000mol \cdot L^{-1}}{20.00mL + 19.98mL} = 5.0 \times 10^{-2} mol \cdot L^{-1}$$

$$[H^+] = 1.8 \times 10^{-5} \times \frac{5.0 \times 10^{-5}}{5.0 \times 10^{-2}} = 1.8 \times 10^{-8} mol \cdot L^{-1}$$

$$pH = 7.74$$

（3）化学计量点时　NaOH 与 HAc 完全反应，反应产物为 NaAc，溶液中溶液的 $[H^+]$ 及 pH 值应根据共轭碱 Ac^- 的离解平衡计算：

$$c_{Ac^-}=\frac{20.00mL\times0.1000mol\cdot L^{-1}}{20.00mL+20.00mL}=0.05000mol\cdot L^{-1}$$

$$K_b^{\ominus}=\frac{K_w^{\ominus}}{K_a^{\ominus}}=\frac{1.0\times10^{-14}}{1.8\times10^{-5}}=5.6\times10^{-10}$$

$$[OH^-]'=\sqrt{K_b^{\ominus}c_{Ac^-}}=\sqrt{5.6\times10^{-10}\times0.05000}=5.3\times10^{-8}$$

$$[OH^-]=5.3\times10^{-8}mol\cdot L^{-1}$$

$$pOH=5.28$$

$$pH=8.72$$

（4）化学计量点后　此时根据过量的 NaOH 溶液计算 pH 值，若加入 20.02mL NaOH，溶液中 $[OH^-]$ 为：

$$[OH^-]=\frac{0.02mL\times0.1000mol\cdot L^{-1}}{20.00mL+20.02mL}=5.0\times10^{-5}mol\cdot L^{-1}$$

$$pOH=4.30$$

$$pH=9.70$$

上述计算结果列于表 5-5。根据表 5-5 的数据绘制滴定曲线，如图 5-5 所示，图中的虚线是强碱滴定强酸曲线的前半部分。

表 5-5　0.1000mol·L^{-1}NaOH 溶液滴定 20.00mL 0.1000mol·L^{-1}HAc 溶液

加入 NaOH 溶液		剩余 HAc 溶液体积 V/mL	过量 NaOH 溶液体积 V/mL	$[H^+]/(mol\cdot L^{-1})$	pH 值
α/%	V/mL				
0.0	0.00	20.00	—	1.3×10^{-3}	2.87
90.0	18.00	2.00	—	2.0×10^{-6}	5.70
99.0	19.80	0.20	—	1.8×10^{-7}	6.74
99.9	19.98	0.02	—	2.0×10^{-8}	7.70
100.0	20.00	0.00	—	1.9×10^{-9}	8.72
100.1	20.02	—	0.02	2.0×10^{-10}	9.70
101.0	20.20	—	0.20	2.0×10^{-11}	10.70
110.0	22.00	—	2.00	2.1×10^{-12}	11.70
200.0	40.00	—	20.00	3.0×10^{-13}	12.50

NaOH 滴定 HAc 的滴定曲线与 NaOH 滴定 HCl 的滴定曲线相比较，可以看到它们有以下不同点：

① 由于 HAc 是弱酸，滴定前，溶液中的 H^+ 浓度比同浓度的 HCl 溶液的 H^+ 浓度要低，因此起始的 pH 值要高一些。

② 化学计量点之前，溶液中未反应的 HAc 与反应产物 NaAc 组成了 HAc-Ac^- 缓冲体系，溶液的 pH 值由该缓冲体系决定，pH 值的变化相对较缓。

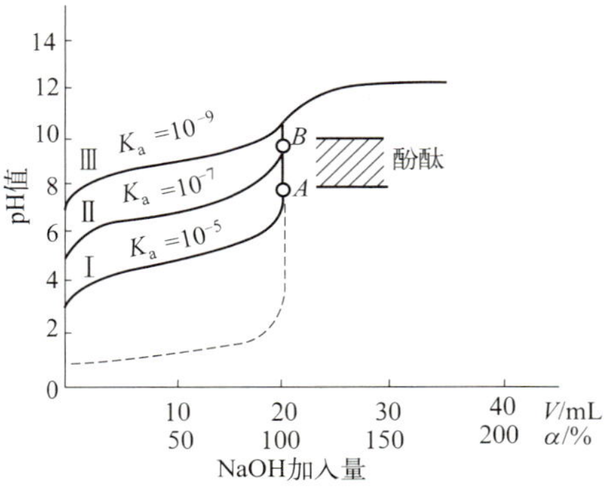

图 5-5　NaOH 溶液滴定不同弱酸溶液的滴定曲线

③ 化学计量点时，溶液中仅含 NaAc，为碱性物质，pH 值为 8.72，因而化学计量点时溶液呈碱性。

④ 化学计量点附近，溶液的 pH 值发生突变，滴定突跃为 pH＝7.70～9.70，相对滴定 HCl 而言，滴定突跃小得多。

此类滴定，由于滴定突跃范围较小，而且又位于碱性范围内，合适的指示剂只能从变色范围处于弱碱性区域的指示剂中选择，如酚酞、百里酚酞等均是合适的指示剂。若仍选择在酸性范围内变色的指示剂（如甲基橙），溶液变色时，HAc 被中和的百分数还不到 50%，故其不能指示滴定终点。强碱滴定弱酸，一般是先计算出化学计量点时的 pH 值，选择那些变色点尽可能接近化学计量点的指示剂确定终点，不必计算整个滴定过程的 pH 值变化。

在强碱滴定弱酸的过程中，滴定突跃的大小，取决于弱酸溶液的浓度和它的离解常数 $K_a^{\ominus}$ 两个因素。如要求滴定误差≤0.2%，必须使滴定突跃超过 0.6pH 单位，此时人眼才可以辨别出指示剂颜色的变化，滴定就可以顺利地进行。由图 5-5 可以看出，浓度为 $0.1mol\cdot L^{-1}$，$K_a^{\ominus}=10^{-7}$ 的弱酸还能出现 0.6pH 单位的滴定突跃。对于 $K_a^{\ominus}=10^{-8}$ 的弱酸，其浓度若为 $0.1mol\cdot L^{-1}$ 将不能目视直接滴定。通常，以 $c_a'K_a^{\ominus}\geqslant 10^{-8}$ 作为弱酸能被强碱溶液直接目视准确滴定的判据。

应该注意，被滴定弱酸的浓度不宜太低。例如，若弱酸的浓度 $c_a=10^{-4}mol\cdot L^{-1}$，即使其离解常数 $K_a^{\ominus}=10^{-3}$，满足 $c_a'K_a^{\ominus}\geqslant 10^{-8}$ 的条件，但因突跃范围为 6.81～7.21，仅有 0.4 个 pH 单位，所以此时也无法准确滴定。

因此，用指示剂法直接准确滴定一元弱酸的条件是：

$$c_a'K_a^{\ominus}\geqslant 10^{-8}\text{，且 }c_a\geqslant 10^{-3}mol\cdot L^{-1} \quad (5\text{-}19)$$

在上述条件下，滴定误差≤±0.2%，滴定突跃大于 0.6 个 pH 单位。

强酸滴定弱碱的情况与强碱滴定弱酸完全相似，滴定曲线的形状也相似，只是 pH 值的变化方向相反。因为滴定产物是一种弱酸，所以，化学计量点时溶液的 pH 值小于 7，滴定突跃出现在酸性范围内，故应选择在酸性范围内变色的指示剂指示终点。

以 $0.1000mol\cdot L^{-1}$ HCl 溶液滴定 20.00mL $0.1000mol\cdot L^{-1}$ $NH_3\cdot H_2O$ 溶液为例进行讨论。滴定反应为：

$$NH_3+H^+ \rightleftharpoons NH_4^+$$

滴定开始前为 $NH_3\cdot H_2O$ 溶液，滴定开始至化学计量点前是 NH_4^+-NH_3 溶液，化学计量点时为 NH_4^+ 溶液，化学计量点后为 H^+-NH_4^+ 溶液，这些溶液的 pH 值可参照表 5-6 中的方法进行计算。具体计算结果列于表 5-6，其滴定曲线如图 5-6 所示。虚线是相同浓度的 HCl 溶液滴定 NaOH 溶液的曲线，供对比用。

表 5-6　用 $0.1000mol\cdot L^{-1}$ HCl 溶液滴定 20.00mL $0.1000 mol\cdot L^{-1}$ $NH_3\cdot H_2O$ 溶液

加入 HCl 溶液		溶液组成	溶液[OH^-]或[H^+]计算公式	pH 值
α/%	V/mL			
0.0	0.00	NH_3	$[OH^-]'=\sqrt{cK_b^{\ominus}}$	11.13
90.0	18.00	NH_4^+-NH_3	$[H^+]=K_b^{\ominus}\dfrac{c_{NH_4^+}}{c_{NH_3}}$	8.30
99.9	19.98			6.30
100.0	20.00	NH_4^+	$[H^+]'=\sqrt{cK_a^{\ominus}}$	5.28

续表

加入HCl溶液		溶液组成	溶液$[OH^-]$或$[H^+]$计算公式	pH值
$\alpha/\%$	V/mL			
100.1	20.02	H^+-NH_4^+	$[H^+]\approx c_{HCl(过量)}$	4.30
110.0	22.00			2.32
200.0	40.00			1.48

$0.1000mol\cdot L^{-1}$ HCl 溶液滴定 $0.1000mol\cdot L^{-1}$ $NH_3\cdot H_2O$ 溶液，化学计量点的 pH＝5.28，滴定突跃为 pH 值 4.30～6.30，甲基红（4.4～6.2）、溴甲酚绿（3.8～5.4）等是合适的指示剂。

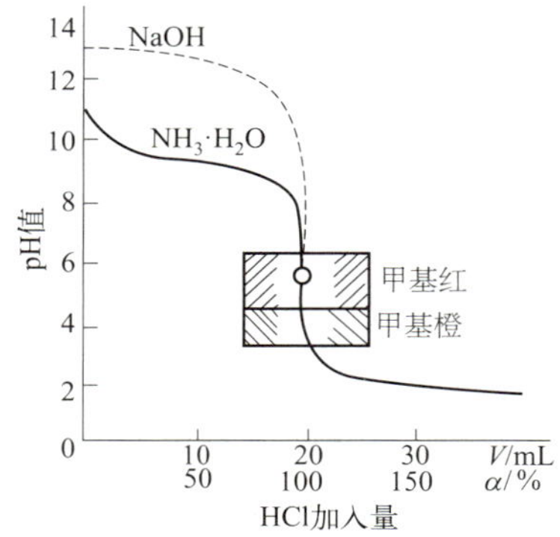

图 5-6 $0.1000mol\cdot L^{-1}$ HCl 溶液滴定 20.00mL $0.1000mol\cdot L^{-1}$ $NH_3\cdot H_2O$ 溶液的滴定曲线

同理，能够用指示剂法直接准确滴定一元弱碱的条件是：

$$c_b'K_b^{\ominus}\geqslant 10^{-8}，且\ c_b\geqslant 10^{-3}mol\cdot L^{-1} \quad (5\text{-}20)$$

显然，如果允许的误差较大，或使用仪器法检测终点，上述滴定条件还可适当放宽。

二、多元酸碱的滴定*

多元酸碱的滴定比一元酸碱的滴定要复杂，因为它们在水溶液中的离解是分步进行的。要直接准确滴定必须考虑两个方面：一是能否直接准确滴定酸或碱的总量；二是能否分级滴定多元酸（碱）。

1. 多元酸的滴定

一般来说，实现分步滴定，需满足 $K_{a1}^{\ominus}/K_{a2}^{\ominus}\geqslant 10^5$ 的条件。这是多元酸能否实现分步滴定的可行性判断标准。现以 NaOH 溶液滴定 H_2A 为例说明。

（1）当 $c_a'K_{a1}^{\ominus}\geqslant 10^{-8}$，$c_a'K_{a2}^{\ominus}\geqslant 10^{-8}$，且 $K_{a1}^{\ominus}/K_{a2}^{\ominus}\geqslant 10^5$ 时，可分步滴定，产生两个滴定突越，得到两个滴定终点。

（2）当 $c_a'K_{a1}^{\ominus}\geqslant 10^{-8}$，$c_a'K_{a2}^{\ominus}<10^{-8}$，且 $K_{a1}^{\ominus}/K_{a2}^{\ominus}\geqslant 10^5$ 时，可分步滴定，第一级离解的 H^+ 可被滴定，第二级离解的 H^+ 不能被滴定，产生一个滴定突跃，得到一个滴定终点。

（3）当 $c_a'K_{a1}^{\ominus}\geqslant 10^{-8}$，$c_a'K_{a2}^{\ominus}\geqslant 10^{-8}$，且 $K_{a1}^{\ominus}/K_{a2}^{\ominus}<10^5$ 时，第一、二级离解的 H^+ 均可被滴定，滴定时两个滴定突跃将混在一起，产生一个滴定突跃，得到一个滴定终点。

2. 多元碱的滴定

多元碱的滴定和多元酸的滴定类似，有关多元酸滴定的结论也适合多元碱的情况。即：

（1）当 $c_b'K_{b1}^{\ominus}\geqslant 10^{-8}$，$c_b'K_{b2}^{\ominus}\geqslant 10^{-8}$，$K_{b1}^{\ominus}/K_{b2}^{\ominus}\geqslant 10^5$ 时，可分步滴定，产生两个滴定突越，得到两个滴定终点。

（2）当 $c_b'K_{b1}^{\ominus}\geqslant 10^{-8}$，$c_b'K_{b2}^{\ominus}<10^{-8}$，$K_{b1}^{\ominus}/K_{b2}^{\ominus}\geqslant 10^5$ 时，可分步滴定，第一级离解的 OH^- 可被滴定，第二级离解的 OH^- 不能被滴定，产生一个滴定突跃，得到一个滴定终点。

（3）当 $c_b'K_{b1}^{\ominus}\geqslant 10^{-8}$，$c_b'K_{b2}^{\ominus}\geqslant 10^{-8}$，$K_{b1}^{\ominus}/K_{b2}^{\ominus}<10^5$ 时，第一、二级离解的 OH^- 均

可被滴定，滴定时产生一个滴定突跃，得到一个滴定终点。

三、酸碱标准溶液的配制和标定

酸碱滴定法中常用的标准溶液均由强酸或强碱组成。一般用于配制酸标准溶液的有 HCl 和 H_2SO_4，其中最常用的是 HCl 溶液；若需要加热或在较高温度下使用，则用 H_2SO_4 溶液较适宜。一般用来配制碱标准溶液的有 NaOH 和 KOH，实际分析中一般多数用 NaOH。

1. 酸标准溶液的配制和标定

在酸碱滴定法中常用的盐酸溶液，其价格低廉，易于得到。稀盐酸溶液无氧化还原性质，酸性强且稳定，因此用得较多。市售盐酸中 HCl 含量不稳定，应采用间接法配制。常用无水 Na_2CO_3 或硼砂（$Na_2B_4O_7\cdot10H_2O$）等基准物质进行标定。

（1）无水 Na_2CO_3　Na_2CO_3 易吸收空气中的水分，故使用前应在 180～200℃下干燥 2～3h。也可用 $NaHCO_3$ 在 270～300℃下干燥 1h，经烘干发生分解，转化为 Na_2CO_3，然后密封于称量瓶内，放在干燥器中保存备用。称量时要求动作迅速，以免吸收空气中的水分而带入测定误差。标定反应为：

$$Na_2CO_3+2HCl \rightleftharpoons 2NaCl+H_2CO_3$$

滴定时可采用甲基橙为指示剂，溶液由黄色变为橙色即为终点（详细步骤见 GB/T 601—2016《化学试剂　标准滴定溶液的制备》）。

结果计算：
$$c_{HCl}=\frac{2\times\frac{m}{M}\times1000}{V_{HCl}} \qquad (5\text{-}21)$$

式中，m 为碳酸钠的质量，g；M 为碳酸钠的摩尔质量；V_{HCl} 为 HCl 溶液的体积，mL。

（2）硼砂（$Na_2B_4O_7\cdot10H_2O$）　硼砂容易提纯，不易吸水，但易失水，因而要求保存在相对湿度为 40%～60%的环境中，以确保其所含的结晶水数量与计算时所用的化学式相符。实验室常采用在干燥器底部装入食盐和蔗糖的饱和水溶液的方法，使相对湿度维持在 60%。另外由于硼砂摩尔质量大（$M=381.4g\cdot mol^{-1}$），因此直接称取单份基准物质做标定时，称量误差小。

习题-化学实验技能大赛真题

硼砂标定 HCl 的反应：

$$B_4O_7^{2-}+5H_2O \rightleftharpoons 2H_3BO_3+2H_2BO_3^-$$

$$2H_2BO_3^-+2HCl \rightleftharpoons 2H_3BO_3+2Cl^-$$

总反应为：
$$B_4O_7^{2-}+5H_2O+2HCl \rightleftharpoons 4H_3BO_3+2Cl^-$$

1mol $B_4O_7^{2-}$ 与水作用产生 2mol H_3BO_3 和 2mol $H_2BO_3^-$，其中有 2mol $H_2BO_3^-$ 能与 HCl 作用，故 $1B_4O_7^{2-}\sim2H_2BO_3^-\sim2HCl$。

$H_2BO_3^-$ 的 $K_b^\ominus=K_w^\ominus/K_a^\ominus=1.0\times10^{-14}/(5.7\times10^{-10})=1.8\times10^{-5}$，用 HCl 滴定硼砂时反应完全。由于反应产物是 H_3BO_3，若化学计量点时 $c=0.10mol\cdot L^{-1}$，已知 H_3BO_3 的 $K_a^\ominus=5.7\times10^{-10}$，则化学计量点时 $[H^+]$ 的计算式为：

$$[H^+]'=\sqrt{cK_a^\ominus}=\sqrt{0.10\times5.7\times10^{-10}}=7.5\times10^{-6}$$

$$[H^+]=7.5\times10^{-6}mol\cdot L^{-1}$$

$$pH=5.12$$

滴定时可选择甲基红为指示剂，溶液由黄色变为红色即为终点。

结果计算：

$$c_{HCl}=\frac{2\times\frac{m}{M}\times1000}{V_{HCl}} \quad (5\text{-}22)$$

式中，m 为硼砂的质量，g；M 为硼砂的摩尔质量，$g\cdot mol^{-1}$；V_{HCl} 为 HCl 溶液的体积，mL。

2. 碱标准溶液的配制和标定

氢氧化钠是最常用的碱标准溶液。固体氢氧化钠具有很强的吸湿性，易吸收 CO_2 和水分，生成少量 Na_2CO_3，因而只能用间接法配制标准溶液。由于 NaOH 中常有 Na_2CO_3，而 Na_2CO_3 的存在对指示剂的影响较大，故应设法除去。除去 Na_2CO_3 的常用方法是将 NaOH 先配制成饱和溶液（取分析纯 NaOH 约 110g，溶于 100mL 无 CO_2 的蒸馏水中），在此浓碱中 Na_2CO_3 几乎不溶解，密闭静置数日，其中的 Na_2CO_3 会慢慢沉降，取上层清液作贮备液（由于浓碱腐蚀玻璃，因此饱和 NaOH 溶液应当保存在塑料瓶或内壁涂有石蜡的瓶中），其浓度为 $20mol\cdot L^{-1}$。配制时，根据所需浓度移取一定体积的 NaOH 饱和溶液，再用无 CO_2 的蒸馏水稀释至所需的体积（详细步骤见 GB/T 601—2016）即可。

配制成的 NaOH 标准溶液应保存在装有虹吸管及碱石灰管的瓶中，防止吸收空气中的 CO_2。放置过久的 NaOH 溶液浓度会发生变化，使用时应重新标定。

标定 NaOH 的基准物质常用邻苯二甲酸氢钾或草酸。

（1）邻苯二甲酸氢钾（$KHC_8H_4O_4$）　邻苯二甲酸氢钾（简称 KHP）容易用重结晶法制得纯品，不含结晶水，在空气中不吸水，容易保存，且摩尔质量大（$M=204.2g\cdot mol^{-1}$），单份标定时称量误差小，是标定碱标准溶液较好的基准物质。标定前，邻苯二甲酸氢钾应于 100～125℃干燥后备用。干燥温度不宜过高，否则邻苯二甲酸氢钾会脱水而成为邻苯二甲酸酐。

用 KHP 标定 NaOH 溶液的标定反应如下：

$$KHC_8H_4O_4+NaOH = NaKC_8H_4O_4+2H_2O$$

设邻苯二甲酸氢钾溶液开始时浓度为 $0.10mol\cdot L^{-1}$，到达化学计量点时，邻苯二甲酸钾钠的浓度约为 $0.050mol\cdot L^{-1}$。化学计量点时 pH 值按下式计算：

$$[OH^-]'=\sqrt{cK_{b1}^{\ominus}}=\sqrt{\frac{cK_w^{\ominus}}{K_{a2}^{\ominus}}}=\sqrt{\frac{0.050\times1.0\times10^{-14}}{3.9\times10^{-6}}}=1.1\times10^{-5}$$

$$[OH^-]=1.1\times10^{-5}mol\cdot L^{-1}$$

$$pOH=4.96$$

$$pH=9.04$$

此时溶液呈碱性，可选用酚酞（无色→红色）或百里酚蓝（黄色→蓝色）为指示剂。

结果计算：

$$c_{NaOH}=\frac{\frac{m}{M}\times1000}{V_{NaOH}} \quad (5\text{-}23)$$

式中，m 为邻苯二甲酸氢钾的质量，g；M 为邻苯二甲酸氢钾的摩尔质量，g·mol^{-1}；V_{NaOH} 为 NaOH 溶液的体积，mL。

(2) 草酸（$H_2C_2O_4 \cdot 2H_2O$） 草酸在相对湿度 5%～95%时稳定。应用不含 CO_2 的水配制草酸溶液，且在暗处保存。注意：光和 Mn^{2+} 能加快空气氧化草酸，草酸溶液本身也能自动分解。

标定反应为：

$$H_2C_2O_4 + 2NaOH \rightleftharpoons NaC_2O_4 + 2H_2O$$

化学计量点时，溶液呈现碱性（pH≈8.4），可选用酚酞作为指示剂。

结果计算：

$$c_{NaOH} = \frac{2 \times \dfrac{m}{M} \times 1000}{V_{NaOH}} \tag{5-24}$$

式中，m 为草酸的质量，g；M 为草酸的摩尔质量，g·mol^{-1}；V_{NaOH} 为 NaOH 溶液的体积，mL。

四、酸碱滴定法的应用

习题-化学检验员（中级）核心考点

酸碱滴定法可用来测定各种酸、碱以及能够与酸碱起作用的物质，还可以用间接的方法测定一些既非酸又非碱的物质，也可用于非水溶液。因此，酸碱滴定法的应用非常广泛。在我国的国家标准（GB）和有关部颁标准中，许多试样如化学试剂、化工产品、水样、石油产品等，凡涉及酸度、碱度项目的，多数都采用简便易行的酸碱滴定法。

1. 工业乙酸的测定

工业乙酸（CH_3COOH）在有机合成、合成纤维、染料、医药、农药等行业中具有广泛的应用价值。

工业乙酸是一种有机弱酸，但因其乙酸含量较高，可用强碱标准溶液进行直接滴定。用具塞称量瓶准确称取约 mg 试样，置于已盛有 50mL 无二氧化碳蒸馏水的 250mL 锥形瓶中，加酚酞指示液，用氢氧化钠标准溶液滴定至微粉红色，保持 5s 不褪色为终点。结果计算公式为：

$$w_{乙酸} = \frac{c_{NaOH} V_{NaOH} M_{NaOH}}{m} \times 100\% \tag{5-25}$$

2. 混合碱的分析

工业品烧碱（NaOH）中常含有 Na_2CO_3，纯碱 Na_2CO_3 中也常含有 $NaHCO_3$，这两种工业品都称为混合碱。对于混合碱，工业分析中多用双指示剂法测定。

(1) $NaOH + Na_2CO_3$ 的测定 称取试样质量为 m(g)，溶解于水中，用 HCl 标准溶液滴定，先用酚酞为指示剂，滴定至溶液由红色变为无色则到达第一化学计量点。此时 NaOH 全部被中和，而 Na_2CO_3 被中和一半，所消耗 HCl 的体积记为 V_1。然后加入甲基橙，继续用 HCl 标准溶液滴定，使溶液由黄色恰变为橙色，到达第二化学计量点。溶液中 $NaHCO_3$ 被完全中和，所消耗的 HCl 的体积记为 V_2。因 Na_2CO_3 被中和先生成 $NaHCO_3$，继续用 HCl 滴定使 $NaHCO_3$ 又转化为 H_2CO_3，二者所需 HCl 量相等，故 $V_1 - V_2$ 为中和

NaOH 所消耗 HCl 的体积，$2V_2$ 为滴定 Na_2CO_3 所需 HCl 的体积。分析结果计算公式为：

$$w_{Na_2CO_3}=\frac{\frac{1}{2}c_{HCl}\times 2V_2M_{Na_2CO_3}}{m}\times 100\% \tag{5-26}$$

$$w_{NaOH}=\frac{c_{HCl}(V_1-V_2)M_{NaOH}}{m}\times 100\% \tag{5-27}$$

（2）$Na_2CO_3+NaHCO_3$ 的测定　工业纯碱中常含有 $NaHCO_3$，此二组分的测定可参照上述 $NaOH+Na_2CO_3$ 的测定方法。但应注意，此时滴定 Na_2CO_3 所消耗的 HCl 体积为 $2V_1$，而滴定 $NaHCO_3$ 所消耗的 HCl 体积为 V_2-V_1，分析结果计算公式为：

$$w_{Na_2CO_3}=\frac{\frac{1}{2}c_{HCl}\times 2V_1M_{Na_2CO_3}}{m}\times 100\% \tag{5-28}$$

$$w_{NaHCO_3}=\frac{c_{HCl}(V_2-V_1)M_{NaHCO_3}}{m}\times 100\% \tag{5-29}$$

双指示剂法不仅可用于混合碱的定量分析，还可用于未知试样（碱）的定性及定量分析，方法见表 5-7。

表 5-7　混合碱分析

V_1 和 V_2 的变化	试样的组成	备注
$V_1\neq 0, V_2=0$	NaOH	V_1：酚酞变色时消耗 HCl 溶液的体积 V_2：酚酞变色后再加入甲基橙，甲基橙变色时消耗 HCl 溶液的体积 各组分定量计算公式：略
$V_1=0, V_2\neq 0$	$NaHCO_3$	
$V_1=V_2\neq 0$	Na_2CO_3	
$V_1>V_2>0$	$NaOH+Na_2CO_3$	
$V_2>V_1>0$	$NaHCO_3+Na_2CO_3$	

【例 5-7】 称取混合碱试样 0.6839g，以酚酞为指示剂，用 0.2000mol·L^{-1} 的 HCl 标准溶液滴定至酚酞变色，消耗 HCl 溶液 23.10mL。再加入甲基橙指示剂，继续用同浓度的 HCl 滴定至甲基橙变色，又消耗 HCl 溶液 26.81mL。该混合碱的组成是什么？各组分的质量分数为多少？已知 $M_{NaOH}=40.01$g·mol^{-1}，$M_{Na_2CO_3}=106.0$g·mol^{-1}，$M_{NaHCO_3}=84.01$g·mol^{-1}。

解： 滴定该混合碱消耗 HCl 溶液体积 $V_1<V_2$，因此该混合碱组成为 $Na_2CO_3+NaHCO_3$。

已知滴定反应：

$$Na_2CO_3+HCl \rightleftharpoons NaCl+NaHCO_3$$

$$NaHCO_3+HCl \rightleftharpoons NaCl+H_2O+CO_2$$

$M_{Na_2CO_3}=106.0$g·mol^{-1}，$M_{NaHCO_3}=84.01$g·mol^{-1}，则：

$$w_{Na_2CO_3}=\frac{\frac{1}{2}c_{HCl}\times 2V_1M_{Na_2CO_3}}{m}\times 100\%$$

$$=\frac{\frac{1}{2}\times 0.2000\times 2\times 23.10\times 10^{-3}\times 106.0}{0.6839}\times 100\%$$

$$=71.61\%$$

$$w_{NaHCO_3}=\frac{c_{HCl}(V_2-V_1)M_{NaHCO_3}}{m}\times100\%$$

$$=\frac{0.2000\times(26.81-23.10)\times10^{-3}\times84.01}{0.6839}\times100\%$$

$$=9.11\%$$

综上所述，该混合碱的组成是 Na_2CO_3、$NaHCO_3$，Na_2CO_3 的质量分数是 71.61%，$NaHCO_3$ 的质量分数是 9.11%。

3. 铵盐中含氮量的测定

常见的铵盐有硫酸铵、氯化铵、硝酸铵和碳酸氢铵等。这些铵盐中，除碳酸氢铵可以用酸标准溶液直接滴定外，其他铵盐均不能用酸标准溶液直接滴定。由于铵盐（NH_4^+）作为酸，它的 $K_a^\ominus=K_w^\ominus/K_b^\ominus=5.6\times10^{-10}$，不能直接用碱标准溶液滴定，需采取间接的测定方法测定，主要有下列两种。

（1）蒸馏法　在铵盐试样的溶液中，加入过量浓碱溶液，加热将释放出来的 NH_3 用过量 H_3BO_3 溶液吸收。在吸收液中加入甲基红和溴甲酚绿混合指示剂，用 HCl 标准溶液滴定吸收 NH_3 时所生成的 $H_2BO_3^-$，当溶液颜色呈淡粉红色时为终点（绿→蓝灰→粉红色，终点控制在蓝灰色更好）。

测定过程的反应式如下：

$$NH_4^+ + OH^- \rightleftharpoons NH_3\uparrow + H_2O$$

$$NH_3 + H_3BO_3 + H_2O \rightleftharpoons H_2BO_3^- + NH_4^+$$

$$H_2BO_3^- + H^+ \rightleftharpoons H_3BO_3$$

试样中氮含量可用下式计算：

$$w_N=\frac{c_{HCl}V_{HCl}M_N}{m}\times100\% \tag{5-30}$$

（2）甲醛法　铵盐在水中全部离解，甲醛与 NH_4^+ 发生下列反应：

$$6HCHO + 4NH_4^+ \rightleftharpoons (CH_2)_6N_4H^+ + 3H^+ + 6H_2O$$

生成物 $(CH_2)_6N_4H^+$ 是六亚甲基四胺 $(CH_2)_6N_4$ 的共轭酸，六亚甲基四胺的 $K_b^\ominus=1.4\times10^{-9}$，为一元弱碱，其共轭酸的 $K_a^\ominus=7.1\times10^{-6}$，可用碱标准溶液直接滴定。滴定反应为：

$$4NaOH + (CH_2)_6N_4H^+ + 3H^+ \rightleftharpoons 4H_2O + (CH_2)_6N_4 + 4Na^+$$

总反应为：

$$4NH_4^+ + 4NaOH + 6HCHO \rightleftharpoons 10H_2O + (CH_2)_6N_4 + 4Na^+$$

从滴定反应可知 1mol NH_4^+ 与 1mol NaOH 相当。滴定到达化学计量点时 pH 值约为 9，可选用酚酞为指示剂，溶液呈现淡红色即为终点。试样中氮含量用下式计算：

$$w_N=\frac{c_{NaOH}V_{NaOH}M_N}{m}\times100\% \tag{5-31}$$

蒸馏法操作麻烦，分析流程长，但准确度高。甲醛法简便、快速，其准确度比蒸馏法差些，但可满足工业、农业生产要求，应用较广。

【技能训练】

实验技能一　混合碱的测定

一、实验目的

（1）掌握 HCl 标准溶液的配制和标定方法。

（2）掌握双指示剂法测定混合碱的原理和方法。

（3）进一步熟练滴定操作和滴定终点的判断。

二、实验原理

混合碱是 NaOH 和 Na_2CO_3 或 $NaHCO_3$ 和 Na_2CO_3 的混合物。欲测定同一份试样中各组分的含量，可用 HCl 标准溶液滴定，根据滴定过程中 pH 值变化的情况，选用两种不同的指示剂分别指示第一、第二终点的到达，即“双指示剂法”。此方法简便、快速，在生产实际中应用广泛。用 HCl 溶液滴定混合碱，反应如下：

$$NaOH + HCl \xlongequal{} NaCl + H_2O$$

$$Na_2CO_3 + HCl \xlongequal{} NaCl + NaHCO_3$$

$$NaHCO_3 + HCl \xlongequal{} NaCl + H_2O + CO_2$$

分别用酚酞、甲基橙指示第一、第二终点，分别记录滴定消耗的 HCl 标准溶液的体积为 V_1、V_2(mL)。

如果 $V_1 > V_2$，则为 NaOH 和 Na_2CO_3 的混合物。NaOH 消耗 HCl 体积为 $V_1 - V_2$，Na_2CO_3 消耗 HCl 体积为 $2V_2$。

如果 $V_1 < V_2$，则为 $NaHCO_3$ 和 Na_2CO_3 的混合物。Na_2CO_3 消耗 HCl 体积为 $2V_1$，$NaHCO_3$ 消耗 HCl 体积为 $V_2 - V_1$。

三、实验仪器和试剂

（1）仪器　分析天平、酸碱两用式滴定管、移液管、容量瓶、锥形瓶。

（2）试剂　0.1mol·L^{-1} HCl 标准溶液、无水 Na_2CO_3（基准物）、0.2%酚酞指示液、0.2%甲基橙指示液、混合碱水溶液。

四、实验步骤

1. 0.1mol·L^{-1} HCl 溶液的配制和标定

（1）配制　用洁净的量筒量取 5mL 浓盐酸，注入预先盛有适量水的试剂瓶中，加水稀释至 300mL，充分摇匀。

（2）标定　准确称取无水 Na_2CO_3 三份，每份 0.17～0.21g，分别放在 250mL 锥形瓶中，加 25mL 水溶解，摇匀，加 1 滴甲基橙指示剂，用 HCl 溶液滴定到溶液刚好由黄变橙即为终点。平行测定 3 次，同时做空白试验。

按下式计算 HCl 标准溶液的浓度：

$$c_{HCl}=\frac{2\times\frac{m_{Na_2CO_3}}{M_{Na_2CO_3}}\times1000}{V_{HCl}}$$

2. 混合碱的测定

准确称取混合碱试样 2.0～2.5g 于 50mL 小烧杯中，加少量蒸馏水，搅拌使其完全溶解，然后转移、洗涤、定容于 250mL 容量瓶中，充分混匀。用 25.00mL 定量移液管吸取 25.00mL 上述溶液三份，分别置于 250mL 锥形瓶中，再加 1～2 滴酚酞指示剂，用 HCl 标准溶液滴定至溶液由红色刚变为无色，即为第一终点，记下 V_1。然后再加入 1～2 滴甲基橙指示剂于此溶液中，此时溶液呈黄色，继续用 HCl 标准溶液滴定至溶液由黄变橙即为第二终点，记下为 V_2。平行测定 3 次，根据 V_1 和 V_2 的大小判断组成并计算各组分含量。

如果 $V_1>V_2$，则为 NaOH 和 Na_2CO_3 混合物，按下式计算 NaOH 和 Na_2CO_3 的含量：

$$w_{Na_2CO_3}=\frac{\frac{1}{2}c_{HCl}\times2V_2M_{Na_2CO_3}}{m}\times100\%$$

$$w_{NaOH}=\frac{c_{HCl}(V_1-V_2)M_{NaOH}}{m}\times100\%$$

如果 $V_1<V_2$，则为 $NaHCO_3$ 和 Na_2CO_3 的混合物，按下式计算 $NaHCO_3$ 和 Na_2CO_3 的含量：

$$w_{Na_2CO_3}=\frac{\frac{1}{2}c_{HCl}\times2V_1M_{Na_2CO_3}}{m}\times100\%$$

$$w_{NaHCO_3}=\frac{c_{HCl}(V_2-V_1)M_{NaHCO_3}}{m}\times100\%$$

五、实验数据与处理

1. HCl 标准溶液的标定（表 5-8）

表 5-8　标定 HCl 标准溶液的数据记录

项目	1	2	3	备用
倾样前无水 Na_2CO_3＋称量瓶质量/g				
倾样后无水 Na_2CO_3＋称量瓶质量/g				
无水 Na_2CO_3 质量/g				
滴定管初读数/mL				
滴定管终读数/mL				
滴定消耗 HCl 溶液体积/mL				
空白试验/mL				

续表

项目	1	2	3	备用
HCl 溶液浓度/($mol \cdot L^{-1}$)				
HCl 溶液平均浓度/($mol \cdot L^{-1}$)				
相对极差/%				

2. 混合碱的测定（表 5-9）

表 5-9　测定混合碱的数据记录

项目	1	2	3	备用
倾样前混合碱样＋称量瓶质量/g				
倾样后混合碱样＋称量瓶质量/g				
混合碱样质量/g				
量取混合碱样体积/mL				
滴定管初读数/mL				
酚酞变色对应滴定管读数/mL				
甲基橙变色对应滴定管读数/mL				
V_1/mL				
V_2/mL				
V_1 与 V_2 大小比较	V_1 ____ V_2	V_1 ____ V_2	V_1 ____ V_2	
确定混合碱的组成	以上结果表明混合碱溶液中含有________和________			
HCl 溶液浓度/($mol \cdot L^{-1}$)				
组分 1 含量/%				
组分 1 平均含量/%				
相对极差/%				
组分 2 含量/%				
组分 2 平均含量/%				
相对极差/%				

六、思考题

1. 什么叫混合碱？什么叫“双指示剂法”？

2. Na_2CO_3 是食用碱主要成分，其中常含有少量 $NaHCO_3$。能否用酚酞作指示剂，测定 Na_2CO_3 含量？

3. 为什么移液管必须要用所移取溶液润洗，而锥形瓶则不用所装溶液润洗？

实验技能二　食醋中总酸含量的测定

一、实验目的

（1）进一步熟悉滴定分析操作技术。

（2）掌握 NaOH 标准溶液的配制及标定方法。

（3）掌握食醋中总酸含量的测定方法。

二、实验原理

食醋的主要成分是醋酸（乙酸），此外还含有少量其他弱酸（如乳酸等）。用 NaOH 标准溶液滴定相应的酸，在化学计量点时试液呈弱碱性，以酚酞作指示液，到达滴定终点时试液呈粉红色。根据 NaOH 标准溶液的浓度与用量，可计算试样中的总酸含量，结果用乙酸的质量浓度[$g \cdot (100mL)^{-1}$]表示。

三、实验仪器和试剂

（1）仪器　分析天平、酸碱两用式滴定管、移液管、容量瓶、锥形瓶。

（2）试剂　NaOH（分析纯）、邻苯二甲酸氢钾（基准物）、0.2%酚酞指示液、醋样。

四、实验步骤

1. 0.05mol·L^{-1} NaOH 标准溶液的配制与标定

（1）配制　称取 60g NaOH，溶于 100mL 无二氧化碳的水中，摇匀，注入聚乙烯材质容器中，密闭放置至溶液清亮。量取 5mL 上层清液，用无二氧化碳的水稀释至 1L，摇匀。

（2）标定　准确称取 0.38g 于 105～110℃电烘箱中干燥至恒重的基准试剂邻苯二甲酸氢钾，加 50mL 无二氧化碳的水溶解，加 2～3 滴 0.2%酚酞指示剂，用配制好的 0.05mol·L^{-1}NaOH 标准溶液滴定至试液呈粉红色并保持 30s，即为终点。平行测定 3 次，同时做空白试验。

按下式计算 NaOH 标准溶液的浓度：

$$c_{NaOH}=\frac{\dfrac{m_{KHP}}{M_{KHP}}\times 1000}{V_{NaOH}}$$

2. 试液制备

吸取 10.00mL 醋样置于 100mL 容量瓶中，加水稀释至标线，混匀。

3. 总酸含量的测定

吸取上述试液 20.00mL 置于 250mL 锥形瓶中，加 60mL 水，加 2～3 滴 0.2%酚酞指示液，用 0.05mol·L^{-1}NaOH 标准溶液滴定至试液呈粉红色，并在 30s 内不褪色，即为终点。平行测定 3 次，同时做试剂空白试验。

按下式计算试样中的总酸含量：

$$\rho_{HAc}=\frac{c_{NaOH}\times(V_{NaOH}-V_{空白})\times 10^{-3}\times M_{HAc}}{10.00\times\dfrac{20.00}{100.00}mL}\times 100$$

五、实验数据与处理

1. NaOH 标准溶液的标定（表 5-10）

表 5-10　标定 NaOH 标准溶液的数据记录

项目	1	2	3	备用
倾样前 KHP+称量瓶质量/g				
倾样后 KHP+称量瓶质量/g				
KHP 质量/g				
滴定管初读数/mL				
滴定管终读数/mL				
滴定消耗 NaOH 溶液的体积/mL				
空白试验消耗 NaOH 溶液的/mL				
NaOH 溶液浓度/($mol \cdot L^{-1}$)				
NaOH 溶液平均浓度/($mol \cdot L^{-1}$)				
相对极差/%				

2. 总酸含量的测定（表 5-11）

表 5-11　测定总酸含量的数据记录

项目	1	2	3	备用
吸取醋样的体积/mL				
滴定管初读数/mL				
滴定管终读数/mL				
滴定消耗 NaOH 溶液的体积/mL				
空白试验消耗 NaOH 溶液的体积/mL				
NaOH 溶液浓度/($mol \cdot L^{-1}$)				
总酸含量/[$g \cdot (100mL)^{-1}$]				
总酸含量平均值/[$g \cdot (100mL)^{-1}$]				
相对极差/%				

六、思考题

1. 强碱滴定弱酸与强碱滴定强酸相比，滴定过程中 pH 变化有哪些不同？
2. 用酸碱滴定法测定总酸含量的依据是什么？
3. 滴定食醋时为什么用酚酞作为指示剂？为什么不可以用甲基橙？

【知识拓展】

新项目、新技术、新工艺（氯碱工业发展）

工业上用电解饱和 NaCl 溶液的方法来制取 NaOH、Cl_2 和 H_2，并以它们为原料生产一系列化工产品，称为氯碱工业。氯碱工业是最基本的化学工业之一，它的产品除应用于化学工业本身外，还广泛应用于轻工业、纺织工业、冶金工业、石油化学工业以及公用事业。

1. 电解饱和食盐水反应原理

阳极反应：$2Cl^- - 2e^- \longrightarrow Cl_2\uparrow$（氧化反应）

H^+ 比 Na^+ 容易得到电子，因而 H^+ 不断地从阴极获得电子被还原为氢原子，并结合成氢分子从阴极放出。

阴极反应：$2H^+ + 2e^- \longrightarrow H_2\uparrow$（还原反应）

在上述反应中，H^+ 是由水的电离生成的，由于 H^+ 在阴极上不断得到电子而生成 H_2 放出，破坏了附近的水的电离平衡，水分子继续电离出 H^+ 和 OH^-，H^+ 又不断得到电子变成 H_2，结果在阴极区溶液里 OH^- 的浓度相对地增大，使酚酞试液变红。因此，电解饱和食盐水的总反应可以表示为：

$$2NaCl + 2H_2O \xlongequal{} 2NaOH + Cl_2\uparrow + H_2\uparrow$$

工业上利用这一反应原理，制取烧碱、氯气和氢气。

2. 离子交换膜法制烧碱

目前世界上比较先进的电解制碱技术是离子交换膜法。这一技术在 20 世纪 50 年代开始研究，于 80 年代开始应用于工业化生产。

离子交换膜电解槽主要由阳极、阴极、离子交换膜、电解槽框和导电铜棒等组成，每台电解槽由若干个单元槽串联或并联组成。图 5-7 表示的是一个单元槽的示意图。电解槽的阳极用金属钛网制成，为了延长电极使用寿命和提高电解效率，钛阳极网上涂有钛、钌等氧化物涂层；阴极由碳钢网制成，上面涂有镍涂层；阳离子交换膜把电解槽隔成阴极室和阳极室。阳离子交换膜有一种特殊的性质，即它只允许阳离子通过，而阻止阴离子和气体通过，也就是说只允许 Na^+ 通过，而 Cl^-、OH^- 和气体则不能通过。这样既能防止阴极产生的 H_2 和阳极产生的 Cl_2 相混合而引起爆炸，又能避免 Cl_2 和 NaOH 溶液作用生成 NaClO 而影响烧碱的质量。图 5-8 是一台离子交换膜电解槽（包括 16 个单元槽）。

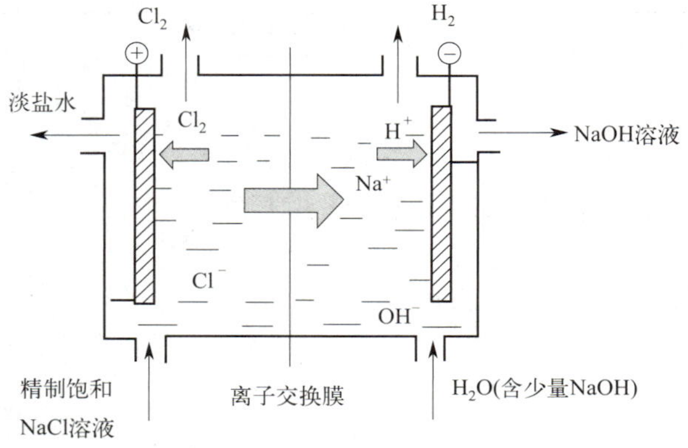

图 5-7 离子交换膜法电解原理示意图

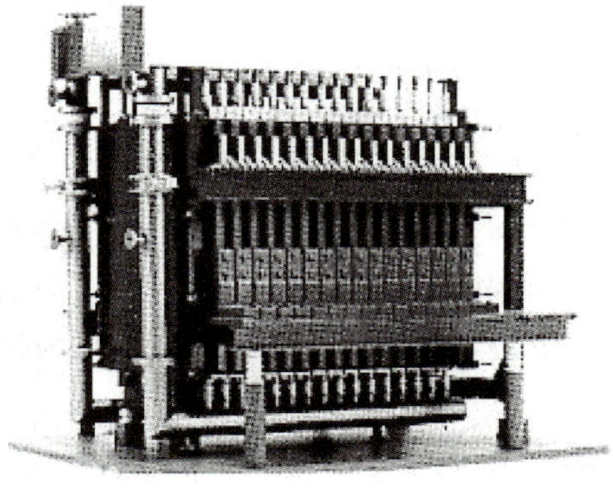
图 5-8 离子交换膜电解槽

精制的饱和食盐水进入阳极室；纯水（加入一定量的 NaOH 溶液）加入阴极室。通电时，H_2O 在阴极表面放电生成 H_2，Na^+ 穿过离子膜由阳极室进入阴极室，导出的阴极液中含有 NaOH；Cl^- 则在阳极表面放电生成 Cl_2。电解后的淡盐水从阳极导出，可重新用于配制食盐水。

离子交换膜法电解制碱的主要生产流程如图5-9所示。

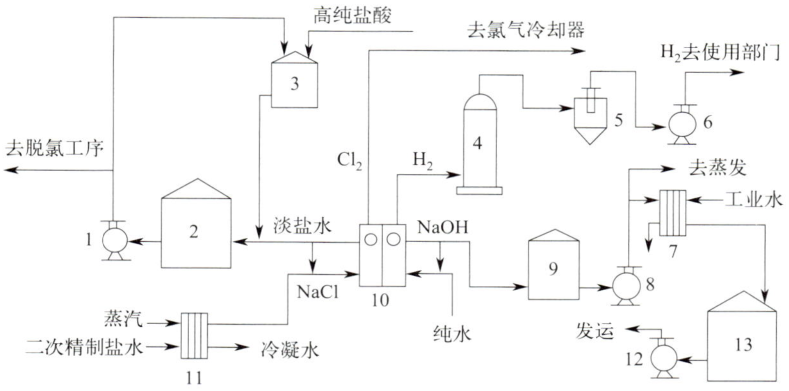

图5-9　离子交换膜法电解制碱的工艺流程

1—浓盐水泵；2——浓盐水贮槽；3—分解槽；4—氯气洗涤塔；5—水雾分离器；6—氯气鼓风机；7—碱冷却器；8—碱泵；9—碱液受槽；10—离子膜电解槽；11—盐水预热器；12—碱泵；13—碱液贮槽

电解法制碱的主要原料是饱和食盐水，由于粗盐水中含有泥沙、Cu^{2+}、Mg^{2+}、Fe^{3+}、SO_4^{2-}杂质，不符合电解要求，因此必须经过精制。

精制食盐水时经常加入Na_2CO_3、NaOH、$BaCl_2$等，使杂质成为沉淀过滤除去，然后加入盐酸调节盐水的pH值。例如，加入Na_2CO_3溶液以除去Ca^{2+}：

$$Ca^{2+} + CO_3^{2-} \longrightarrow CaCO_3 \downarrow$$

加入NaOH溶液以除去Mg^{2+}、Fe^{3+}等：

$$Mg^{2+} + 2OH^- \longrightarrow Mg(OH)_2 \downarrow$$

$$Fe^{3+} + 3OH^- \longrightarrow Fe(OH)_3 \downarrow$$

为了除去SO_4^{2-}，可以先加入$BaCl_2$溶液，然后再加Na_2CO_3溶液，以除去过量的Ba^{2+}：

$$Ba^{2+} + SO_4^{2-} = BaSO_4 \downarrow$$

$$Ba^{2+} + CO_3^{2-} = BaCO_3 \downarrow$$

这样处理后的盐水仍含有一些Ca^{2+}、Mg^{2+}等金属离子，由于这些阳离子在碱性环境中会生成沉淀，损坏离子交换膜，因此该盐水还需送入阳离子交换塔，进一步通过阳离子交换树脂除去Ca^{2+}、Mg^{2+}等。这时的精制盐水就可以送往电解槽中进行电解。

离子交换膜法制碱技术，具有设备占地面积小、能连续生产、生产能力大、产品质量高、能适应电流波动、能耗低、污染小等优点，是氯碱工业发展的方向。

3. 以氯碱工业为基础的化工生产

NaOH、Cl_2和H_2都是重要的化工生产原料，可以进一步加工成多种化工产品，广泛用于各工业，所以氯碱工业及相关产品几乎涉及国民经济及人民生活的各个领域。

由电解槽流出的阴极液中含有30%的NaOH，称为液碱，液碱经蒸发、结晶可以得到固碱。阴极区的另一产物湿氢气经冷却、洗涤、压缩后被送往氢气贮柜。阳极区产物湿氯气经冷却、干燥、净化、压缩后可得到液氯。

以氯碱工业为基础的化工生产及产品的主要用途见图 5-10。

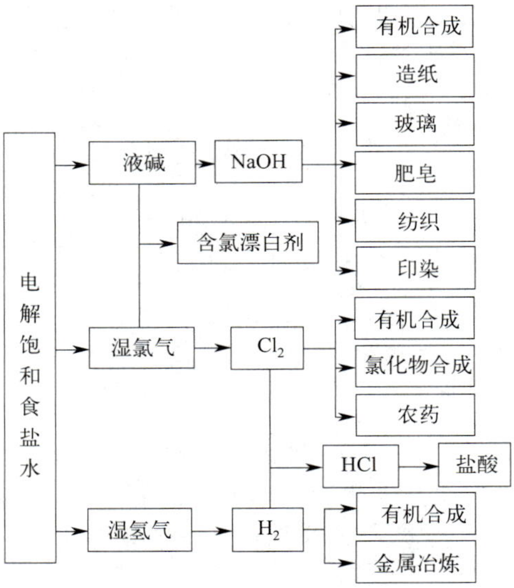

图 5-10　以氯碱工业为基础的化工生产及产品的主要用途

随着环境保护意识的增强，人们对以氯碱工业为基础的化工生产过程中所造成的污染及其产品对环境造成的影响越来越重视。例如，现已查明某些有机氯溶剂有致癌作用，氟氯烃会破坏臭氧层等，因此已停止生产某些有机氯产品。人们在充分发挥氯碱工业及以氯碱工业为基础的化工生产在国民经济发展中的作用的同时，应尽量减小其对环境的不利影响。

4. 我国氯碱工业的发展

我国最早的氯碱工厂是 1930 年投产的上海天原电化厂（现上海天原化工厂的前身），日产烧碱 2t。到 1949 年解放时，全国只有少数几家氯碱厂，烧碱年产量仅 1.5 万吨，氯产品只有盐酸、液氯、漂白粉等几种。

近年来，我国的氯碱工业在产量、质量、品种、生产技术等方面都得到很大发展。到 1990 年，烧碱产量达 331 万吨，仅次于美国和日本，位于世界第三位。1995 年，烧碱产量达 496 万吨，其中用离子交换膜电解法生产的达 56.2 万吨，占总产量的 11.3%。如今，我国氯碱产量已达到全球的一半以上。

近年来，中国氯碱化工行业由高速发展进入到高质量发展阶段，生产规模稳居全球首位，企业平均规模稳步提升，生产技术水平不断提高，创新驱动和绿色发展成为行业重要发展方向。

我国氯碱行业在连续多年高速发展后，通过产业政策的有效引导和行业企业的共同努力，正逐步实现发展方式的转变，行业更加聚焦产业结构升级和产品结构优化，更加聚焦企业核心竞争力的提升和产品质量的提升，更加聚焦技术创新、节能降碳、安全管理和绿色环保等重点工作。

【立德树人】

中国化学界的“国宝”——侯德榜

侯德榜，1890年8月9日生于福建闽侯农村。少年时他学习十分刻苦，即使伏在水车上双脚不停地车水时，仍能捧着书本认真读书。后来在姑母的资助下，他单身来到福州英华书院和闽皖路矿学堂读书。毕业后曾在津浦铁路符离集车站做过工程练习生。在工作之余，他抓紧时间学习，1911年考入清华留美预备学校。经过3年的努力，他以10门功课1000分的优异成绩被保送到美国留学。8年中，他先后在麻省理工学院、柏拉图学院、哥伦比亚大学攻读化学工程，1921年取得博士学位。新中国即将成立的1949年初，侯德榜还在印度指导工作，当他得到友人转来的周恩来给他的信后，他立即克服种种阻挠，开始投入恢复、发展新中国化学工业的崭新工作中。1960年前后，为适应我国农业生产的需要，侯德榜不顾自己已是70岁高龄，和技术人员一道共同设计了碳化法制造碳酸氢铵的新工艺，为我国的化肥工业发展做出了巨大贡献。1974年8月26日，侯德榜先生因病与世长辞，享年84岁。

侯德榜一生在化工技术上有三大贡献：第一，揭开了索尔维法的秘密；第二，创立了中国人自己的制碱工艺——侯氏制碱法；第三，便是他为发展小化肥工业所做出的贡献。

侯氏制碱法，又称联合制碱法，是一种将氨碱法和合成氨工业相结合的制碱工艺。其制碱包括两个过程：第一个过程与氨碱法相同，将氨通入饱和食盐水而制成氨盐水，再通入二氧化碳生成碳酸氢钠沉淀，经过滤、洗涤得 $NaHCO_3$ 微小晶体，再煅烧制得纯碱产品，其滤液是含有氯化铵和氯化钠的溶液；第二个过程是从含有氯化铵和氯化钠的滤液中结晶沉淀出氯化铵晶体。由于氯化铵在常温下的溶解度比氯化钠要大，低温时的溶解度则比氯化钠小，而且氯化铵在氯化钠的浓溶液里的溶解度要比在水里的溶解度小得多。所以在低温条件下，向滤液中加入细粉状的氯化钠，并通入氨气，可以使氯化铵单独结晶沉淀析出，经过滤洗涤和干燥即得氯化铵产品。此时滤出氯化铵沉淀后所得的滤液，已基本上被氯化钠饱和，可回收循环使用。

侯氏制碱法最大的优点是使食盐的利用率提高到96%以上。另外它综合利用了氨厂的二氧化碳和碱厂的氯离子，同时，生产出两种可贵的产品——纯碱和氯化铵。将氨厂的废气二氧化碳，转变为碱厂的主要原料来制取纯碱，这样就节省了碱厂里用于制取二氧化碳的庞大石灰窑的建造成本；用碱厂无用的成分氯离子（Cl^-）代替价格较高的硫酸固定氨厂里的氨，制取氮肥氯化铵，从而不再生成没有多大用处、又难于处理的氯化钙，减少了对环境的污染，并且大大降低了纯碱和氮肥的成本，充分体现了大规模联合生产的优越性。

【模块总结】

- 酸碱平衡和酸碱滴定法
  - 酸碱质子理论
    - 酸碱定义
    - 酸碱反应实质
    - 酸碱强度
  - 弱酸、弱碱溶液的pH值计算
    - 一元弱酸(或弱碱)溶液pH值的计算
    - 多元弱酸(或弱碱)溶液pH值的计算
    - 两性物质溶液pH值的计算
  - 缓冲溶液
    - 同离子效应
    - 缓冲溶液的组成
    - 缓冲溶液pH值的计算
    - 缓冲溶液的缓冲容量
    - 缓冲溶液的选择*
  - 酸碱滴定法
    - 一元酸碱的滴定
      - 强碱(酸)滴定强酸(碱)
      - 强碱(酸)滴定弱酸(碱)
    - 多元酸碱的滴定*
    - 酸碱标准溶液的配制和标定
    - 酸碱指示剂
      - 作用原理
      - 变色范围
    - 酸碱滴定法的应用
      - 工业乙酸的测定
      - 混合碱的分析
      - 铵盐中含氮量的测定
  - 实验技能
    - 混合碱的测定
    - 食醋中总酸含量的测定

知识检测

一、选择题

1. 根据酸碱质子理论，NH_3 属于（　　）。

A. 酸　　B. 碱　　C. 两性物质　　D. 无法确定

2. 下列关于共轭酸碱对说法不正确的是（　　）。

A. $K_a^\ominus \times K_b^\ominus = K_w^\ominus$

B. $pK_a^\ominus + pK_b^\ominus = pK_w^\ominus$

C. 在共轭酸碱对中，如果酸越易给出质子，酸性越强，K_a 值越大，则其共轭碱对质子的亲和力越弱，K_b 值越小，碱性越弱

D. $K_a^\ominus / K_b^\ominus = K_w^\ominus$

3. 0.20mol·L^{-1} HCOOH 溶液的 pH 值为（　　）。

A. 2.2　　B. 2　　C. 2.22　　D. 0.2

4. 在弱酸或弱碱溶液中，加入与其含有相同离子的另一强电解质，使离解平衡向（　　）移动，从而（　　）了弱酸或弱碱的离解度，这种作用称为同离子效应。

A. 左；降低　　B. 左；增大　　C. 右；降低　　D. 右；增大

5. 下列各组混合溶液不具有 pH 缓冲能力的是（　　）。

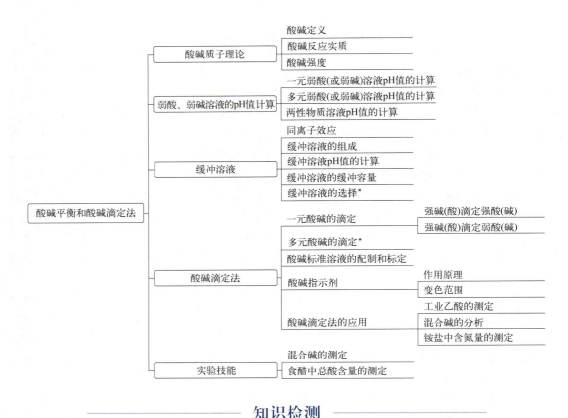

A. 100mL 1mol·L^{-1} HAc+100mL 1mol·L^{-1} NaOH

B. 100mL 1mol·L^{-1} HCl+200mL 1mol·L^{-1} $NH_3 \cdot H_2O$

C. 200mL 1mol·L^{-1} NH_4Cl+100mL 1mol·L^{-1} $NH_3 \cdot H_2O$

D. 100mL 5mol·L^{-1} NaOH+1mL 0.1mol·L^{-1} HCl

6. 缓冲溶液pH值的缓冲范围理论上为（　　）。

A. $pH=pK_a^{\ominus}+1$　　B. $pH=pK_a^{\ominus}-1$

C. $pH=pK_a^{\ominus}\pm1$　　D. 1个pH

7. NaOH滴定HAc至化学计量点时，应选择（　　）作指示剂。

A. 酚酞　　B. 甲基红　　C. 甲基橙　　D. 都可以

8. 酸碱滴定的pH突跃范围是指在（　　）相对误差范围内溶液pH值的变化范围。

A. 化学计量点前后±0.02mL　　B. 化学计量点后±0.1%

C. 化学计量点前后±0.1%　　D. 化学计量点前±0.1%

9. 标定NaOH的基准物质常用（　　）。

A. 邻苯二甲酸氢钾　B. 硼砂　　C. 无水Na_2CO_3　　D. 盐酸

10. 用0.1000mol·L^{-1}NaOH溶液滴定20.00mL 0.1000mol·L^{-1}HAc溶液，化学计量点时溶液的pH值为（　　）。

A. 7.7　　B. 8.7　　C. 7　　D. 9.7

二、判断题

1. H_2CO_3的共轭碱是CO_3^{2-}。（　　）

2. 酸的离解常数越大，酸的强度也越大。（　　）

3. 多元酸溶液中的H_3O^+主要来自第一步离解反应，溶液中的$c(H_3O^+)$的计算可按一元弱酸的离解平衡做近似处理。（　　）

4. 缓冲溶液的缓冲容量越大，其缓冲能力越强。（　　）

5. 甲基橙指示剂在pH=1.0时，显示的颜色为黄色。（　　）

6. 酸碱指示剂一般是有机弱酸或弱碱。它们的各种存在形式由于结构不同，具有不同的颜色。（　　）

7. 从0.1000mol·L^{-1} NaOH滴定20.00mL 0.1000mol·L^{-1}HCl的滴定曲线中发现，整个滴定过程中pH值的变化是不均匀的。（　　）

8. 选择指示剂时，指示剂变色范围必须全部落入滴定突跃范围内。（　　）

9. 邻苯二甲酸氢钾与氢氧化钠反应的方程式为：$KHC_8H_4O_4+NaOH \longrightarrow NaKC_8H_4O_4+H_2O$。（　　）

10. 氢氧化钠标准溶液可以采用直接法配制。（　　）

三、简答题

1. 根据酸碱质子理论，下列分子或离子哪些是酸？哪些是碱？哪些既是酸又是碱？

HS^-，CO_3^{2-}，$H_2PO_4^-$，NH_3，H_2S，HAc，OH^-，H_2O，NO_2^-

2. 什么是缓冲溶液的缓冲容量？缓冲容量和什么有关系？

3. 某溶液对酚酞显无色，对甲基橙显黄色，指出该溶液的pH范围。

4. 什么是酸碱滴定的pH突跃范围？影响强碱滴定一元弱酸滴定突跃范围的因素有哪些？

四、计算题

1. 某一元弱酸 HA 的摩尔质量为 $122.1g \cdot mol^{-1}$，称取该酸 1.04g，配制成 100.0mL 溶液，测得其 pH 值为 2.64，计算该一元弱酸的离解常数。

2. 称取邻苯二甲酸氢钾基准物 0.7519g，用 NaOH 溶液滴定耗去 34.95mL，计算 NaOH 溶液的物质的量浓度。

3. 称取混合碱试样 0.6800g，以酚酞为指示剂，用 $0.2000mol \cdot L^{-1}$ HCl 标准溶液滴定至终点，消耗 HCl 溶液 26.80mL，然后加甲基橙指示剂滴定至终点，又消耗 HCl 标准溶液 23.00mL。判断混合碱的组成，并计算试样中各组分的质量分数。

4. 碳酸镁试样 0.1869g 溶于 48.48mL 的 $0.1000mol \cdot L^{-1}$ HCl 溶液中，待反应完毕后，过量的 HCl 需用 3.83mL NaOH 溶液滴定。已知 30.33mL NaOH 溶液可以中和 36.36mL HCl 溶液，那么试样中 $MgCO_3$ 的质量分数是多少？

模块五知识检测
参考答案

模块六

沉淀-溶解平衡与沉淀滴定法

【学习目标】

知识目标

1. 掌握溶度积、溶度积规则，理解沉淀滴定和称量分析法的测定原理，并学会相关计算；

2. 了解影响难溶电解质溶解度的因素并会利用溶度积规则判断沉淀的生成和溶解；

3. 熟悉银量法中确定滴定终点的三种方法，并掌握莫尔法和佛尔哈德法的原理、滴定条件及应用范围。

能力目标

1. 能用减量法熟练称量基准物质；

2. 能正确配制和标定硝酸银、硫氰酸铵标准溶液；

3. 能正确运用银量法测定样品中氯离子等相关组分的含量。

素质目标

1. 培养规范操作的职业习惯；

2. 培养严谨认真、实事求是的工作态度；

3. 培养安全、节约、环保、质量意识。

【项目引入】

水中氯化物的测定

水是生命之源。水约占成年人体重的65%，人体内一切代谢反应必须在水的参与下才能实现，水是生命得以正常运转的根本。

卫生部和国家标准化管理委员会联合发布新的强制性国家标准——《生活饮用水卫生标准》(GB 5749—2022)，于2023年4月1日起实施。游离余氯的测定即是与消毒有关的一个关键指标。

水中余氯的量旨在保护人身安全健康，出厂水中余量不小于 0.3mg/L，管网末梢水中余量不小于 0.05mg/L。余氯含量如果过低，会导致管网末端细菌滋生，无法达到预期的消毒效果，使水质恶化无法使用。但如果余氯过量，同样不利于人体健康。

在实际生产中，如何来检测自来水中氯离子的含量呢？在这一模块，将对沉淀-溶解平衡与沉淀滴定法进行相关讨论。

【知识链接】

知识点一 沉淀-溶解平衡

在含有固体难溶电解质的饱和溶液中，存在难溶电解质与它离解产生的离子之间的平衡，称为沉淀-溶解平衡。不同的电解质在水溶液中的溶解度不同，有时甚至差异很大。易溶电解质与难溶电解质之间并没有严格的界限，习惯上把溶解度大于 0.1g/100g 水的电解质，称为易溶电解质；溶解度在 0.1～0.01g/100g 水之间的电解质，称为微溶电解质；溶解度小于 0.01g/100g 水的电解质，称为难溶电解质。

在一定温度下，将难溶电解质放入水中时，就会发生溶解与沉淀的过程。例如将 $BaSO_4$ 晶体放入水中，晶体中 Ba^{2+} 和 SO_4^{2-} 在水分子的作用下，不断由晶体表面进入溶液中，成为无规则运动着的离子，这是 $BaSO_4$(s) 的溶解过程；与此同时，已经溶解在溶液中的 Ba^{2+} 和 SO_4^{2-} 在不断运动中相互碰撞，又有可能回到晶体的表面，以固体（沉淀）的形式析出，这是 $BaSO_4$(s) 的沉淀过程。任何难溶电解质的溶解和沉淀过程都是可逆的。在一定的条件下，当溶解和沉淀的速率相等时，便建立了沉淀-溶解平衡。可表示为：

$$BaSO_4(s) \underset{\text{沉淀}}{\overset{\text{溶解}}{\rightleftharpoons}} Ba^{2+}(aq) + SO_4^{2-}(aq)$$

知识点二 溶度积规则及其应用

一、溶度积

在一定条件下，难溶强电解质 A_mB_n（s）溶于水形成饱和溶液时，在溶液中会建立一个沉淀-溶解动态平衡，其沉淀-溶解平衡反应可以表示为：

$$A_mB_n(s) \underset{\text{沉淀}}{\overset{\text{溶解}}{\rightleftharpoons}} mA^{n+}(aq) + nB^{m-}(aq)$$

其平衡常数可表示为： $K_{sp}^{\ominus}(A_mB_n) = c(A^{n+})^m \times c(B^{m-})^n$ （6-1）

此平衡常数称为溶度积常数（简称溶度积）。由式（6-1）可看出，在一定温度下，难溶电解质的饱和溶液中，各组分离子浓度幂的乘积为一常数。

$K_{sp}^{\ominus}$ 是表征难溶电解质溶解能力的特性常数，它是温度的函数，温度升高，多数难溶化合物的溶度积增大。通常，若无特殊说明，可直接使用 25℃的 $K_{sp}^{\ominus}$ 数据。

二、溶度积和溶解度的相互换算

溶度积和溶解度都可以用来表示难溶电解质的溶解性，它们之间可以相互换算。溶解度 s 指在一定温度下饱和溶液的浓度。在有关溶度积的计算中，离子浓度必须是物质的量浓度，其单位为 $mol \cdot L^{-1}$，而通常的溶解度的单位往往是 g/100g 水。因此，在计算时要先将难溶电解质的溶解度 s 的单位换算为 $mol \cdot L^{-1}$。对难溶电解质溶液来说，其饱和溶液是极稀的溶液，可将溶剂水的体积看作与饱和溶液的体积相等，这样就可很便捷地计算出饱和溶液浓度，进而求出溶度积。

【例 6-1】 已知 $BaSO_4$ 在 25 ℃水中的溶解度为 2.42×10^{-4} g，求 $K_{sp}^{\ominus}(BaSO_4)$。

解： $BaSO_4$ 饱和溶液很稀，100 g 水可看作 100mL 溶液。

设 25 ℃时，$BaSO_4$ 在水中溶解度为 s，则：

$$BaSO_4(s) \rightleftharpoons Ba^{2+}(aq) + SO_4^{2-}(aq)$$

平衡浓度/（$mol \cdot L^{-1}$）　　s　　s

$$K_{sp}^{\ominus}(BaSO_4) = c(Ba^{2+})c(SO_4^{2-}) = s^2$$

$$s = \frac{\frac{m}{M}}{V} = \frac{\frac{2.42\times10^{-4}}{233.4}}{0.1} = 1.04\times10^{-5}\ mol \cdot L^{-1}$$

$$K_{sp}^{\ominus}(BaSO_4) = s^2 = 1.08\times10^{-10}$$

【例 6-2】 已知 25℃时，$K_{sp}^{\ominus}(Ag_2CrO_4)$为 1.1×10^{-12}，求该温度下其溶解度。

解： Ag_2CrO_4 饱和溶液很稀，100 g 水可看作 100mL 溶液。

$$Ag_2CrO_4(s) \rightleftharpoons 2Ag^{+}(aq) + CrO_4^{2-}(aq)$$

平衡浓度/（$mol \cdot L^{-1}$）　　$2s$　　s

$$K_{sp}^{\ominus}(Ag_2CrO_4) = c(Ag^{+})^2 c(CrO_4^{2-}) = 4s^3 = 1.1\times10^{-12}$$

$$s = 6.5\times10^{-5}\ mol \cdot L^{-1} = 6.5\times10^{-5}\times331.7$$
$$= 2.2\times10^{-2}(g \cdot L^{-1})$$

由以上计算结果可得到：对于 AB 型难溶电解质，其溶解度与溶度积的关系为：

$$s = \sqrt{K_{sp}^{\ominus}} \tag{6-2}$$

对于 A_2B 或 AB_2 型难溶电解质，其溶解度与溶度积的关系为：

$$s = \sqrt[3]{\frac{K_{sp}^{\ominus}}{4}} \tag{6-3}$$

对于同类型的难溶电解质，溶度积大的溶解度大。如 AgCl 与 AgBr 属同类型，AgCl 的溶度积大，溶解度也大。对于不同类型的难溶电解质，不能直接由溶度积的大小比较溶解度的大小，如 AgCl 与 Ag_2CrO_4，前者溶度积大而其溶解度反而小。

三、溶度积规则

对于难溶电解质 A_mB_n（s）溶于水形成的溶液，在任意状态下，其离子浓度幂的乘积可用离子积 Q 来表示，其表达式为：

$$Q(A_mB_n)=c(A^{n+})^m c(B^{m-})^n \tag{6-4}$$

一定温度下，当溶液中的离子浓度变化时，平衡会发生移动，直至离子积等于溶度积为止。因此，通过比较 Q 与 $K_{sp}^{\ominus}$ 的大小，就可以判断沉淀的产生与溶解进行的方向。

当 $Q<K_{sp}^{\ominus}$ 时，溶液为不饱和溶液，无沉淀析出。若原来有沉淀存在，则沉淀溶解，直至饱和。

当 $Q=K_{sp}^{\ominus}$ 时，溶液为饱和溶液，处于沉淀和溶解平衡状态。

当 $Q>K_{sp}^{\ominus}$ 时，溶液为过饱和溶液，沉淀从溶液中析出。

上述三种关系就是溶度积规则，可判断沉淀生成与溶解平衡的移动方向，通过控制有关离子的浓度，可使沉淀生成或者溶解。

【例 6-3】 25 ℃下，等体积的 $0.2mol \cdot L^{-1}$ 的 $Pb(NO_3)_2$ 和 $0.2mol \cdot L^{-1}$ KI 水溶液混合是否会产生 PbI_2 沉淀？通过查表得 $K_{sp}^{\ominus}(PbI_2)=1.4\times10^{-8}$。

解： 稀溶液混合后，其体积有加和性，因此等体积混合后，体积增大一倍，浓度减小至原来的一半。

$$c(Pb^{2+})=0.1mol \cdot L^{-1}$$

$$c(I^-)=0.1mol \cdot L^{-1}$$

$$PbI_2(s) \rightleftharpoons Pb^{2+}(aq)+2I^-(aq)$$

$$Q=c(Pb^{2+})c(I^-)^2=0.1\times0.1^2=1\times10^{-3}$$

所以 $Q>K_{sp}^{\ominus}$，会产生 PbI_2 沉淀。

【例 6-4】 $0.100mol \cdot L^{-1}$ 的 $MgCl_2$ 溶液和等体积同浓度的 NH_3 水混合，会不会生成 $Mg(OH)_2$ 沉淀？已知 $K_{sp}^{\ominus}[Mg(OH)_2]=5.61\times10^{-12}$，$K_b^{\ominus}(NH_3)=1.77\times10^{-5}$。

解： 判断有无 $Mg(OH)_2$ 沉淀生成的依据为 Q 与 $K_{sp}^{\ominus}$ 大小的关系。

$$Mg(OH)_2(s) \rightleftharpoons Mg^{2+}(aq)+2OH^-(aq)$$

$$Q=c(Mg^{2+})c(OH^-)^2$$

因 $MgCl_2$ 溶液与 NH_3 水等体积混合，两者浓度均减半。

$$c(Mg^{2+})=c(NH_3)=\frac{0.100mol \cdot L^{-1}}{2}=0.05mol \cdot L^{-1}$$

当 $c(NH_3)/K_b^{\ominus}\geqslant500$，且 $c(NH_3)K_b^{\ominus}\geqslant20K_w^{\ominus}$ 时，可用下列近似公式计算 $[OH^-]$：

$$[OH^-]=\sqrt{K_b^{\ominus}c(NH_3)}$$

$$c(OH^-)=\sqrt{K_b^\ominus c(NH_3)}=\sqrt{1.77\times10^{-5}\times0.05}=9.41\times10^{-4}$$

$$\begin{aligned}Q&=c(Mg^{2+})c(OH^-)^2\\&=0.05\times(9.41\times10^{-4})^2\\&=4.4\times10^{-8}\end{aligned}$$

所以 $Q>K_{sp}^\ominus$，会产生 $Mg(OH)_2$ 沉淀。

四、溶度积规则的应用

1. 沉淀的生成

根据溶度积规则，当 $Q>K_{sp}^\ominus$ 时，沉淀从溶液中析出，即沉淀的生成条件就是$Q>K_{sp}^\ominus$。

在一定温度下，$K_{sp}^\ominus$ 为一常数，故溶液中没有一种离子的浓度等于零，即没有一种沉淀反应是绝对完全的。分析化学中，当残留在溶液中的离子浓度小于 $1\times10^{-5}mol\cdot L^{-1}$ 时，可认为沉淀完全，即认为此时该离子已被除尽。

影响沉淀溶解度的因素很多，如同离子效应、盐效应、酸效应、配位效应等。

(1) 同离子效应　构成沉淀晶体的离子称为构晶离子。当沉淀反应达到平衡后，如果向溶液中加入适当过量的含有某一构晶离子的试剂或溶液时，则平衡向着生成沉淀的方向进行，从而使沉淀的溶解度减小，这种现象称为同离子效应。

例如，在25℃时，$BaSO_4$ 在水中的溶解度为 $1.03\times10^{-5}mol\cdot L^{-1}$，如果向溶液中加入 Na_2SO_4，使溶液中的 $c(SO_4^{2-})$增加至 $0.10mol\cdot L^{-1}$，此时 $BaSO_4$ 的溶解度为：

$$s=c(Ba^{2+})=\frac{K_{sp}^\ominus(BaSO_4)}{c(SO_4^{2-})}=\frac{1.08\times10^{-10}}{0.10}=1.08\times10^{-9}(mol\cdot L^{-1})$$

即由于 Na_2SO_4 的加入，$BaSO_4$ 的溶解度减少至相当于在纯水中的万分之一。

因此在实际分析中，常加入适当过量的沉淀剂，利用同离子效应使被测组分沉淀完全。

(2) 盐效应　沉淀反应达到平衡时，由于强电解质的存在或加入其他易溶强电解质，沉淀的溶解度增大的现象，称为盐效应。例如，$BaSO_4$、AgCl 沉淀在 KNO_3 溶液中的溶解度比在纯水中要大，而且溶解度随 KNO_3 浓度增大而增大。

产生盐效应的原因是易溶强电解质存在使溶液中阴阳离子浓度增大，离子间的相互吸引和相互牵制作用加强，妨碍了离子的自由运动，减少了离子间生成沉淀的机会，使平衡向沉淀溶解的方向进行，从而使沉淀的溶解度增大。

(3) 酸效应　溶液的酸度对沉淀溶解度的影响称为酸效应。酸效应的发生主要是因为溶液中 H^+ 浓度对弱酸、多元酸或难溶酸离解平衡的影响。例如，CaC_2O_4 在溶液中存在如下平衡：

$$\begin{array}{ccc}CaC_2O_4 \rightleftharpoons Ca^{2+} + & C_2O_4^{2-} & \\ & +H^+ \Big\Updownarrow -H^+ & \\ & HC_2O_4^- & \underset{-H^+}{\overset{+H^+}{\rightleftharpoons}} H_2C_2O_4\end{array}$$

当溶液中 H^+ 浓度增大时，平衡向生成 $HC_2O_4^-$ 和 $H_2C_2O_4$ 的方向移动，破坏了

CaC_2O_4 的沉淀和溶解平衡，致使 $C_2O_4^{2-}$ 浓度降低，CaC_2O_4 沉淀的溶解度增加。所以，对于某些弱酸盐的沉淀，为了减少对沉淀溶解度的影响，通常应在较低的酸度下进行沉淀。如果沉淀本身是弱酸，如硅酸，易溶于碱，应该在强酸介质中进行沉淀。

（4）配位效应　溶液中如有配位剂能与构成沉淀的离子形成可溶性配合物，将增大沉淀的溶解度，甚至不产生沉淀，这种现象称为配位效应（也称络合效应）。配位剂主要来自沉淀剂本身或者加入的其他试剂。例如，用 Cl^- 沉淀 Ag^+ 时，在 $AgNO_3$ 溶液中加入 Cl^-，开始时有 AgCl 沉淀生成，若继续加入过量的 Cl^-，则 Cl^- 将与 AgCl 形成 $AgCl_2^-$ 和 $AgCl_3^{2-}$ 等配离子而使 AgCl 沉淀逐渐溶解，这时 Cl^- 沉淀剂本身就是配位剂。若向生成的 AgCl 沉淀中加入氨水，则 NH_3 可与 Ag^+ 配位生成 $[Ag(NH_3)_2]^+$，使 AgCl 的溶解度增大。显然，形成的配合物越稳定，配位剂的浓度越大，其配位效应就越显著。

以上介绍的四种效应对沉淀溶解度的影响，在实际分析中应根据具体情况确定哪种效应是主要的。一般来说，对无配位效应的强酸盐沉淀，主要考虑同离子效应；对弱酸盐沉淀主要考虑酸效应；对能与配位剂形成稳定配合物而且溶解度又不是太小的沉淀，应该主要考虑配位效应。此外，温度、介质、沉淀结构和颗粒大小对沉淀溶解度也有影响。

2. 沉淀的溶解

根据溶度积规则，$Q<K_{sp}^{\ominus}$ 是沉淀溶解的必要条件。任何能降低沉淀-溶解平衡体系中有关离子浓度，使 $Q<K_{sp}^{\ominus}$ 的方法，都能促进反应向着沉淀溶解的方向移动。常用的方法有以下三种：

（1）生成弱电解质　常见的弱酸盐和氢氧化物沉淀都易溶于强酸，这是由于弱酸根和氢氧根都可与 H^+ 结合形成难电离的弱酸和水，从而降低了溶液中弱酸根和氢氧根的浓度，使 $Q<K_{sp}^{\ominus}$，使沉淀溶解。例如，难溶弱酸盐 CaC_2O_4 与 $CaCO_3$ 溶于盐酸，可分别生成 $HC_2O_4^-$、HCO_3^- 与 H_2CO_3。

难溶氢氧化物沉淀 $Al(OH)_3$、$Fe(OH)_3$、$Cu(OH)_2$ 都可用强酸溶解，因为 OH^- 可与 H^+ 结合生成水。还有溶解度小的氢氧化物，如 $Mg(OH)_2$、$Mn(OH)_2$ 可溶于铵盐，是因为它们可生成弱碱氨水。

（2）发生氧化还原反应　加入氧化剂或还原剂，可使沉淀发生氧化还原反应而溶解。例如，CuS 中加入 HNO_3 可使沉淀溶解。

（3）生成配合物　通过加入配位剂，可使沉淀生成配位化合物而溶解。例如 AgCl 中加入氨水，因结合形成了稳定的配离子 $[Ag(NH_3)_2]^+$ 而使沉淀溶解。难溶的 HgS 加入王水（HNO_3 与 HCl），溶液中既发生了氧化还原反应，又生成了配合物，因而可使沉淀溶解。

3. 分步沉淀

在溶液中含有多种可被同一种沉淀剂沉淀的离子时，逐渐增大溶液中沉淀试剂的浓度，使这些离子先后被沉淀出来的现象，称为分步沉淀。

根据溶度积规则，所需沉淀剂浓度小的离子先生成沉淀，所需沉淀剂浓度大的离子后生成沉淀。

溶液中同时存在几种离子时，离子积大于溶度积的难溶电解质将先沉淀。对于同一类型的难溶电解质，其溶度积数值差别越大，混合离子分离的效果越好。沉淀的次序也与溶液中的离子浓度有关，当两种难溶电解质的溶度积相差不大时，通过适当地改变溶液中被沉淀离子的浓度，可以使分步沉淀的次序发生变化。

【例 6-5】 工业上测定水中 Cl^- 含量时，常用 K_2CrO_4 作指示剂，用 $AgNO_3$ 标准溶液进行滴定。水样中逐滴加入 $AgNO_3$ 时，会有白色 AgCl 沉淀析出。继续滴加 $AgNO_3$，当开始出现砖红色 Ag_2CrO_4 沉淀时，即为滴定终点。假定开始时水样中 $c(Cl^-)=7.1\times10^{-3}\ mol\cdot L^{-1}$，$c(CrO_4^{2-})=5.0\times10^{-3}\ mol\cdot L^{-1}$。

① 通过计算解释为什么 AgCl 比 Ag_2CrO_4 先沉淀。

② 计算当 Ag_2CrO_4 开始沉淀时，水样中的 Cl^- 是否已沉淀完全。

解： ①欲生成 AgCl 或 Ag_2CrO_4 沉淀，溶液中离子积应大于溶度积。设生成 AgCl 和 Ag_2CrO_4 沉淀所需 Ag^+ 的最低浓度分别为 c_1 和 c_2，根据沉淀-溶解平衡反应：

$$AgCl(s) \rightleftharpoons Ag^+ + Cl^-;K_{sp}^{\ominus}(AgCl)=1.8\times10^{-10}$$

$$Ag_2CrO_4(s) \rightleftharpoons 2Ag^+ + CrO_4^{2-};K_{sp}^{\ominus}(Ag_2CrO_4)=1.1\times10^{-12}$$

计算得知：$c_1=\dfrac{K_{sp}^{\ominus}(AgCl)}{c(Cl^-)}=\dfrac{1.8\times10^{-10}}{7.1\times10^{-3}}=2.5\times10^{-8}\ mol\cdot L^{-1}$

$$c_2=\sqrt{\frac{K_{sp}^{\ominus}(Ag_2CrO_4)}{c(CrO_4^{2-})}}=\sqrt{\frac{1.1\times10^{-12}}{5.0\times10^{-3}}}=1.5\times10^{-5}\ mol\cdot L^{-1}$$

从计算可知，沉淀 Cl^- 所需 Ag^+ 的最低浓度比沉淀 CrO_4^{2-} 小得多，所以加入 $AgNO_3$ 标准溶液时先析出 AgCl 沉淀。

② 当 Ag_2CrO_4 开始沉淀时，溶液中 Cl^- 浓度为：

$$c(Cl^-)=\frac{K_{sp}^{\ominus}(AgCl)}{c_2}=\frac{1.8\times10^{-10}}{1.5\times10^{-5}}=1.2\times10^{-5}\ mol\cdot L^{-1}$$

Cl^- 浓度接近于 $10^{-5}\ mol\cdot L^{-1}$，故 Ag_2CrO_4 开始沉淀时，认为溶液中 Cl^- 基本沉淀完全。

4. 沉淀转化

借助某一试剂，把一种难溶电解质转化为另一种难溶电解质的过程，称为沉淀转化。例如：

$$PbSO_4(s)+S^{2-} \rightleftharpoons PbS(s)+SO_4^{2-}$$

查表可知，$K_{sp}^{\ominus}(PbSO_4)=1.6\times10^{-8}$，$K_{sp}^{\ominus}(PbS)=8.0\times10^{-28}$，可计算出反应的平衡常数为：

$$K=\frac{c(SO_4^{2-})}{c(S^{2-})}=\frac{K_{sp}^{\ominus}(PbSO_4)}{K_{sp}^{\ominus}(PbS)}=\frac{1.6\times10^{-8}}{8.0\times10^{-28}}=2.0\times10^{19}$$

反应的平衡常数数值很大，转化反应进行得很完全。一般来说，溶度积较大的难溶电解质容易转化为溶度积较小的难溶电解质。两种难溶电解质的溶度积相差越大，沉淀转化就会越完全。

知识点三 沉淀滴定法

沉淀滴定法是以沉淀反应为基础的一种滴定分析方法。沉淀反应，符合滴定分析要求，但用于沉淀滴定法必须满足以下条件：

① 生成的沉淀应具有恒定的组成，溶解度必须小。

② 沉淀反应必须迅速，且能定量进行。

③ 能够有适当的指示剂或其他方法确定滴定终点。

目前应用较广泛的是生成难溶银盐的反应有：

$$Ag^{+}+X^{-} \rightleftharpoons AgX\downarrow (X=Cl、Br、I)$$

$$Ag^{+}+SCN^{-} \rightleftharpoons AgSCN\downarrow$$

这种利用生成难溶银盐反应的沉淀滴定法称为银量法。银量法可测定 Cl^-、Br^-、I^-、CN^-、SCN^-、Ag^+ 等离子，如食盐水的测定、电解液中 Cl^- 的测定以及其他化工、冶金、农业、“三废”等领域中 Cl^- 的测定等。根据指示滴定终点所用指示剂的不同，银量法分为三种：莫尔法、佛尔哈德法和法扬斯法。

一、莫尔法（铬酸钾指示剂法）

（1）原理　在含有 Cl^- 的中性溶液中，以 K_2CrO_4 作指示剂，用 $AgNO_3$ 标准溶液滴定，由于 AgCl 的溶解度小于 Ag_2CrO_4 的溶解度，根据分步沉淀的原理，AgCl 首先沉淀出来，当 AgCl 定量沉淀后，过量的 Ag^+ 与 CrO_4^{2-} 立即生成砖红色的 Ag_2CrO_4 沉淀，即为滴定终点。其反应为：

$$Ag^{+}+Cl^{-} \rightleftharpoons AgCl\downarrow (白色)$$

$$2Ag^{+}+CrO_4^{2-} \rightleftharpoons Ag_2CrO_4\downarrow (砖红色)$$

（2）滴定条件

① 指示剂的用量。K_2CrO_4 指示剂的浓度必须合适，如果浓度过高，Ag_2CrO_4 沉淀早析出将引起终点提前，且 K_2CrO_4 溶液本身呈黄色会影响终点判断；如果浓度过低，则会引起终点滞后，影响滴定的准确度。在实际操作过程中，一般控制滴定溶液中所含指示剂 K_2CrO_4 浓度约为 $5.0\times10^{-3}mol\cdot L^{-1}$。

② 溶液的酸度。滴定应当在中性或弱碱性介质中进行，因为在酸性溶液中 CrO_4^{2-} 会转化为 $Cr_2O_7^{2-}$，使 CrO_4^{2-} 浓度降低，影响 Ag_2CrO_4 沉淀的形成，进而降低指示剂的灵敏度。

$$2H^{+}+2CrO_4^{2-} \rightleftharpoons 2HCrO_4 \rightleftharpoons Cr_2O_7^{2-}+H_2O$$

如果溶液的碱性太强，将析出 Ag_2O 沉淀：

$$2Ag^{+}+2OH^{-} \rightleftharpoons 2AgOH\downarrow \longrightarrow Ag_2O\downarrow +H_2O$$

同样不能在铵盐溶液中进行滴定，因为碱性溶液中会有 NH_3 产生，易与 Ag^+ 形成配离子，会使 AgCl 沉淀溶解：

$$AgCl+2NH_3 \rightleftharpoons [Ag(NH_3)_2]^{+}+Cl^{-}$$

因此，莫尔法最适宜的 pH 值范围为 6.5～10.5。若试液为强酸性或强碱性，可先用酚酞作指示剂以稀 NaOH 或稀 H_2SO_4 调节酸度后再滴定。

③ 滴定时应剧烈振摇。AgCl 沉淀容易吸附 Cl^-，在滴定过程中，应剧烈振摇溶液，可以减少吸附，以获得正确的终点。

（3）应用范围　莫尔法可用 $AgNO_3$ 标准溶液直接滴定 Cl^- 或 Br^-，原则上也可滴定 I^- 和 SCN^-，但因为 AgI、AgSCN 的吸附能力太强，滴定到终点时有部分 I^- 和 SCN^- 被吸附，将引起较大的负误差，故不能测定 I^- 和 SCN^-。如果用莫尔法测定试样中的 Ag^+，则应在试液中加入一定量过量的 NaCl 标准溶液，然后用 $AgNO_3$ 标准溶液返滴过量的 Cl^-。

在试液中凡有能与 CrO_4^{2-} 生成沉淀的 Ba^{2+}、Pb^{2+} 等阳离子，能与 Ag^+ 生成沉淀的 PO_4^{3-}、AsO_4^{3-}、S^{2-}、SO_3^{2-}、$C_2O_4^{2-}$、CO_3^{2-} 等酸根，以及在中性或弱碱性溶液中能发生水解的 Fe^{3+}、Al^{3+}、Bi^{3+}、Sn^{4+} 等离子存在，都将对测定产生干扰，应预先分离。大量 Cu^{2+}、Ni^{2+}、Co^{2+} 等有色离子存在，也会影响滴定终点的观察。因此，莫尔法的选择性是比较差的。莫尔法的优点是操作简便，准确度较好。

二、佛尔哈德法（铁铵矾指示剂法）

习题-沉淀滴定法考点

（1）原理　在酸性介质中，以铁铵矾 $[NH_4Fe(SO_4)_2 \cdot 12H_2O]$ 作指示剂，用 KSCN 或 NH_4SCN 为标准溶液滴定 Ag^+。用 NH_4SCN 标准溶液滴定，先析出白色的 AgSCN 沉淀，到达化学计量点时，微过量的 NH_4SCN 就与 Fe^{3+} 生成红色的 $[FeSCN]^{2+}$，指示滴定终点到达。其反应为：

$$Ag^+ + SCN^- \rightleftharpoons AgSCN\downarrow（白色）$$

$$Fe^{3+} + SCN^- \rightleftharpoons [FeSCN]^{2+}（红色）$$

（2）滴定条件

① 指示剂的用量。由于指示剂是铁铵矾，高浓度的 Fe^{3+} 使溶液呈较深的橙黄色，影响终点的观察，故 Fe^{3+} 的浓度一般控制在 $0.015mol \cdot L^{-1}$ 左右。

② 溶液的酸度。酸度太低，指示剂中的 Fe^{3+} 将水解生成棕色的 $[Fe(H_2O)_5(OH)]^{2+}$ 或 $Fe(OH)_3$ 沉淀，影响终点的观察，因此溶液的酸度一般控制在 $0.1 \sim 1mol \cdot L^{-1}$。

③ 在滴定时应剧烈振摇。AgCl 沉淀容易吸附 Cl^-，在滴定过程中，剧烈振摇溶液，可以减少吸附，以获得正确的终点。

（3）应用范围　由于测定的对象不同，利用佛尔哈德法直接滴定可测定 Ag^+ 等，还可利用返滴定法测定 Cl^-、Br^-、I^- 和 SCN^-。

在含有卤素离子的硝酸溶液中，加入一定量过量的 $AgNO_3$，以铁铵矾为指示剂，用 NH_4SCN 标准溶液回滴过量的 $AgNO_3$，可测定卤素离子。例如，滴定 Cl^- 时的主要反应为：

$$Ag^+ + Cl^- \rightleftharpoons AgCl\downarrow（白色）$$

$$Ag^+ + SCN^- \rightleftharpoons AgSCN\downarrow（白色）$$

当过量一滴 SCN^- 溶液时，Fe^{3+} 与 SCN^- 反应生成红色的 $[FeSCN]^{2+}$，可指示滴定终点。

由于 AgSCN 的溶解度小于 AgCl，加入过量 SCN^- 时，会将 AgCl 沉淀转化为 AgSCN 沉淀，使分析结果产生较大的误差。为了避免上述情况的发生，通常加入过量的 $AgNO_3$ 标准溶液后，立即加热煮沸试液，使 AgCl 沉淀凝聚，以减少对 Ag^+ 的吸附。过滤后，再用稀 HNO_3 洗涤沉淀，并将洗涤液并入滤液中，最后用 NH_4SCN 标准溶液回滴滤液中过量的 $AgNO_3$。

由于 AgBr、AgI 的溶度积均比 AgSCN 的小，不会发生沉淀转化反应，所以用返滴定法测定溴化物、碘化物时，可在 AgBr 或 AgI 沉淀存在下进行回滴。但要注意，在测定 I^- 时，必须先加入 $AgNO_3$ 溶液后再加指示剂，否则 Fe^{3+} 会将 I^- 氧化成 I_2，影响测定结果的准确度。

佛尔哈德法最大的优点是滴定在酸性（HNO_3）介质中进行，因此有些弱酸阴离子如 PO_4^{3-}、AsO_4^{3-}、CO_3^{2-}、$C_2O_4^{2-}$ 等不会干扰卤素离子的测定。但一些强氧化剂、氮的低价氧化物及铜盐、汞盐等能与 SCN^- 反应，干扰测定，应预先分离。

三、法扬斯法（吸附指示剂法）

图片-法扬斯法颜色变化

（1）原理　用吸附指示剂来指示终点的银量法。吸附指示剂是一类有色的有机化合物。它的阴离子被吸附在胶体微粒表面后，分子结构发生变形，引起吸附指示剂颜色的变化，从而可以指示滴定终点。例如，用 $AgNO_3$ 标准溶液滴定 Cl^- 时，可用荧光黄吸附指示剂来指示滴定终点。荧光黄指示剂是一种有机弱酸，用 HFIn 表示，它在溶液中可离解出黄绿色的阴离子：

$$HFIn \rightleftharpoons H^+ + FIn^-$$

在化学计量点前，溶液中有剩余的 Cl^- 存在，生成的 AgCl 沉淀吸附 Cl^- 而带负电荷，因此受排斥作用，荧光黄阴离子留在溶液中而呈黄绿色。滴定进行到化学计量点后，AgCl 沉淀吸附 Ag^+ 而带正电荷，这时溶液中 FIn^- 被吸附，溶液颜色由黄绿色变为粉红色，指示滴定终点到达。其过程可以表示为：

Cl^- 过量时：　　　$AgCl \cdot Cl^- + FIn^-$（黄绿色）

Ag^+ 过量时：$AgCl \cdot Ag^+ + FIn^- \longrightarrow AgCl \cdot Ag^+ \cdot FIn^-$（粉红色）

如果是用 NaCl 标准溶液滴定 Ag^+，则颜色变化正好相反。

（2）滴定条件

① 加入保护胶体。吸附指示剂的颜色变化发生在沉淀表面，通常须加入一些保护胶体如淀粉或者糊精，使沉淀的表面积大一些，以利于指示剂的吸附，进而使滴定终点变化明显。稀溶液中沉淀少，观察终点较困难，所以此法不适于测定浓度过低的溶液。

② 控制适当的酸度。常用到的吸附指示剂大多为有机弱酸，且起指示作用的主要是阴离子，因此必须控制适当的酸度，使指示剂在溶液中呈阴离子状态。例如荧光黄（$pK_a=7$）只能在中性或弱碱性（$pH=7\sim10$）溶液中使用，若 $pH<7$ 则主要以 HFIn 形式存在，无法指示终点，因此溶液的 pH 应有利于吸附指示剂阴离子的存在。

③ 滴定过程要避免强光。卤化银沉淀对光敏感，易分解而析出金属银，使沉淀所在溶液变为灰黑色，故滴定过程要避免强光，否则会影响滴定终点的观察。

④ 指示剂吸附能力要适中。胶体微粒对指示剂的吸附能力要比对待测离子的吸附能力略小，否则指示剂将在化学计量点前变色。但吸附能力太小，又将使颜色变化不敏锐。卤化银对卤化物和几种吸附指示剂的吸附能力的次序如下：

$$I^- > SCN^- > Br^- > \text{曙红} > Cl^- > \text{荧光黄}$$

因此，滴定 Cl^- 不能选用曙红作为指示剂，而应选择荧光黄。滴定 Br^- 则需选用曙红作为指示剂。

（3）应用范围　用此法可测定 Ag^+、Cl^-、Br^-、I^-、SCN^- 等离子。此方法简便，结果较为准确，但反应条件较为严格。

【技能训练】

实验技能一　$AgNO_3$ 标准溶液的配制与标定

一、实验目的

（1）能正确配制和标定 $AgNO_3$ 标准溶液。

（2）深入理解莫尔法测定离子的方法和原理。

（3）学会使用铬酸钾作指示剂判断滴定的终点。

二、实验原理

在含有 Cl^- 的中性或弱碱性溶液中，以 K_2CrO_4 作指示剂，用 $AgNO_3$ 标准溶液滴定，由于 AgCl 的溶解度小于 Ag_2CrO_4 的溶解度，根据分步沉淀的原理，AgCl 首先沉淀出来，当 AgCl 定量沉淀后，过量的 Ag^+ 与 CrO_4^{2-} 立即生成砖红色的 Ag_2CrO_4 沉淀，即为滴定终点。根据 NaCl 的质量和消耗的 $AgNO_3$ 溶液的体积，即可求出 $AgNO_3$ 标准溶液的浓度。

三、实验仪器和试剂

（1）仪器　分析天平、滴定台、称量瓶、酸式滴定管、移液管、容量瓶、锥形瓶、棕色试剂瓶、烧杯、量筒。

（2）试剂　固体 $AgNO_3$（AR）、NaCl（基准试剂）、5% K_2CrO_4 指示剂。

四、实验步骤

1. 配制 0.1mol·L^{-1} $AgNO_3$ 溶液

称取 8.5g $AgNO_3$ 溶于 500mL 不含 Cl^- 的蒸馏水中，贮存于带玻璃塞的棕色试剂瓶中，摇匀，置于暗处保存，防止光照分解，待标定。

2. 标定 $AgNO_3$ 溶液

准确称取基准试剂 NaCl 0.50～0.60g，置于小烧杯中，用蒸馏水溶解后，定量转移到 100mL 容量瓶中，用水稀释至刻度，摇匀。

用移液管准确移取 25.00mL NaCl 标准溶液于 250mL 锥形瓶中，加入 25mL 不含 Cl^-

的蒸馏水，再加入 1mL K_2CrO_4 指示剂溶液，在充分摇动下，用配好的 $AgNO_3$ 溶液滴定至溶液呈砖红色即为终点。记录消耗 $AgNO_3$ 标准滴定溶液的体积，平行测定 3 次。

3. 计算 $AgNO_3$ 标准溶液的浓度

根据称取的 NaCl 的质量和消耗的 $AgNO_3$ 溶液的体积，计算 $AgNO_3$ 标准溶液的准确浓度。

$$c_{AgNO_3}=\frac{m_{NaCl}}{M_{NaCl}V_{AgNO_3}}$$

五、实验数据与处理（表 6-1）

表 6-1　$AgNO_3$ 标准溶液的配制与标定的数据记录与处理

项目	1	2	3
倾样前 NaCl+称量瓶质量/g			
倾样后 NaCl+称量瓶质量/g			
倾出 NaCl 的质量/g			
滴定时的初体积数/mL			
滴定后的终体积数/mL			
$AgNO_3$ 溶液的体积/mL			
$AgNO_3$ 溶液的浓度/($mol \cdot L^{-1}$)			
$AgNO_3$ 溶液的平均浓度/($mol \cdot L^{-1}$)			
相对偏差/%			

六、思考题

1. 莫尔法测定 Cl^- 时，溶液的 pH 值应控制在什么范围？为什么？
2. 以 K_2CrO_4 作指示剂时，其浓度大小对测定结果有何影响？

实验技能二　调料酱油中氯化钠含量的测定（佛尔哈德法）

一、实验目的

（1）深入理解并掌握佛尔哈德法测定氯化物的原理和方法。
（2）学会使用铁铵矾作指示剂判断滴定的终点。

二、实验原理

利用返滴定法测定 Cl^- 的含量。在 HNO_3 溶液中，先加入一定量过量的 $AgNO_3$ 标准溶液，以铁铵矾作指示剂，用 NH_4SCN 标准溶液回滴过量的 $AgNO_3$，从而测定出 Cl^- 的含量。

三、实验仪器和试剂

（1）仪器 酸式滴定管、移液管、容量瓶、锥形瓶、棕色试剂瓶。

（2）试剂 0.1mol·L^{-1} $AgNO_3$ 溶液、6mol·L^{-1} HNO_3 溶液、8%铁铵矾指示剂、乙醇、硫氰酸铵（AR）、饱和硫酸铁铵溶液、硝基苯。

四、实验步骤

1. 配制 0.1mol·L^{-1} $AgNO_3$ 溶液并进行标定

见本模块实验技能一。

2. 配制 0.1mol·L^{-1} NH_4SCN 溶液并进行标定

称取 3.8g 硫氰酸铵溶于 250mL 蒸馏水中，转入 500mL 试剂瓶中，稀释到 500mL，摇匀，待标定。

用移液管准确移取 25.00mL $AgNO_3$ 溶液于 250mL 锥形瓶中，加入 5mL 6mol·L^{-1} 的 HNO_3，再加入 1mL 8%铁铵矾指示剂溶液，在剧烈摇动下，用配好的 NH_4SCN 溶液滴定至溶液出现淡红色且振荡至颜色不消失即为终点。记录消耗 NH_4SCN 溶液的体积，平行测定 3 次。NH_4SCN 溶液的浓度计算公式如下：

$$c_{NH_4SCN}=\frac{c_{AgNO_3}V_{AgNO_3}}{V_{NH_4SCN}}$$

3. 测定酱油中 NaCl 的含量

用移液管准确移取 5.00mL 酱油于 100mL 容量瓶中，用水稀释至刻度，摇匀。

用移液管移取上述稀释液 10.00mL 于 250mL 锥形瓶中，加入 50mL 蒸馏水摇匀。再加入 5mL 6mol·L^{-1} 的 HNO_3 溶液、25.00mL 0.1mol·L^{-1} 的 $AgNO_3$ 标准溶液和 5mL 硝基苯，摇匀。再加入 1mL 饱和硫酸铁铵溶液，用标定好的 NH_4SCN 标准溶液滴定至刚出现血红色即为终点。平行测定 3 份样品。酱油中 NaCl 的含量计算公式如下：

$$w_{NaCl}=\frac{c_{AgNO_3}V_{AgNO_3}-c_{NH_4SCN}V_{NH_4SCN}}{V_{酱油}}\times M_{NaCl}\times 10^{-3}\times\frac{100}{10}\times 100\%$$

五、实验数据与处理（表 6-2）

表 6-2 调料酱油中氯化钠含量测定的数据记录与处理

项目	1	2	3
$AgNO_3$ 溶液的平均浓度/(mol·L^{-1})			
NH_4SCN 溶液的体积/mL			
NH_4SCN 溶液的浓度/(mol·L^{-1})			
NH_4SCN 溶液的平均浓度/(mol·L^{-1})			
酱油样品的体积/mL			
消耗的 NH_4SCN 溶液的体积/mL			
NaCl 的含量/%			
NaCl 的平均含量/%			

六、注意事项

（1）$AgNO_3$ 试剂及其溶液具有腐蚀性，可破坏皮肤组织，注意切勿接触皮肤及衣服。

（2）配制 $AgNO_3$ 标准溶液所用的蒸馏水应无 Cl^-，否则配制的溶液会出现白色沉淀，不能使用。

（3）操作过程应避免阳光照射。

【知识拓展】

新标准：《生活饮用水标准检验方法　第 5 部分：无机非金属指标》

GB/T 5750.5—2023 中第 5 小节的主要内容如下：

5　氯化物

5.1　硝酸银容量法

5.1.1　最低检测质量浓度

本方法最低检测质量浓度为 0.05mg，若取 50mL 水样测定，则最低检测质量浓度为 1.0mg·L^{-1}。溴化物及碘化物均能引起相似反应，并以相当于氯化物的质量计入结果。硫化物、亚硫酸盐、硫代硫酸盐及超过 15mg·L^{-1} 的耗氧量可干扰本方法测定。亚硫酸盐等干扰可用过氧化氢处理除去。耗氧量较高的水样可用高锰酸钾处理或蒸干后灰化处理。

5.1.2　原理

硝酸银与氯化物生成氯化银沉淀，过量的硝酸银与铬酸钾指示剂反应生成红色铬酸银沉淀，指示反应到达终点。

5.1.3　试剂

5.1.3.1　高锰酸钾。

5.1.3.2　乙醇[$\varphi(C_2H_5OH)=95\%$]。

5.1.3.3　过氧化氢[$w(H_2O_2)=30\%$]。

5.1.3.4　氢氧化钠溶液（2g·L^{-1}）。

5.1.3.5　硫酸溶液[$c(1/2H_2SO_4)=0.05mol\cdot L^{-1}$]。

5.1.3.6　氢氧化铝悬浮液：称取 125g 十二水合硫酸铝钾[$KAl(SO_4)_2\cdot 12H_2O$]或十二水合硫酸铝铵[$NH_4Al(SO_4)_2\cdot 12H_2O$]，溶于 1000mL 纯水中。加热至 60℃，缓缓加入 55mL 氨水（$\rho_{20}=0.88g\cdot mL^{-1}$），使氢氧化铝沉淀完全。充分搅拌后静置，弃去上清液，用纯水反复洗涤沉淀，至倾出上清液中不含氯离子（用硝酸银硝酸溶液试验）为止。然后加入 300mL 纯水成悬浮液，使用前振摇均匀。

5.1.3.7　铬酸钾溶液（50g·L^{-1}）：称取 5g 铬酸钾（K_2CrO_4），溶于少量纯水中，滴加硝酸银标准溶液[$c(AgNO_3)=0.01400mol\cdot L^{-1}$]至生成红色不褪为止，混匀，静置 24h 后过滤，滤液用纯水稀释至 100mL。

5.1.3.8　氯化钠标准溶液[$\rho(Cl^-)=0.5mg\cdot mL^{-1}$]见 5.3.3.8。

5.1.3.9　硝酸银标准溶液[$c(AgNO_3)=0.01400mol\cdot L^{-1}$]：称取 2.4g 的硝酸银

($AgNO_3$)，溶于纯水，并定容至1000mL。储存于棕色试剂瓶内，用氯化钠标准溶液[$\rho(Cl^-)=0.5mg\cdot mL^{-1}$]标定。

吸取25.00mL氯化钠标准溶液[$\rho(Cl^-)=0.5mg\cdot mL^{-1}$]，置于瓷蒸发皿内，加纯水25mL。另取一瓷蒸发皿，加50mL纯水作为空白，各加1mL铬酸钾溶液（$50g\cdot L^{-1}$），用硝酸银标准溶液滴定，直至产生淡橘黄色为止。按下式计算硝酸银的浓度：

$$m=\frac{25\times 0.50}{V_1-V_0}$$

式中，m为1.00mL硝酸银标准溶液相当于氯化物的质量，mg；V_1为滴定氯化钠标准溶液的硝酸银标准溶液用量，mL；V_0为滴定空白的硝酸银标准溶液用量，mL。

根据标定的浓度，校正硝酸银标准溶液[$c(AgNO_3)=0.01400mol\cdot L^{-1}$]的浓度，使1.00mL相当于氯化物0.50mg。

5.1.3.10 酚酞指示剂（$5g\cdot L^{-1}$）：称取0.5g酚酞（$C_{20}H_{14}O_4$），溶于50mL乙醇[$\varphi(C_2H_5OH)=95\%$]中，加入50mL纯水，并滴加氢氧化钠溶液（$2g\cdot L^{-1}$）使溶液呈微红色。

5.1.4 仪器设备

5.1.4.1 锥形瓶：250mL。

5.1.4.2 滴定管：25mL，棕色。

5.1.4.3 无分度吸管：50mL和25mL。

5.1.5 试验步骤

5.1.5.1 水样的预处理

5.1.5.1.1 对有色的水样：取150mL，置于250mL锥形瓶中。加2mL氢氧化铝悬浮液，振荡均匀，过滤，弃去初滤液20mL。

5.1.5.1.2 对含有亚硫酸盐和硫化物的水样：将水样用氢氧化钠溶液（$2g\cdot L^{-1}$）调节至中性或弱碱性，加入1mL过氧化氢[$w(H_2O_2)=30\%$]，搅拌均匀。

5.1.5.1.3 对耗氧量大于$15mg\cdot L^{-1}$的水样：加入少许高锰酸钾晶体，煮沸，然后加入数滴乙醇[$\varphi(C_2H_5OH)=95\%$]还原过多的高锰酸钾，过滤。

5.1.5.2 测定

5.1.5.2.1 吸取水样或经过预处理的水样50.0mL（或适量水样加纯水稀释至50mL），置于瓷蒸发皿内。另取一瓷蒸发皿，加入50mL纯水，作为空白。

5.1.5.2.2 分别加入2滴酚酞指示剂（$5g\cdot L^{-1}$），用硫酸溶液[$c(1/2H_2SO_4)=0.05mol\cdot L^{-1}$]或氢氧化钠溶液（$2g\cdot L^{-1}$）调节至溶液红色恰好褪去。各加1mL铬酸钾溶液（$50g\cdot L^{-1}$），用硝酸银标准溶液[$c(AgNO_3)=0.01400mol\cdot L^{-1}$]滴定，同时用玻璃棒不停搅拌，直至溶液生成橘黄色为止。

注1：本方法只在中性溶液中进行滴定，因为在酸性溶液中铬酸银溶解度增高，滴定终点时，不能形成铬酸银沉淀。在碱性溶液中将形成氧化银沉淀。

注2：铬酸钾指示终点的最佳浓度为$1.3\times10^{-2}mol\cdot L^{-1}$。但由于铬酸钾的颜色影响终点的观察，实际使用的浓度为$5.1\times10^{-3}mol\cdot L^{-1}$，即50mL样品中加入1mL铬酸钾溶液（$50g\cdot L^{-1}$）。同时用空白滴定值予以校正。

5.1.6 试验数据处理

按下式计算水样中氯化物（以 Cl^- 计）的质量浓度：

$$\rho(Cl^-)=\frac{(V_1-V_0)\times 0.50}{V}\times 1000$$

式中，$\rho(Cl^-)$ 为水样中氯化物（以 Cl^- 计）的质量浓度，$mg\cdot L^{-1}$；V_1 为水样消耗硝酸银标准溶液的体积，mL；V_0 为空白试验消耗硝酸银标准溶液的体积，mL；0.50 为与 1.00mL 硝酸银标准溶液[$c(AgNO_3)=0.01400mol\cdot L^{-1}$]相当的以毫克（mg）表示的氯化物质量（以 Cl^- 计），$mg\cdot mL^{-1}$；V 为水样体积，mL。

5.1.7　精密度和准确度

75 个实验室用本方法测定含氯化物 $87.9mg\cdot L^{-1}$ 和 $18.4mg\cdot L^{-1}$ 的合成水样（含其他离子质量浓度：氟化物，$1.30mg\cdot L^{-1}$ 和 $0.43mg\cdot L^{-1}$；硫酸盐，$93.6mg\cdot L^{-1}$ 和 $7.2mg\cdot L^{-1}$；可溶性固体，$338mg\cdot L^{-1}$ 和 $54mg\cdot L^{-1}$；总硬度，$136mg\cdot L^{-1}$ 和 $20.7mg\cdot L^{-1}$），其相对标准偏差分别为 2.1% 和 3.9%，相对误差分别为 3.0% 和 2.2%。

5.2　略。

5.3　硝酸汞容量法

5.3.1　最低检测质量浓度

本方法最低检测质量为 0.05mg，若取 50mL 水样测定，则最低检测质量浓度为 $1.0mg\cdot L^{-1}$。

水样中的溴化物及碘化物均能起相同反应，在计算时均以氯化物计入结果。硫化物和大于 $10mg\cdot L^{-1}$ 的亚硫酸盐、铬酸盐、高铁离子等能干扰测定。硫化物和亚硫酸盐的干扰可用过氧化氢氧化消除。

5.3.2　原理

氯化物与硝酸汞生成离解度极小的氯化汞，滴定到达终点时，过量的硝酸汞与二苯卡巴腙生成紫色络合物。

5.3.3　试剂

5.3.3.1　乙醇[$\varphi(C_2H_5OH)=95\%$]。

5.3.3.2　高锰酸钾。

5.3.3.3　过氧化氢[$w(H_2O_2)=30\%$]。

5.3.3.4　氢氧化钠溶液[$c(NaOH)=1.0mol\cdot L^{-1}$]。

5.3.3.5　硝酸[$c(HNO_3)=1.0mol\cdot L^{-1}$]。

5.3.3.6　硝酸[$c(HNO_3)=0.1mol\cdot L^{-1}$]。

5.3.3.7　氢氧化铝悬浮液：见 5.1.3.6。

5.3.3.8　氯化钠标准溶液[$c(NaCl)=0.01400mol\cdot L^{-1}$ 或 $\rho(Cl^-)=0.5mg\cdot mL^{-1}$]：称取经 700℃ 烧灼 1h 的氯化钠（NaCl）8.2420g，溶于纯水中并稀释至 1000mL，吸取 10.0mL，用纯水稀释至 100.0mL，或使用有证标准物质。

5.3.3.9　硝酸汞标准溶液{$c[1/2Hg(NO_3)_2]=0.01400mol\cdot L^{-1}$}：称取 2.5g 一水合硝酸汞[$Hg(NO_3)_2\cdot H_2O$]，溶于含 0.25mL 硝酸（$\rho_{20}=1.42g\cdot mL^{-1}$）的 100mL 纯水中，用纯水稀释至 1000mL。按以下方法标定。

吸取 25.00mL 氯化钠标准溶液，加纯水至 50mL，以下按 5.3.5.2 和 5.3.5.3 步骤操作。计算硝酸汞标准溶液的浓度见下式：

$$m=\frac{25\times0.50}{V_1-V_0}$$

式中，m 为 1.00mL 硝酸汞标准溶液{$c[1/2Hg(NO_3)_2]=0.01400mol\cdot L^{-1}$}相当的氯化物（$Cl^-$）质量，mg；$V_1$ 为滴定氯化物标准溶液消耗的硝酸汞标准溶液体积，mL；V_0 为滴定空白消耗的硝酸汞标准溶液体积，mL。

校正硝酸汞标准溶液浓度，使 1.00mL 相当于氯化物（以 Cl^- 计）0.50mg。

5.3.3.10 二苯卡巴腙-溴酚蓝混合指示剂：称取 0.5g 二苯卡巴腙（$C_{13}H_{12}N_4O$，又名二苯偶氮碳酰肼）和 0.05g 溴酚蓝（$C_{19}H_{10}Br_4O_5S$），溶于 100mL 乙醇［φ（C_2H_5OH）＝95%］。保存于冷暗处。

5.3.4 仪器设备

5.3.4.1 锥形瓶：250mL。

5.3.4.2 滴定管：25mL。

5.3.4.3 无分度吸管：50mL。

5.3.5 试验步骤

5.3.5.1 水样的预处理，见 5.1.5.1。

5.3.5.2 取水样及纯水各 50mL，分别置于 250mL 锥形烧瓶中，加 0.2mL 二苯卡巴腙-溴酚蓝混合指示剂，用硝酸[$c(HNO_3)=1.0mol\cdot L^{-1}$]调节水样 pH 值。使溶液由蓝色变成纯黄色{如水样为酸性，先用氢氧化钠溶液[$c(NaOH)=1.0mol\cdot L^{-1}$]调节至呈蓝色}，再加硝酸[$c(HNO_3)=0.1mol\cdot L^{-1}$]0.6mL，此时溶液 pH 值为 3.0±0.2。

注：严格控制 pH 值，酸度过大，汞离子与指示剂结合的能力减弱，使结果偏高，反之，终点将提前使结果偏低。

5.3.5.3 用硝酸汞标准溶液{$c[1/2Hg(NO_3)_2]=0.01400mol\cdot L^{-1}$}滴定，当临近终点时，溶液呈现暗黄色。此时应缓慢滴定，并逐滴充分振摇，当溶液呈淡橙红色，泡沫呈紫色时即为终点。

注：如果水样消耗硝酸汞标准溶液大于 10mL，则取少量水样稀释后再测定。

5.3.6 试验数据处理

按下式计算水样中氯化物（以 Cl^- 计）的质量浓度：

$$\rho(Cl^-)=\frac{(V_1-V_0)\times0.50}{V}\times1000$$

式中，ρ（Cl^-）为水样中氯化物（以 Cl^- 计）的质量浓度，$mg\cdot L^{-1}$；V_1 为水样消耗硝酸汞标准溶液体积，mL；V_0 为空白消耗硝酸汞标准溶液体积，mL；0.50 为与 1.00mL 硝酸汞标准溶液{$c[1/2Hg(NO_3)_2]=0.01400mol\cdot L^{-1}$}相当的以毫克（mg）表示的氯化物质量（以 Cl^- 计），$mg\cdot mL^{-1}$；V 为水样体积，mL。

5.3.7 精密度和准确度

11 个实验室测定含氯化物 87.9$mg\cdot L^{-1}$ 和 18.4$mg\cdot L^{-1}$ 的合成水样，含其他离子质量浓度：氟化物，1.30$mg\cdot L^{-1}$ 和 0.43$mg\cdot L^{-1}$；硫酸盐，93.6$mg\cdot L^{-1}$ 和 7.2$mg\cdot L^{-1}$；可溶性固体，338$mg\cdot L^{-1}$ 和 54$mg\cdot L^{-1}$；总硬度，136$mg\cdot L^{-1}$ 和 20.7$mg\cdot L^{-1}$。其相对标准偏差分别为 2.3%和 4.8%，相对误差分别为 1.9%和 3.3%。

【立德树人】

佛尔哈德与他的沉淀滴定法

以银与硫氰酸盐间的定量反应为基础的银量法称为佛尔哈德法。研制此方法的佛尔哈德教授是19世纪和20世纪之交知名的德国化学家，在有机化学、分析化学领域成绩卓著。

雅克布·佛尔哈德（Jacob Volhard）于1834年6月4日生于达姆斯塔特，1862年初，佛尔哈德应聘于马尔堡大学，研究以科尔贝方法合成氯乙酸。1863年，佛尔哈德应李比希之邀重到慕尼黑大学任自费讲师，讲授有机化学或理论化学，指导学生实验，兼任皇家科学院植物生理研究所助理研究员和巴伐利亚农业实验站站长。1869年晋职为编外教授。后接替李比希部分授课和编刊任务，从1871年第158期起与艾伦迈耶共同接手编辑《化学纪事》（李比希1832年创办，今仍继续出版），从1878年起由佛尔哈德独立承担编务，主持出版事宜直至他逝世。

佛尔哈德在慕尼黑工作的成就如下：①对几种硫脲衍生物的研究；②研究了硫氰酸铵在160～170℃条件下转化为硫的反应平衡；③研究硫脲与氧化汞的反应；④研究硫脲与硫氰酸铵加热的反应；⑤制备氨基氰和制备胍的简便方法（1874年）；⑥研究甲醛与甲酸甲酯（1875年）；⑦分析测定含硫水样碳酸盐中的二氧化碳等（1875年）；⑧著名的佛尔哈德银量法，沿用至今。

1870年，夏本替尔提出以硫氰酸盐滴定法测银。后经佛尔哈德研究后，于1874年发表《一种新的容量分析测定银的方法》，受到广泛关注。佛尔哈德提出了测定银的具体操作和具体的实验数据，并指出此法应用于间接测定能被银定量沉出的氯、溴、碘化物的可能性。佛尔哈德法在酸性介质中进行，使用可溶性指示剂，优于莫尔法。同时，佛尔哈德还探讨了铜的干扰与排除（无干扰上限70%），以及对铜多银少或贫银样品的处理办法，确认“这是一个值得推荐的方法”。1878年，佛尔哈德在《硫氰酸铵在容量分析中的应用》中报告了对硫氰酸铵滴定法测定银、汞（近似的），间接测定氯、溴、碘化物、氰化物、铜、与硫氰酸盐共存的卤化物，以及经卡里乌斯法或碱熔氧化法处理后测定有机化合物中的卤族元素等的研究结果。佛尔哈德对硫氰酸铵溶液能与定量沉淀的氯化银、氰化银反应影响实验结果、沉出的碘化银吸附碘化物导致测量结果偏差，以及间接法测定铜等方面的问题提出了可行的解决办法，从而扩大了佛尔哈德法的应用范围。

如今，佛尔哈德法的应用范围已扩展到间接测定能被银沉淀的碳酸盐、草酸盐、磷酸盐、砷酸盐、碘酸盐、氰酸盐、硫化物和某些高级脂肪酸。据此衍生了测定能形成微溶硫化物（其溶度积大于硫化银的溶度积）的铅、铋、锌、钴等金属组分含量的方法，以及测定砷化氢、硫醇、醛、一氧化碳、三磺甲烷等含量的方法。

佛尔哈德教授一生勤奋工作，为事业鞠躬尽瘁。作为教师，忠于职守。他讲授的内容十分丰富，极具吸引力，这是用心准备刻意求工的结果，不到论述完善到犹如一件艺术品的程度绝不停止修改。讲授时无比细心且充分考虑听讲者的需求。从他行文的严谨、论述的清晰，可知他考虑问题的全面周详且极有条理；他对学生进行层层深入的提问，从他耐心地给学生写的实验指导里（经助手整理编辑，1875年以《佛尔哈德定性分析指南》的名义多次印行，并被译成英文以《普通化学实验与化学分析指南》的名义出版，1887年），可见他看重启迪学生积极思维的教学方法。

佛尔哈德教授擅长设计改造实验室用具以辅助教学，如佛尔哈德吸收瓶，氯化钙吸湿管，利用吉普发生器制氯、氧等气体，自制有环状煤气灯的燃烧炉，等等。

他和当代学者有广泛交往，受到人们的普遍尊重。曾当选德国化学家联合会的荣誉会员，1900 年为德国化学会会长。在他 70 寿辰之际，他的同事、朋友、学生以及德国化学会等学术团体的代表纷纷前来祝寿。他在即席致答中曾谦虚地这样说：“多谢您们对我如此的盛情和敬重，但我远非值得赞颂的为科学提供了新的思想并使之腾飞的探索者，也不是姓名值得永传后世的先行科学家，我提交的几项经我细心完成的科研成果，并未超越一个教授的平均水平。只是作为教师我确信是得到我的学生们的承认。总的说来，我对这方面的成绩比较满意，做了我能够做的也应该做的事。”

佛尔哈德教授为化学界做出了贡献，如今科学和社会历经巨大进展已面貌全新，作为后来人，我们应学习前人不畏艰辛、敢于拼搏、勇于创新的精神。

【模块总结】

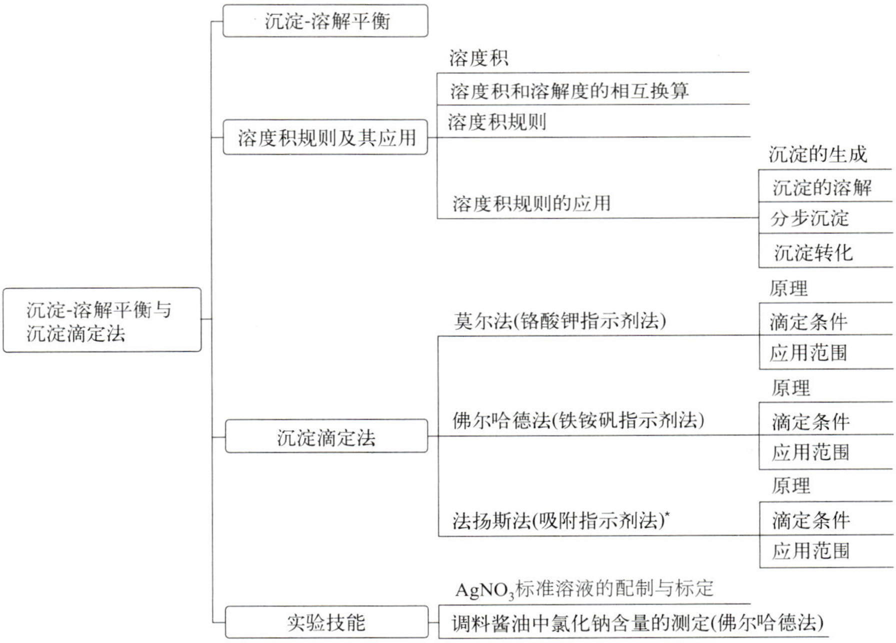

【知识检测】

一、选择题

1. 根据溶度积规则，有沉淀析出的条件为（　　）。

A. $Q<K_{sp}^{\ominus}$　　B. $Q=K_{sp}^{\ominus}$　　C. $Q>K_{sp}^{\ominus}$　　D. 无法确定

2. 在影响沉淀反应的因素中，能使沉淀溶解度减小的因素是（　　）。

A. 同离子效应　　B. 配位效应　　C. 酸效应　　D. 盐效应

3. 利用佛尔哈德法的直接滴定法主要用来测定（　　）。

A. Cl^-　　B. Br^-　　C. I^-　　D. Ag^+

4. 铁铵矾为指示剂，用硫氰酸铵标准溶液滴定溶液中 Ag^+ 时，应在（　　）条件下进行。

A. 酸性　　B. 弱酸性　　C. 弱碱性　　D. 中性

5. 沉淀滴定法中的莫尔法，使用的是以下哪种指示剂？（　　）

A. 铁铵矾　　B. 重铬酸钾　　C. 铬酸钾　　D. 吸附指示剂

6. 佛尔哈德法返滴定测 I^- 时，指示剂必须在加入过量的 $AgNO_3$ 溶液后才能加入，这是因为（　　）。

A. AgI 对指示剂的吸附性强　　B. AgI 对 I^- 的吸附性强

C. Fe^{3+} 水解　　D. Fe^{3+} 氧化 I^-

7. 将 AgCl 与 AgI 的饱和溶液等体积混合，再加入足量的 $AgNO_3$ 出现的现象为（　　）。

A. AgCl 和 AgI 沉淀都有，但以 AgI 沉淀为主

B. 只有 AgI 沉淀

C. AgCl 和 AgI 沉淀都有，但以 AgCl 沉淀为主

D. AgCl 和 AgI 沉淀等量析出

8. 用 SO_4^{2-} 沉淀 Ba^{2+} 时，加入过量的 SO_4^{2-} 可使 Ba^{2+} 沉淀更加完全，这是利用了（　　）。

A. 同离子效应　　B. 配位效应　　C. 酸效应　　D. 盐效应

9. 用莫尔法不能测定的离子是（　　）。

A. Cl^-　　B. Br^-　　C. I^-　　D. Ag^+

10. 用法扬斯法测定氯的含量时，在荧光黄指示剂中加入糊精的目的是（　　）。

A. 加快沉淀凝集　　B. 加大沉淀比表面积

C. 减小沉淀比表面积　　D. 加速沉淀的转化

二、判断题

1. 溶度积常数可以反映物质溶解的能力，其值与温度无关。（　　）

2. 当难溶电解质的离子积等于其溶度积常数时，该溶液没有沉淀生成，所以此溶液是不饱和溶液。（　　）

3. 欲使溶液中某一离子沉淀完全，加入的沉淀剂越多越好。（　　）

4. 某离子被沉淀完全是指在溶液中其浓度为 0。（　　）

5. 两种难溶电解质，$K_{sp}^{\ominus}$ 越大者，其溶解度也越大。（　　）

6. 溶度积相同的两物质，溶解度也相同。（　　）

7. 莫尔法测定氯离子含量时，应在中性或弱碱性溶液中进行。（　　）

8. 佛尔哈德法在硝酸酸性溶液中进行，所以强氧化剂、氮的低价氧化物以及铜盐、汞盐等都不干扰测定。（　　）

9. 要得到颗粒较大的晶形沉淀，沉淀剂必须过量，因此，沉淀反应应在较浓的溶液中进行。（　　）

10. 沉淀转化是由一种难溶化合物转化为另一种更难溶化合物。（　　）

三、简答题

1. 影响沉淀溶解平衡的因素有哪些？

2. 根据确定终点的指示剂不同，银量法可分为哪几种方法？它们分别用什么指示剂？

又是如何指示滴定终点的？

3. 试分析 pH 值为 4 时，用莫尔法滴定的结果是否准确，为什么？

4. 试分析用法扬斯法滴定氯离子时，用曙红作指示剂分析结果是否准确，为什么？

四、计算题

1. 称取银合金试样 0.3000g，溶解后加入铁铵矾指示剂，用 0.1000mol·L^{-1} NH_4SCN 标准溶液滴定，用去 23.80mL，计算试样中银的质量分数。

2. 将 40.00mL 0.1020mol·L^{-1} $AgNO_3$ 溶液加到 25.00mL $BaCl_2$ 溶液中，剩余的 $AgNO_3$ 需用 15.00mL 0.0980mol·L^{-1} NH_4SCN 溶液返滴定，25.00mL 溶液中含 $BaCl_2$ 质量为多少？

3. 称取可溶性氯化物试样 0.2266g，用水溶解后，加入 0.1121mol·L^{-1} $AgNO_3$ 标准溶液 30.00mL。过量的 Ag^+ 用 0.1185mol·L^{-1} NH_4SCN 标准溶液滴定，用去 6.50mL，计算试样的质量分数。

4. 称取 NaCl 基准试剂 0.1173g，溶解后加入 30.00mL $AgNO_3$ 标准溶液，过量的 Ag^+ 需要 3.20mL NH_4SCN 标准溶液滴定至终点。已知 20.00mL $AgNO_3$ 标准溶液与 21.00mL NH_4SCN 标准溶液能完全作用，计算 $AgNO_3$ 和 NH_4SCN 溶液的浓度。

5. 用 $BaSO_4$ 沉淀法测定黄铁矿中硫的含量时，称取试样 0.2436g，最后得到 $BaSO_4$ 沉淀 0.5218g，计算试样中硫的质量分数。

模块六知识检测
参考答案

模块七

氧化还原平衡和氧化还原滴定法

【学习目标】

知识目标

1. 掌握氧化还原反应方程式的配平方法；
2. 掌握电极电势及能斯特方程的有关应用；
3. 熟悉氧化还原滴定法指示剂的类型及变色原理；
4. 掌握高锰酸钾法、碘量法的测定原理、测定条件及相关计算；
5. 掌握标准溶液的配制和标定方法。

能力目标

1. 学会用氧化还原平衡知识解决实际样品的分析检测问题；
2. 能正确制备氧化还原滴定中常用的标准溶液。

素质目标

1. 培养分析和解决问题的能力；
2. 培养对环境的爱护意识；
3. 培养严谨认真、实事求是的工作态度。

【项目引入】

污水中化学需氧量 COD 的测定

化学需氧量（chemical oxygen demand，COD）是指在一定条件下，1L 水中还原性物质被氧化时所消耗的氧化剂的量，换算成氧的质量浓度（以 $mg \cdot L^{-1}$ 计）来表示。COD 是反映水体有机污染程度的一项重要指标。化学需氧量越高，就表示水体的有机物污染越严重，这些有机物污染的来源可能是农药、化工厂、有机肥料等。如果不进行处理，许多有机污染物可在水体被底泥吸附而沉积下来，在若干年内对水生生物造成持久的毒害作用。

化学需氧量测定的标准方法以我国标准 HJ 828—2017《水质 化学需氧量的测定 重铬酸盐法》和国际标准 ISO 6060-1《水质—化学需氧量（COD）的测定—第 1 部分：重铬酸钾法》为代表，其中国际标准 ISO 6060-1 方法氧化率高，再现性好，准确可靠，成为国际社会普遍公认的经典标准方法。

在实际生产中，如何来检测污水中化学需氧量呢？在这一模块，将对氧化还原平衡和氧化还原滴定法进行讨论。

【知识链接】

知识点一 氧化还原反应

人们对氧化还原反应的认识经历了一个过程。最初把一种物质同氧气化合的反应称为氧化；把含氧的物质失去氧的反应称为还原。随着对化学反应的深入研究，人们认识到还原反应实质上是得到电子的过程，氧化反应是失去电子的过程；氧化与还原必然是同时发生的，而且得失电子数目相等。总之，这样一类有电子转移（电子得失或共用电子对偏移）的反应，被称为氧化还原反应。例如：

$$Cu^{2+}(aq)+Zn(s)\longrightarrow Zn^{2+}(aq)+Cu(s) \qquad \text{电子得失}$$

$$H_2(g)+Cl_2(g)\longrightarrow 2HCl(g) \qquad \text{电子偏移}$$

$$CH_3CHO+\frac{1}{2}O_2(g)\longrightarrow CH_3COOH(g) \qquad \text{电子偏移}$$

氧化还原反应的基本特征是反应前、后元素的氧化数发生了改变。

一、氧化数

在氧化还原反应中，电子转移引起某些原子的价电子层结构发生变化，从而改变了这些原子的带电状态。为了描述原子带电状态的改变，表明元素被氧化的程度，提出了氧化态的概念。表示元素氧化态的数值称为元素的氧化值，又称氧化数。确定氧化数的规则如下：

① 在单质中，元素的氧化值为零。

② 在大多数化合物中，氢的氧化值为+1；只有在金属氢化物中（如 NaH、CaH_2）中，氢的氧化值为−1。

③ 通常，在化合物中氧的氧化值为−2；但是在 H_2O_2、Na_2O_2 等过氧化物中，氧的氧化值为−1；在氧的氟化物中，如 OF_2 和 O_2F_2 中，氧的氧化值分别为+2 和+1。

④ 在中性分子中，各元素氧化值的代数和为零。在多原子离子中，各元素氧化值的代数和等于离子所带电荷数。

氧化数和化合价均是反映元素的原子在键合情况下化合态的物理量，氧化数是某元素的一个原子在分子或离子中的表现电荷数，可以是正、负整数或分数，甚至可以大于元素的价电子数。化合价只能是整数。

二、氧化还原电对

任何氧化还原反应都是由两个“半反应”组成的，如：

$$Cu^{2+} + Fe \longrightarrow Fe^{2+} + Cu$$

是由下列两个“半反应”组成的：

还原反应： $Cu^{2+} + 2e^- \longrightarrow Cu$

氧化反应： $Fe - 2e^- \longrightarrow Fe^{2+}$

在半反应式中，同一元素的两种不同氧化数物种组成了氧化还原电对。用符号表示为氧化型/还原型，如 Cu^{2+}/Cu，Fe^{2+}/Fe。电对中氧化数较大的物种为氧化型，如上述半反应中的 Cu^{2+} 和 Fe^{2+}；电对中氧化数较小的物种为还原型，如上述半反应中的 Cu 和 Fe。

任意一个氧化还原电对，原则上都可以构成一个半电池，其半反应一般都采用还原反应的形式书写，即：

$$\text{氧化型} + ne^- \rightleftharpoons \text{还原型}$$

任何氧化还原反应系统都是由两个电对构成的。

$$\text{氧化型(2)} + \text{还原型(1)} \rightleftharpoons \text{氧化型(1)} + \text{还原型(2)}$$

其中，还原型（1）为还原剂，在反应中被氧化为氧化型（1）；氧化型（2）是氧化剂，在反应中被还原为还原型（2）。在氧化还原反应中，失电子与得电子，氧化与还原，还原剂与氧化剂既是对立的，又是相互依存的，共处于同一反应中。

三、氧化还原反应方程式的配平

最常用的配平方法有氧化值和离子-电子法。氧化值法在中学已经学过，此处不再重复。

离子-电子法配平的基本原则如下：

① 电荷守恒：反应中氧化剂所得电子数必须等于还原剂所失去的电子数；

② 质量守恒：根据质量守恒定律，方程式两边各种元素的原子总数必须各自相等，各物种的电荷数的代数和必须相等。

配平的步骤主要是：

① 用离子式写出主要反应物和产物（气体、纯液体、固体和弱电解质则写分子式）。

② 分别写出氧化剂被还原和还原剂被氧化的半反应。

③ 分别配平两个半反应方程式，等号两边的各种元素的原子总数各自相等且电荷数相等。

④ 确定两半反应方程式得、失电子数目的最小公倍数。将两个半反应方程式中各项分别乘以相应的系数，使其得失电子数目相同。然后，将两者合并，就得到了配平的氧化还原反应的离子方程式。有时根据需要可将其改为分子方程式。

【例 7-1】 用离子-电子法配平：$KMnO_4 + K_2SO_3 + H_2SO_4 \longrightarrow MnSO_4 + K_2SO_4 + H_2O$

（1）用离子式写出主要反应物和产物。

$$MnO_4^- + SO_3^{2-} + SO_4^{2-} \longrightarrow Mn^{2+} + SO_4^{2-} + H_2O$$

（2）分别写出氧化剂被还原和还原剂被氧化的半反应。

还原半反应：　　$MnO_4^- \longrightarrow Mn^{2+}$

氧化半反应：　　$SO_3^{2-} \longrightarrow SO_4^{2-}$

（3）分别配平两个半反应方程式。首先配平原子数，然后在半反应的左边或右边加上适当电子数配平电荷数。

$$MnO_4^- + 8H^+ + 5e^- = Mn^{2+} + 4H_2O \qquad \times 2$$

$$SO_3^{2-} + H_2O = SO_4^{2-} + 2H^+ + 2e^- \qquad \times 5$$

（4）确定两半反应方程式得、失电子数目的最小公倍数。将两个半反应方程式中各项分别乘以相应的系数，使其得、失电子数目相同。然后，将两者合并，即得到了配平的氧化还原反应的离子方程式。

$$2MnO_4^- + 5SO_3^{2-} + 6H^+ = 2Mn^{2+} + 5SO_4^{2-} + 3H_2O$$

（5）加上原来参与氧化还原反应的离子，改写成分子方程式，核对方程式两边各元素原子个数应相等，完成方程式配平。

$$2KMnO_4 + 5K_2SO_3 + 3H_2SO_4 = 2MnSO_4 + 6K_2SO_4 + 3H_2O$$

利用质量守恒原理配平半反应方程式时，若反应物和生成物所含氧原子数目不同。可根据介质的酸碱性，在半反应中加 H^+、OH^- 或 H_2O，使反应式两边的氧原子数目相同。离子-电子法能反映出水溶液中反应的实质，特别对有介质参加的反应配平比较方便。

知识点二　原电池与电极电势

一、原电池

将锌片放在硫酸铜溶液中，可以看到硫酸铜溶液的蓝色逐渐变浅，析出紫红色的铜，此现象表明 Zn 与 $CuSO_4$ 溶液之间发生了氧化还原反应：

$$Zn + CuSO_4 = Cu + ZnSO_4$$

Zn 与 Cu^{2+} 之间发生了电子转移。但这种电子转移不是电子的定向移动，不能产生电流。反应中化学能转变为热能，并在溶液中消耗掉了。

若该氧化还原反应在如图 7-1 所示的装置内进行时，会发现当电路接通后，检流计的指针发生偏转，这表明导线中有电流通过，同时 Zn 片开始溶解，而 Cu 片上 Cu 沉积。由检流计指针偏转方向可知，电子从 Zn 电极流向 Cu 电极。

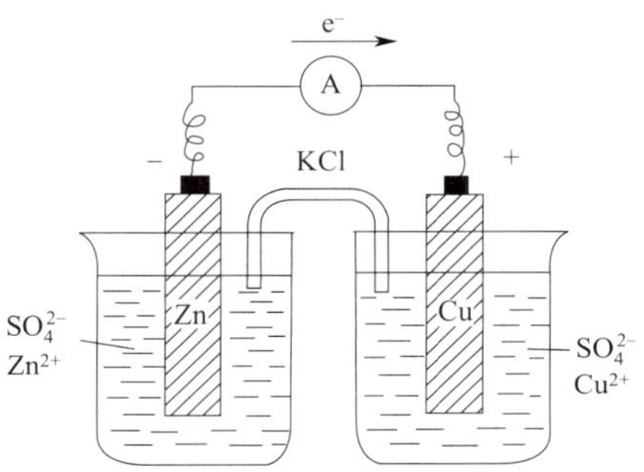

图 7-1　Zn-Cu 原电池示意图

这种借助于氧化还原反应自发产生电流的装置称为原电池。在原电池反应中化学能转变为电能。

上述装置称为锌-铜原电池。锌-铜原电池是由两个半电池（电极）组成的，一个半电池为 Zn 片和 $ZnSO_4$ 溶液，另一个半电池为 Cu 片和 $CuSO_4$ 溶液，两溶液间用盐桥相连。盐桥是一支装满饱和 KCl（或 NH_4NO_3）＋琼脂的 U 形管。盐桥的作用是沟通两个半电池，使两个“半电池”的溶液都保持电中性，以组成环路，其本身并不起变化。

原电池中，电子流出的电极是负极，发生氧化反应；电子流入的电极是正极，发生还原反应。

负极氧化反应：　$Zn - 2e^- = Zn^{2+}$

正极还原反应：　$Cu^{2+} + 2e^- = Cu$

电池反应：　$Zn + Cu^{2+} = Cu + Zn^{2+}$

原电池中与电解质溶液相连的导体称为电极。在电极上发生的氧化或还原反应则称为电极反应或半电池反应。两个半电池反应合并构成原电池的总反应，称为电池反应。

为了科学方便地表示原电池的结构和组成，原电池装置可用符号表示。如锌-铜电池可表示为：$(-)Zn|Zn^{2+}(c_1) \| Cu^{2+}(c_2)|Cu(+)$。

正确书写原电池符号的规则如下：

① 负极写在左边，正极写在右边。

② 金属材料写在外面，电解质溶液写在中间。

③ 用 | 表示电极与离子溶液之间的物相界面，不存在相界面，用“,”分开。用 ‖ 表示盐桥。加上不与金属离子反应的金属惰性电极。

④ 表示出相应的离子浓度或气体压力和温度。

⑤ 若电极反应中无金属导体，则需用惰性电极 Pt 电极或 C 电极，它只起导电作用，而不参与电极反应，例如：$(-)Pt,H_2(p)|H^+(c_1) \| Fe^{3+}(c_2),Fe^{2+}(c_3)|Pt(+)$。

原电池符号：(负极)|电解质溶液(浓度)‖电解质溶液(浓度)|(正极)。

【例 7-2】 根据下列电池反应写出相应的电池符号。

(1) $H_2 + 2Ag^+ = 2H^+ + 2Ag$

(2) $Cu + 2Fe^{3+} = Cu^{2+} + 2Fe^{2+}$

解：(1) $(-)Pt,H_2(p)|H^+(c_1) \| Ag^+(c_2)|Ag(+)$

(2) $(-)Cu|Cu^{2+}(c_1) \| Fe^{3+}(c_2),Fe^{2+}(c_3)|Pt(+)$

二、电极电势

把原电池的两个电极用导线（一般用与电极材料相同的金属）连接起来时，在构成的电路中就有电流通过，这说明两个电极的电极电势不等，这两个电极之间的电势差就是原电池的电动势。

在一定条件下，当把金属放入含有该金属离子的盐溶液中时，有两种反应倾向存在：一方面，金属表面的离子进入溶液和水分子结合成为水合离子，某种条件下达到平衡时金属表面带负电荷，靠近金属附近的溶液带正电荷；另一方面，溶液中的水合离子有从金属表面获得电子，沉积到金属上的倾向，平衡时金属表面带正电荷，而溶液带负电荷，金属和金属离子建立了动态平衡：

$$M \rightleftharpoons M^{n+} + ne^-$$

这样，金属表面与其盐溶液就形成了带异种电荷的双电层。

这种金属表面与其盐溶液形成的双电层间的电势差称为该金属的电极反应电势，简称电极电势，用符号 E 表示。

电极电势是一个重要的物理量。但任何一个电极其电极电势的绝对值是无法测量的（如物质的 H、G），但是可以选择某种电极作为基准，规定它的电极电势为零，通常选择标准氢电极作为基准。

如图 7-2 所示，将铂片表面镀上一层多孔的铂黑（细粉状的铂）（镀铂黑的目的是增加电极的表面积，促进对气体的吸附，以利于与溶液达到平衡），然后浸入氢离子浓度为 $1mol \cdot L^{-1}$ 的酸溶液中（如 HCl），在 298K 时不断通入压力为 100kPa 的纯氢气流，使铂黑电极上吸附的氢气达到饱和。这时，H_2 与溶液中 H^+ 可达到平衡：

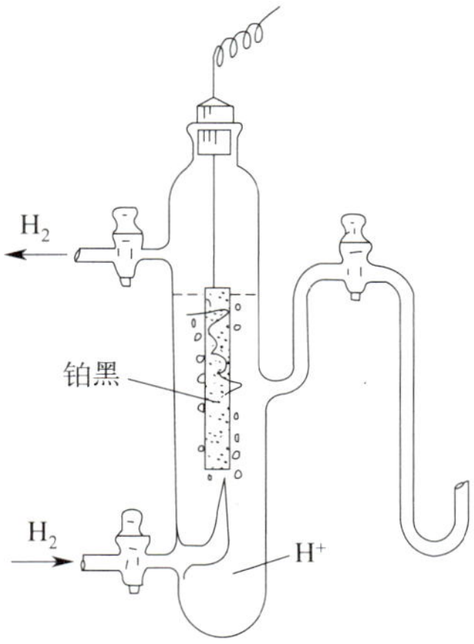

图 7-2　标准氢电极

$$2H^+(aq) + 2e^- \rightleftharpoons H_2(g)$$

氢电极的图示可表示为：$Pt, H_2(105Pa) | H^+(1mol \cdot L^{-1})$ 或 $H^+(1mol \cdot L^{-1}) | H_2(105Pa), Pt$。

规定：298K 时标准氢电极的还原电极电势为零，即 $\varphi^{\ominus}(H^+/H_2) = 0.0000V$。

将待测电极与标准氢电极组成一个原电池，通过测定该电池的电动势就可以求出待测电极的电极电势的相对值，即该电极的标准电极电势。

例如，测定锌电极的标准电极电势。将处于标准态的锌电极与标准氢电极组成原电池。根据检流计指针偏转方向，可知电流由氢电极通过导线流向锌电极，所以标准氢电极为正极，标准锌电极为负极。原电池符号为：

$$(-)Zn | Zn^{2+}(1mol \cdot L^{-1}) \| H^+(1mol \cdot L^{-1}) | H_2(100KPa), Pt(+)$$

电池反应为：　$Zn + 2H^+ = Zn^{2+} + H_2$

298K 时，测得此原电池的标准电动势 $E^{\ominus} = 0.763V$，则：

$$E^{\ominus} = \varphi^{\ominus}(H^+/H_2) - \varphi^{\ominus}(Zn^{2+}/Zn) = 0.763V$$

所以：　$\varphi^{\ominus}(Zn^{2+}/Zn) = -0.763V$

用同样方法可以测出一系列其他电极的标准电势。附录 4 中列出了 25℃ 时一些常用电对的标准电极电势。查表时要注意溶液的酸碱性。在不同的介质中电极的标准电势一般不同。

三、能斯特方程

标准电极电势是在标准状态下测定的，通常参考温度为 298K。如果温度、溶液中离子的浓度和溶液酸碱度改变，则电对的电极电势也将随之发生改变。

能斯特（Nernst）方程用于求非标准状况下的电极电势，表达了电极电势与浓度、温度之间的定量关系。

对于一般的电极反应：　　　　氧化型$+Ze^- \rightleftharpoons$还原型

$$\varphi=\varphi^{\ominus}-\frac{RT}{zF}\lg\frac{c'(\text{还原型})}{c'(\text{氧化型})} \tag{7-1}$$

式中，φ 为电对在任一温度、浓度时的电极电势，V；$\varphi^{\ominus}$ 为电对的标准电极电势，V；R 为摩尔气体常数，8.314J·mol^{-1}·K^{-1}；F 为法拉第常数，96485C·mol^{-1}；T 为热力学温度，K；z 为电极反应式中转移的电子数。

式(7-1) 即电极反应的能斯特方程，它反映了温度、浓度对电极电势的影响。方程中的 c'（氧化型）和 c'（还原型）分别是电极反应中等号左侧和右侧的各物种相对浓度幂的乘积，若是气体则用相对分压表示。

298K 时，电极反应的能斯特方程为：

$$\varphi=\varphi^{\ominus}-\frac{0.0592}{z}\lg\frac{c'(\text{还原型})}{c'(\text{氧化型})} \tag{7-2}$$

使用能斯特方程的规则：

① 氧化型、还原型为参与电极反应的所有物质的相对浓度，且浓度方次为其在电极反应中的系数。气体用相对分压表示。

② 电对中的固体、纯液体浓度为 1，不写出。

③ 浓度单位为 mol·L^{-1}；分压单位为 kPa。

利用能斯特方程可以计算电对在各种浓度下的电极电势。

【例 7-3】 写出下列电对的能斯特方程。

（1）Cu^{2+}/Cu

电极反应：　　　　$Cu^{2+}+2e^- \rightleftharpoons Cu$

$$\varphi(Cu^{2+}/Cu)=\varphi^{\ominus}(Cu^{2+}/Cu)-\frac{0.0592}{2}\lg\frac{1}{c'(Cu^{2+})}$$

（2）MnO_2/Mn^{2+}

电极反应：　　　　$MnO_2+4H^++2e^- \rightleftharpoons 2H_2O+Mn^{2+}$

$$\varphi(MnO_2/Mn^{2+})=\varphi^{\ominus}(MnO_2/Mn^{2+})-\frac{0.0592}{2}\lg\frac{c'(Mn^{2+})}{c'(H^+)^4}$$

（3）O_2/H_2O

电极反应：　　　　$O_2+4H^++4e^- \rightleftharpoons 2H_2O$

$$\varphi(O_2/H_2O)=\varphi^{\ominus}(O_2/H_2O)-\frac{0.0592}{4}\lg\frac{1}{pO_2c'(H^+)^4}$$

（4）AgCl/Ag

电极反应：　　　　$AgCl(s)+e^- \rightleftharpoons Ag+Cl^-$

$$\varphi(AgCl/Ag)=\varphi^{\ominus}(AgCl/Ag)-\frac{0.0592}{1}\lg\frac{c'(Cl^-)}{1}$$

【例 7-4】 已知：$\varphi^{\ominus}(O_2/OH^-)=0.4V$，求 $pH=13$，$pO_2=100kPa$ 时，以下电极反应（298K）的 $\varphi(O_2/OH^-)$：

$$O_2+2H_2O+4e^- \rlap{=}\,\text{===} 4OH^-$$

解：$pOH=1$，$c(OH^-)=10^{-1}mol \cdot L^{-1}$，则：

$$\begin{aligned}\varphi(O_2/OH^-)&=\varphi^{\ominus}(O_2/OH^-)-\frac{0.0592}{4}\lg\frac{c'(OH^-)^4}{pO_2}\\&=0.4-\frac{0.0592}{4}\lg\frac{(0.1)^4}{100/100}\\&=0.4-\frac{0.0592}{4}(-4)\\&=0.4592V\end{aligned}$$

知识点三 氧化还原滴定法

一、氧化还原滴定曲线

氧化还原滴定法和其他滴定方法一样，随着滴定剂的不断加入，溶液中氧化剂和还原剂的浓度逐渐改变，有关电对的电极电势也随之不断发生变化，这种变化可以用滴定曲线来描述。现以在 $1mol \cdot L^{-1}$ H_2SO_4 溶液中以 $0.1000mol \cdot L^{-1}$ $Ce(SO_4)_2$ 溶液滴定 $0.1000mol \cdot L^{-1}$ $FeSO_4$ 溶液为例讨论氧化还原滴定过程中电势变化情况。滴定反应为：

$$Ce^{4+}+Fe^{2+} \rightleftharpoons Ce^{3+}+Fe^{3+}$$

滴定开始后，溶液中存在两个电对，根据能斯特方程式，两个电对的电极电势分别为：

$$Fe^{3+} \rightleftharpoons Fe^{2+};\varphi^{\ominus}(Fe^{3+}/Fe^{2+})=0.68V$$

$$Ce^{4+} \rightleftharpoons Ce^{3+};\varphi^{\ominus}(Ce^{4+}/Ce^{3+})=1.44V$$

在滴定过程中，每加入一定量滴定剂，反应即达到一个新的平衡，此时两个电对的电极电势相等，因此，溶液中各平衡点的电势可选用便于计算的任何一个电对来计算。

（1）化学计量点前 溶液中存在未被氧化的 Fe^{2+}，滴定过程中电极电势的变化可根据 Fe^{3+}/Fe^{2+} 电对计算：

$$\varphi(Fe^{3+}/Fe^{2+})=\varphi^{\ominus}(Fe^{3+}/Fe^{2+})-0.0592\lg\frac{c_{Fe^{2+}}}{c_{Fe^{3+}}} \quad (7\text{-}3)$$

此时电极电势值随溶液中 $c_{Fe^{2+}}/c_{Fe^{3+}}$ 的改变而变化。

（2）化学计量点时 $c_{Ce^{4+}}$ 和 $c_{Fe^{2+}}$ 都很小，但它们的浓度相等，又由于反应达到平衡时两电对电势相等，经推导可得：

$$\begin{aligned}\varphi&=\frac{z_1\varphi^{\ominus}(Ce^{4+}/Ce^{3+})+z_2\varphi^{\ominus}(Fe^{3+}/Fe^{2+})}{z_1+z_2}\\&=\frac{1.44V+0.68V}{2}=1.06V\end{aligned} \quad (7\text{-}4)$$

(3) 化学计量点后　加入了过量的 Ce^{4+}，因此可以利用 Ce^{4+}/Ce^{3+} 电对来计算：

$$\varphi(Ce^{4+}/Ce^{3+})=\varphi^{\ominus}(Ce^{4+}/Ce^{3+})-0.0592\lg\frac{c_{Ce^{3+}}}{c_{Ce^{4+}}} \tag{7-5}$$

此时电极电势值随溶液中 $c_{Ce^{3+}}/c_{Ce^{4+}}$ 的改变而变化。

将滴定过程中，不同滴定剂体积的滴定点电势计算结果列于表 7-1，由此绘制的滴定曲线如图 7-3 所示。

表 7-1　在 $1mol\cdot L^{-1}$ H_2SO_4 介质中以 $0.1000mol\cdot L^{-1}$ Ce^{4+} 溶液滴定 $0.1000mol\cdot L^{-1}$ Fe^{2+} 溶液时电势的变化

加入 Ce^{4+} 溶液		电极电势/V
V/mL	滴定百分数 α/%	
2.00	10.0	0.62
10.00	50.0	0.68
18.00	90.0	0.74
19.80	99.0	0.80
19.98	99.9	0.86
20.00	100.0	1.06
20.02	100.1	1.26
22.00	110.0	1.38
30.00	150.0	1.42
40.00	200.0	1.44

从表 7-1 可见，当 Ce^{4+} 标准溶液滴入 50% 时的电势等于还原剂电对的条件电极电势，当 Ce^{4+} 标准溶液滴入 200% 时的电势等于氧化剂电对的条件电极电势。化学计量点前后电势突跃的位置由 Fe^{2+} 剩余 0.1% 和 Ce^{4+} 过量 0.1% 两点的电极电势所决定，即由滴定 99.0%～100.1% 时电极电势变化范围所决定，该值为 1.26V－0.86V＝0.4V，滴定突跃是 0.4V。这为判断氧化还原反应的可能性和选择指示剂提供了依据。

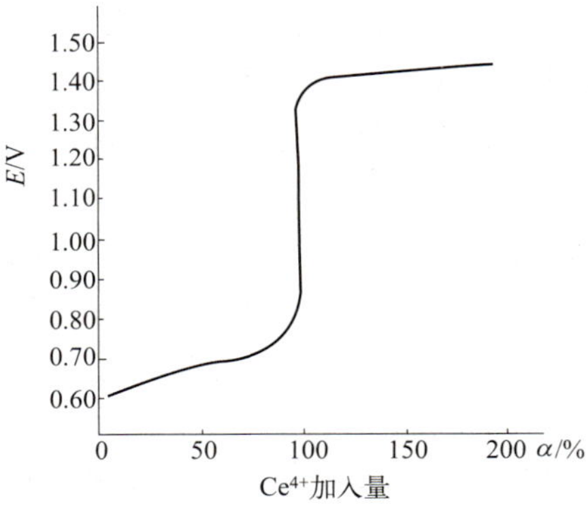

图 7-3　以 $0.1000mol\cdot L^{-1}$ Ce^{4+} 溶液滴定 $0.1000mol\cdot L^{-1}$ Fe^{2+} 溶液的滴定曲线

二、滴定终点的确定

根据上述讨论可知，得到滴定曲线后，即可由滴定曲线中的电势突跃确定滴定终点。下面介绍滴定终点的确定方法。

在氧化还原滴定中，可用指示剂在化学计量点附近时颜色的改变来指示终点。常用的氧化还原指示剂有以下三类：

(1) 自身指示剂　有些标准溶液或被滴物本身具有颜色，而其反应产物无色或颜色很浅，则滴定时无须另外加入指示剂，它们本身的颜色变化即起着指示剂的作用，这种物质叫自身指示剂。例如用 $KMnO_4$ 作滴定剂滴定无色或浅色的还原剂溶液时，由于其本身呈深紫红色，反应后它被还原为 Mn^{2+}，Mn^{2+} 几乎无色，因此滴定到化学计量点后，稍过量的 MnO_4^- 就可使溶液呈粉红色，指示终点的到达。

（2）专属指示剂　本身无氧化还原性，但能与滴定体系中的氧化剂或还原剂产生与其本身不同的颜色，从而可指示终点。例如可溶性淀粉与游离碘生成深蓝色络合物的反应是专属反应。当 I_2 被还原为 I^- 时，蓝色消失，当 I^- 被氧化为 I_2 时，蓝色出现。当 I_2 溶液的浓度为 $5\times10^{-6}mol\cdot L^{-1}$ 时即能看到蓝色，反应极为灵敏。因而淀粉是碘量法的专属指示剂。

（3）氧化还原指示剂　氧化还原指示剂是其本身具有氧化还原性质的有机化合物，它的氧化型和还原型具有不同颜色，它能因氧化还原作用而发生颜色变化，进而指示氧化还原滴定终点。如果用 In_{Ox} 和 In_{Red} 分别表示指示剂的氧化型和还原型，则：

$$In_{Ox}+ze^- \rightleftharpoons In_{Red}$$

根据能斯特公式得：

$$\varphi=\varphi_{In}^{\ominus}-\frac{0.0592}{z}\lg\frac{c'(Red)}{c'(Ox)} \tag{7-6}$$

式中，φ 为指示剂的条件电极电势。当溶液中氧化还原电对的电势改变时，指示剂的氧化型和还原型的浓度比也会发生改变，因而溶液的颜色将发生变化。与酸碱指示剂的变色情况相似，氧化还原指示剂变色的电势范围是：

$$\varphi_{In}^{\ominus}\pm\frac{0.0592}{z}$$

必须注意，指示剂不同，其变色的电势范围不同；同一种指示剂在不同介质中，其变色的电势范围也不同。表 7-2 列出了一些重要氧化还原指示剂的条件电极电势。在选择指示剂时，应使氧化还原指示剂的条件电极电势尽量与滴定反应的化学计量点的电势相一致，同时指示剂终点变色明显。

表 7-2　一些氧化还原指示剂的条件电极电势及颜色变化

指示剂	$\varphi_{In}^{\ominus}{}'$（$[H^+]=1mol\cdot L^{-1}$）	颜色变化	
		氧化型	还原型
亚甲蓝	0.36	蓝	无色
二苯胺	0.76	紫	无色
二苯胺磺酸钠	0.84	紫红	无色
邻苯氨基苯甲酸	0.89	紫红	无色
邻二氮菲-亚铁	1.06	浅蓝	红
硝基邻二氮菲-亚铁	1.25	浅蓝	紫红

三、常见的氧化还原滴定法

1. 高锰酸钾法

习题-高锰酸钾法核心考点

（1）高锰酸钾法的特点　高锰酸钾法是以高锰酸钾标准溶液为滴定剂的氧化还原滴定法。高锰酸钾是一种强氧化剂，其还原产物与溶液酸度有关。在强酸性介质中，$KMnO_4$ 被还原为 Mn^{2+}：

$$MnO_4^-+8H^++5e^- \longrightarrow Mn^{2+}+4H_2O;E^{\ominus}=1.51V$$

在弱酸性、中性或弱碱性介质中，$KMnO_4$ 被还原为 MnO_2：

$$MnO_4^- + 2H_2O + 3e^- \longrightarrow MnO_2 + 4OH^-; E^{\ominus} = 0.58V$$

在强碱性介质中$[c(NaOH) > 2mol \cdot L^{-1}]KMnO_4$被还原为$K_2MnO_4$：

$$MnO_4^- + e^- \longrightarrow MnO_4^{2-}; E^{\ominus} = 0.564V$$

由于$KMnO_4$在强酸介质中有更强的氧化能力，同时可生成无色的Mn^{2+}，便于滴定终点的观察，因此高锰酸钾法一般都在强酸性条件下进行。在近中性时，$KMnO_4$的还原产物为棕色MnO_2沉淀，妨碍终点观察，所以很少使用。在碱性介质中，$KMnO_4$氧化有机物的反应速率比在酸性介质中快，当测定有机物时大都在碱性溶液中（大于$2mol \cdot L^{-1}$的NaOH溶液）进行。

用$KMnO_4$作滴定剂，可以直接滴定许多还原性物质，如Fe^{2+}、As^{3+}、Sb^{3+}、H_2O_2、$C_2O_4^{2-}$、NO_2^-等。通过MnO_4^-与$H_2C_2O_4$的反应，可以利用返滴定法测定一些氧化性物质，如MnO_2、PbO_2等；也可利用间接滴定法测定一些能与$C_2O_4^{2-}$形成沉淀的不具氧化还原性的物质，如Ca^{2+}、Th^{4+}、稀土等。利用强碱性条件下$KMnO_4$与某些有机化合物的反应，可以用返滴法测定甘油、甲醇、甲酸、苯酚、甲醚等。

高锰酸钾法的优点是氧化能力强，可直接或间接测定许多物质，在滴定时自身可作指示剂。它的主要缺点是试剂常含有少量杂质，溶液不够稳定；反应历程复杂，易发生副反应；滴定的选择性也较差。但若标准滴定溶液配制、保存得当，滴定时严格控制条件，这些缺点大多可以克服。

（2）高锰酸钾法的应用

① 测定H_2O_2的含量（直接滴定法）。在室温稀H_2SO_4溶液中，H_2O_2能被$KMnO_4$定量氧化，因此可用$KMnO_4$法测定H_2O_2的含量。反应如下：

$$5H_2O_2 + 2MnO_4^- + 6H^+ \longrightarrow 2Mn^{2+} + 5O_2\uparrow + 8H_2O$$

反应产生的Mn^{2+}可起自动催化作用，若过氧化氢中含有机物，宜用碘量法。

② 软锰矿氧化能力的测定（返滴定法）。软锰矿的主要成分是MnO_2，软锰矿的氧化能力一般用MnO_2的含量来表示，测定时采用返滴定法。在研磨得很细的软锰矿试样中加入一定量的$Na_2C_2O_4$和H_2SO_4，在水浴上加热至试样完全分解（无棕黑色颗粒存在），再用$KMnO_4$标准溶液滴定剩余的$H_2C_2O_4$。有关反应方程式如下：

$$MnO_2 + C_2O_4^{2-} + 4H^+ \longrightarrow Mn^{2+} + 2CO_2 + 2H_2O$$

$$2MnO_4^- + 5C_2O_4^{2-} + 16H^+ \longrightarrow 2Mn^{2+} + 10CO_2\uparrow + 8H_2O$$

$$1MnO_2 \sim 1Na_2C_2O_4 \sim 2/5KMnO_4$$

$$w_{MnO_2} = \frac{\left(\frac{m_{Na_2C_2O_4}}{M_{Na_2C_2O_4}} - \frac{5}{2}c_{MnO_4^-}V_{MnO_4^-}\right)M_{MnO_2}}{m_{样}} \times 100\%$$

【例 7-5】 称取含有MnO_2的软锰矿试样1.000g，在酸性溶液中加入$Na_2C_2O_4$ 0.4020g，待反应完全后，过量的$Na_2C_2O_4$用$0.02000mol \cdot L^{-1}$ $KMnO_4$标准溶液进行滴定，到达终点时消耗20.00mL，计算软锰矿试样中MnO_2的质量分数。

解：已知$M_{Na_2C_2O_4} = 134.00g \cdot mol^{-1}$，$M_{MnO_2} = 86.94g \cdot mol^{-1}$，有关反应为：

$$MnO_2 + C_2O_4^{2-} + 4H^+ \longrightarrow Mn^{2+} + 2CO_2 + 2H_2O$$

$$2MnO_4^- + 5C_2O_4^{2-} + 16H^+ \longrightarrow 2Mn^{2+} + 10CO_2\uparrow + 8H_2O$$

$$1MnO_2 \sim 1Na_2C_2O_4 \sim 2/5KMnO_4$$

$$w_{MnO_2}=\frac{\left(\frac{m_{Na_2C_2O_4}}{M_{Na_2C_2O_4}}-\frac{5}{2}c_{MnO_4^-}V_{MnO_4^-}\right)M_{MnO_2}}{m_{样}}\times100\%$$

$$=\frac{\left(\frac{0.4020}{134.00}-\frac{5}{2}\times0.02000\times0.02000\right)mol\times86.94g\cdot mol^{-1}}{1.000g}\times100\%=17.39\%$$

答：软锰矿试样中 MnO_2 的质量分数为 17.39%。

③ 钙的测定（间接滴定法）。Ca^{2+}、Th^{4+} 等在溶液中没有可变价态，不能用高锰酸钾法直接测定，但 Ca^{2+}、Th^{4+} 能与 $C_2O_4^{2-}$ 生成草酸盐沉淀，因此可用高锰酸钾法间接测定。

以 Ca^{2+} 的测定为例，先将 Ca^{2+} 转化为沉淀 CaC_2O_4，过滤并用水洗涤后，再将沉淀溶于稀 H_2SO_4 中，最后用 $KMnO_4$ 标准溶液滴定。有关反应如下：

$$Ca^{2+}+C_2O_4^{2-}\rightleftharpoons CaC_2O_4$$

$$CaC_2O_4+2H^+\rightleftharpoons Ca^{2+}+H_2C_2O_4$$

$$2MnO_4^-+5C_2O_4^{2-}+16H^+=2Mn^{2+}+10CO_2\uparrow+8H_2O$$

在 CaC_2O_4 沉淀时，为了获得易于过滤、洗涤的粗晶形沉淀，可事先在含 Ca^{2+} 的酸性溶液中加入过量的 $(NH_4)_2C_2O_4$ 沉淀剂，并用稀氨水慢慢中和试液中的 H^+，使酸性下的 $HC_2O_4^-$ 逐渐转变为 $C_2O_4^{2-}$，使溶液中的 $C_2O_4^{2-}$ 缓慢地增加，进而使 CaC_2O_4 沉淀缓慢形成，最后控制溶液的 pH 值在 3.5～4.5（甲基橙指示剂显黄色），并继续保温约 30min 使沉淀陈化，即可得到粗晶形沉淀。这样，既能使沉淀完全，又可防止 $Ca(OH)_2$ 或 $Ca_2(OH)_2C_2O_4$ 生成。试样中的 Ca 含量可按下式计算：

$$w_{Ca}=\frac{5\times c_{KMnO_4}V_{KMnO_4}\times M_{Ca}}{2\times m_s}\times100\% \tag{7-7}$$

【例 7-6】 称取某钙保健品试样 0.5000g，在稀酸溶液中加入过量的草酸铵溶液，使 Ca^{2+} 与 $C_2O_4^{2-}$ 反应生成 CaC_2O_4 沉淀，并将其过滤洗涤，溶于热的稀 H_2SO_4 中，用 $0.03700mol\cdot L^{-1}$ 的 $KMnO_4$ 标准溶液滴定，终点时消耗 $KMnO_4$ 标准溶液 28.10mL。计算试样中 Ca 的质量分数。

解： 已知 $M_{Ca}=40.08g\cdot mol^{-1}$，有关反应如下：

$$Ca^{2+}+C_2O_4^{2-}\rightleftharpoons CaC_2O_4$$

$$CaC_2O_4+2H^+\rightleftharpoons Ca^{2+}+H_2C_2O_4$$

$$2MnO_4^-+5C_2O_4^{2-}+16H^+=2Mn^{2+}+10CO_2\uparrow+8H_2O$$

$$w_{Ca}=\frac{5\times c_{KMnO_4}V_{KMnO_4}\times M_{Ca}}{2\times m_s\times1000}\times100\%$$

$$=\frac{5\times0.03700mol\cdot L^{-1}\times0.02810L\times40.08g\cdot mol^{-1}}{2\times0.5000g}\times100\%$$

$$=20.84\%$$

答：钙保健品试样中 Ca 的质量分数为 20.84%。

④ 有机物的测定。高锰酸钾法还可以对有机物质进行测定。在强碱性溶液中，过量的 $KMnO_4$ 能定量氧化某些有机物质，自身则被还原为绿色的 MnO_4^{2-}。利用这一反应，可用高锰酸钾法测定这些有机物。以甲酸的测定为例，在含有甲酸的强碱性试样中加入一定量过量的 $KMnO_4$ 标准溶液，则会发生如下反应：

$$HCOO^- + 2MnO_4^- + 3OH^- \rightleftharpoons CO_3^{2-} + 2MnO_4^{2-} + 2H_2O$$

待反应完成后，将溶液酸化，MnO_4^{2-} 歧化为 MnO_4^- 和 MnO_2：

$$3MnO_4^{2-} + 4H^+ \rightleftharpoons 2MnO_4^- + MnO_2 \downarrow + 2H_2O$$

过滤，用过量的还原剂标准溶液使溶液中所有的高价锰离子还原为 Mn^{2+}，再用 $KMnO_4$ 标准溶液滴定剩余的还原剂。根据消耗的还原剂的量及两次加入 $KMnO_4$ 的量，通过一系列计算，即可求得甲酸的含量。

⑤ 化学需氧量的测定。COD 是衡量水体受还原性物质（主要是有机物）污染程度的综合性指标。目前 COD 已成为环境监测分析的主要项目之一。

测定 COD 时，在水样中加入 H_2SO_4 及一定量过量的 $KMnO_4$ 标准溶液，置于沸水浴中加热，使其中的还原性物质氧化。剩余的 $KMnO_4$ 用一定量过量的 NaC_2O_4 还原，再以 $KMnO_4$ 标准溶液返滴定。该法适用于地表水、饮用水等较为清洁水样的测定。对于工业废水和生活污水 COD 的测定，应采用 $K_2Cr_2O_7$ 法。

2. 重铬酸钾法

（1）重铬酸钾法的特点　重铬酸钾法是以重铬酸钾作为滴定剂的氧化还原滴定法。重铬酸钾也是一种较强的氧化剂，在酸性溶液中 $Cr_2O_7^{2-}$ 被还原成 Cr^{3+}，半反应为：

$$Cr_2O_7^{2-} + 14H^+ + 6e^- \rightleftharpoons 2Cr^{3+} + 7H_2O; E^{\ominus} = 1.33V$$

$K_2Cr_2O_7$ 的氧化能力低于 $KMnO_4$，但它仍然是一种较强的氧化剂，能测定许多具有还原性的物质，应用范围不如 $KMnO_4$ 法广泛。但 $K_2Cr_2O_7$ 法有其优点：

① $K_2Cr_2O_7$ 易于提纯，可作为基准物质。在 140～150℃干燥后，可作为基准物质直接准确称量配制标准溶液。

② $K_2Cr_2O_7$ 标准溶液非常稳定，可长期保存。

③ $K_2Cr_2O_7$ 氧化性较 $KMnO_4$ 弱，但选择性比较高。

④ $K_2Cr_2O_7$ 室温下当 HCl 浓度低于 $3mol \cdot L^{-1}$ 时，不会诱导氧化 Cl^-，因此滴定可以在盐酸介质中进行。但应该注意的是在 HCl 浓度较大或溶液煮沸时，$K_2Cr_2O_7$ 也能与 HCl 作用。

（2）重铬酸钾法的应用　重铬酸钾滴定法主要用于铁矿石的勘探和采掘以及钢铁冶炼的控制分析中，也可用于水和废水的检验，还可用于有机化合物的测定。

① 铁矿中全铁量的测定。试样用浓盐酸加热溶解，趁热用 $SnCl_2$ 溶液将 Fe^{3+} 全部还原为 Fe^{2+}。过量的 $SnCl_2$ 可用 $HgCl_2$ 氧化，此时溶液中析出 Hg_2Cl_2 白色丝状沉淀，用水稀释并加入 $1 \sim 2mol \cdot L^{-1}$ H_2SO_4/H_3PO_4 混合酸，以二苯胺磺酸钠作为指示剂，立即用 $K_2Cr_2O_7$ 标准溶液滴定至溶液由浅绿色（Cr^{3+} 的颜色）变为紫红色，即为滴定终点。滴定反应为：

$$6Fe^{2+} + Cr_2O_7^{2-} + 14H^+ \longrightarrow 6Fe^{3+} + 2Cr^{3+} + 7H_2O$$

由下式计算出试样中铁的含量：

$$w_{Fe}=\frac{6\times c_{K_2Cr_2O_7}\times V_{K_2Cr_2O_7}\times M_{Fe}}{m}\times 100\% \quad (7\text{-}8)$$

$$w_{Fe_2O_3}=\frac{3\times c_{K_2Cr_2O_7}\times V_{K_2Cr_2O_7}\times M_{Fe_2O_3}}{m}\times 100\% \quad (7\text{-}9)$$

此法中加入 H_3PO_4 的目的是使 Fe^{3+}（黄色）转化为无色的配离子$[Fe(HPO_4)]^+$，这样，可消除 Fe^{3+} 的黄色对终点颜色的影响，同时降低 Fe^{3+}/Fe^{2+} 的电极电势，使二苯胺磺酸钠的变色范围落在滴定的电势突跃范围内，减少终点误差。

此方法快速、简便、准确，在生产上广泛使用。但预还原时用的汞有毒，会造成环境污染，近年来研究了许多无汞测铁的新方法。

② 化学需氧量的测定。在酸性介质中以 $K_2Cr_2O_7$ 为氧化剂，测定的化学需氧量，记作 COD（以 $mg\cdot L^{-1}$ 计），这是目前应用最为广泛的 COD 测定方法。测定时，水样与过量的重铬酸钾在硫酸介质中及硫酸银催化下，加热回流 2h，加热煮沸时 $K_2Cr_2O_7$ 标准溶液能完全氧化水中的有机物质和其他还原性物质。冷却后以邻二氮菲-亚铁为指示剂，用硫酸亚铁铵标准溶液回滴剩余的 $K_2Cr_2O_7$。然后由消耗的 $K_2Cr_2O_7$ 标准溶液和硫酸亚铁铵的量可换算成消耗氧的质量浓度。同时做空白实验。

$$COD=\frac{c_{Fe^{2+}}\times(V_0-V_1)\times M_O\times 1000}{2V_{样}} \quad (7\text{-}10)$$

式中，COD 为水中的化学需氧量，$mg\cdot L^{-1}$；$c_{Fe^{2+}}$ 为硫酸亚铁铵标准溶液的物质的量浓度，$mol\cdot L^{-1}$；V_0 为空白实验时消耗的硫酸亚铁铵标准溶液的体积，mL；V_1 为滴定水样时消耗的硫酸亚铁铵标准溶液的体积，mL；M_O 为氧原子的摩尔质量，$g\cdot mol^{-1}$；$V_{样}$ 为水样的体积，mL。

该法适用范围广，可用于污水中化学需氧量的测定，缺点是测定过程中会带来 Cr^{6+}、Hg^{2+} 等的污染，废液需处理。

3. 碘量法

(1) 碘量法概述 碘量法是常用的氧化还原滴定法之一，它是利用 I_2 的氧化性和 I^- 的还原性进行滴定的方法。固体 I_2 水溶性比较差且易挥发，为了增加其溶解度，通常将 I_2 溶解在 KI 溶液中，此时 I_2 以 I_3^- 形式存在（为了简化起见，I_3^- 一般仍简写为 I_2）。其反应式为：

$$I_2+2e^-\rightleftharpoons 2I^-;E^{\ominus}_{I_2/I^-}=0.535V$$

由电对（I_2/I^-）的电极电势可知，I_2 是一种较弱的氧化剂，能与较强的还原剂作用；而 I^- 则是中等强度的还原剂，能与许多氧化剂作用。因此，碘量法又分为直接碘量法（又称碘滴定法）和间接碘量法（又称滴定碘法）两种。

① 直接碘量法。直接碘量法是利用 I_2 标准溶液直接滴定一些还原性物质的方法。电极电势比 $E^{\ominus}_{I_2/I^-}$ 低的还原性物质，可以直接用 I_2 标准溶液滴定。例如 SO_2 用水吸收后，可以用 I_2 标准溶液直接滴定，反应为：

$$I_2+SO_2+2H_2O\rightleftharpoons 2I^-+SO_4^{2-}+4H^+$$

用淀粉作指示剂，终点明显。

可被 I_2 直接滴定的物质不多，一般只限于较强的还原剂，如 SO_2、S^{2-}、SO_3^{2-}、

$S_2O_3^{2-}$、Sn^{2+}、As_2O_3、Sb^{3+}、抗坏血酸，以及还原糖等。

直接碘法不能在碱性溶液中进行，否则 I_2 会发生歧化反应：

$$3I_2+6OH^- \xlongequal{} IO_3^-+5I^-+3H_2O$$

这种情况会给测定带来误差，使直接碘量法的应用范围受到限制。

② 间接碘量法。间接碘量法是利用 I^- 的还原性与氧化剂反应，定量地析出 I_2，然后用 $Na_2S_2O_3$ 标准溶液进行滴定，从而间接测定电极电势比 $E^{\ominus}_{I_2/I^-}$ 高的氧化性物质含量的方法。例如铜的测定是将过量的 KI 与 Cu^{2+} 反应，定量析出 I_2，然后用 $Na_2S_2O_3$ 标准溶液滴定，反应如下：

$$2Cu^{2+}+4I^- \rightleftharpoons 2CuI\downarrow+I_2$$

$$I_2+2S_2O_3^{2-} \rightleftharpoons 2I^-+S_4O_6^{2-}$$

间接碘量法应用中必须注意以下三个问题：

a. 控制溶液酸度。滴定反应必须在中性或弱酸性溶液中进行，因为在碱性溶液中，会发生如下副反应：

$$S_2O_3^{2-}+4I_2+10OH^- \xlongequal{} 2SO_4^{2-}+8I^-+5H_2O$$

另外 I_2 在碱性溶液中还会发生歧化反应。若在强酸性溶液中 $Na_2S_2O_3$ 会发生分解：

$$S_2O_3^{2-}+2H^+ \xlongequal{} SO_2\uparrow+S\downarrow+H_2O$$

b. 防止 I_2 的挥发和空气中的 O_2 氧化 I^-，必须加入过量的 KI（一般比理论用量大 2～3 倍），以增大碘的溶解度，降低 I_2 的挥发性。滴定在室温下进行，操作要迅速，不过分振荡溶液，以减少 I^- 与空气的接触。酸度较高和阳光直射，都可促进空气中 O_2 对 I^- 的氧化作用：

$$4I^-+O_2+4H^+ \rightleftharpoons 2I_2+2H_2O$$

因此，在反应时将碘量瓶置于暗处，调节好酸度，析出 I_2 后立即滴定。

c. 淀粉指示剂的使用。应用间接碘量法时，一般在滴定接近终点前才加入淀粉指示剂，若加入太早，则大量的 I_2 与淀粉结合生成蓝色物质，这部分 I_2 就不易与 $Na_2S_2O_3$ 溶液反应，将给滴定带来误差。

(2) 碘量法的特点

① 应用范围广，既可用作氧化剂，又可用作还原剂，I_2/I^- 电对可逆性好，副反应少。

② 用淀粉作指示剂，终点变色敏锐。I_2 的浓度为 $1\times10^{-5}mol\cdot L^{-1}$ 时即可使淀粉呈蓝色。

③ 误差来源多，应严格控制反应和滴定的条件。

(3) 碘量法应用示例

① S^{2-} 或 H_2S 的测定。弱酸性溶液中 I_2 能氧化 S^{2-}，其反应式为：

$$H_2S+I_2 \xlongequal{} S\downarrow+2I^-+2H^+$$

因此 H_2S 用水吸收后，可用 I_2 标准滴定溶液直接滴定。

② Cu^{2+} 的测定。在含有 Cu^{2+} 的溶液中加入过量 KI，则 Cu^{2+} 与过量 KI 反应可定量地析出 I_2，然后用 $Na_2S_2O_3$ 标准滴定溶液进行滴定，其反应为：

$$2Cu^{2+}+4I^- \xlongequal{} 2CuI\downarrow+I_2$$

$$I_2+2S_2O_3^{2-} \xlongequal{} 2I^-+S_4O_6^{2-}$$

在滴定过程中必须控制好以下反应条件：

a. pH 值为 3～4，pH 值过低，反应速率太慢。pH 值过高，在 Cu^{2+} 的催化作用下，I^-

易被空气中 O_2 氧化，使测定结果偏高。

b. 调节酸度用 H_2SO_4，不能用 HCl，因为 Cl^- 易与 Cu^{2+} 反应。

c. 为了防止 CuI 吸附 I_2，使测定结果偏低，应在近终点前加入 KSCN，使 CuI 转化为溶解度更小的 CuSCN，从而减少 CuI 对 I_2 的吸附。但 KSCN 只能在近终点时加入，否则有可能直接还原 Cu^{2+} 为 Cu^+，使结果偏低。

d. 如果测定铜合金或铜矿中的铜，试样用 HNO_3 溶解，其中所含过量的 HNO_3 以及转入溶液中的高价铁、砷、锑等元素都能氧化 I^-，干扰 Cu^{2+} 的测定。为此当试样溶解后，应加入浓 H_2SO_4 加热至冒白烟，以驱尽 HNO_3 和氮氧化物，待中和过量的 H_2SO_4 后，以 NH_4F-HF 缓冲溶液控制试液 pH 值为 3～4，在此酸度中，溶液中 AsO_4^{3-}、SbO_4^{3-} 不会氧化 I^-，Fe^{3+} 与 F^- 形成 FeF_6^{3-}，从而消除了干扰。

【例 7-7】 称取铜矿试样 0.4217g，经处理后形成 Cu^{2+}，用碘量法测定。用 0.1020 $mol \cdot L^{-1}$ 的 $Na_2S_2O_3$ 标准滴定溶液滴定，终点时消耗 23.12mL。求该铜矿试样中铜的质量分数（以 CuO 表示）。已知 $M_{CuO}=79.55g \cdot mol^{-1}$。

解： 依题意，该测定属间接碘量法。反应式为：

$$2Cu^{2+}+4I^- = 2CuI\downarrow+I_2$$

$$I_2+2S_2O_3^{2-} = 2I^-+S_4O_6^{2-}$$

根据反应式，$2CuO \sim I_2 \sim 2Na_2S_2O_3$，则：

$$w_{CuO}=\frac{c_{Na_2S_2O_3}\times V_{Na_2S_2O_3}\times M_{CuO}}{m_{样}}\times100\%$$

$$=\frac{0.1020mol \cdot L^{-1}\times0.02312L\times79.55g \cdot mol^{-1}}{0.4217g}\times100\%$$

$$=44.49\%$$

答：铜矿试样中 CuO 的质量分数为 44.49%。

③ 维生素 C 的测定。维生素 C 又称抗坏血酸，其分子式为 $C_6H_8O_6$，摩尔质量为 $176.12g \cdot mol^{-1}$。由于维生素 C 分子中的烯二醇基具有还原性，所以它能被 I_2 定量地氧化为二酮基，其反应为：

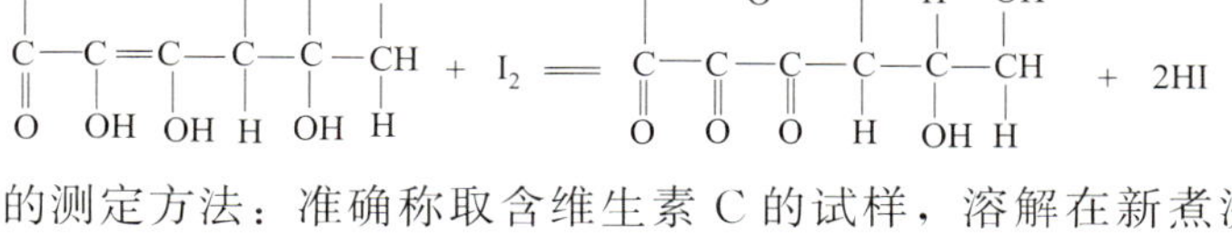

维生素 C 含量的测定方法：准确称取含维生素 C 的试样，溶解在新煮沸且冷却的蒸馏水中，以醋酸酸化，加入淀粉指示剂，迅速用 I_2 标准滴定溶液滴定至终点（呈现稳定的蓝色）。

必须注意：维生素 C 的还原性很强，在空气中易被氧化，在碱性溶液中更易被氧化，所以在实验操作上不但要熟练，而且在酸化后应立即滴定。由于蒸馏水中有溶解氧，必须事先煮沸，否则将使测定结果偏低。如果有能被 I_2 直接氧化的物质存在，则对本测定有干扰。

④ 卡尔-费休（Karl-Fischer）法测定水。该方法的基本原理是当 I_2 氧化 SO_2 时需要一定量的水，反应式为：

$$I_2 + SO_2 + 2H_2O \rightleftharpoons 2HI + H_2SO_4$$

这个反应是可逆的，反应需要在碱性溶液中进行。一般采用吡啶（C_5H_5N）作溶剂，使反应定量向右进行，其总反应为：

$$C_5H_5N \cdot I_2 + C_5H_5N \cdot SO_2 + C_5H_5N + H_2O = 2C_5H_5N \cdot HI + C_5H_5N \cdot SO_3$$

生成的 $C_5H_5N \cdot SO_3$ 也能与水反应，消耗一部分水，因而干扰测定。为此加入甲醇，防止上述反应的发生：

$$C_5H_5N \cdot SO_3 + CH_3OH = C_5H_5NHOSO_2OCH_3$$

由以上讨论可知，卡尔-费休法测定水的标准溶液是 I_2、SO_2、C_5H_5N 和 CH_3OH 的混合溶液，称为卡尔-费休试剂。此试剂呈现 I_2 的红棕色，与水反应后呈浅黄色，当溶液由浅黄色变成红棕色即为终点。测定中所用器皿都必须干燥，否则会造成误差。试剂的标定可以用水-甲醇标准溶液或二水酒石酸钠为基准物。

此法不仅广泛用于测定无机物和有机物中的水含量，而且根据有关反应中生成水或消耗水的量，可以间接测定多种有机物的含量，如醇、羧酸、酸酐、腈类、羰基化合物、伯胺、仲胺以及过氧化物等。

【技能训练】

实验技能一 高锰酸钾标准滴定溶液的制备

一、实验目的

（1）掌握 $KMnO_4$ 标准滴定溶液的配制和贮存方法。

（2）掌握以 $Na_2C_2O_4$ 为基准物质标定 $KMnO_4$ 溶液浓度的原理和方法。

（3）能根据 $KMnO_4$ 自身的颜色判断滴定终点。

二、实验原理

纯的 $KMnO_4$ 溶液相当稳定。但是市售的 $KMnO_4$ 试剂中常含有少量的 MnO_2 和其他杂质，而且使用的蒸馏水中也常含微量还原性物质，它们都能促进 $KMnO_4$ 溶液的分解，故不能用直接法配制成标准溶液。通常先配成近似浓度的溶液，为了获得比较稳定的 $KMnO_4$ 溶液，需将配好的溶液加热至沸，并保持一段时间，使溶液中可能存在的还原性物质完全被氧化。放置后，过滤除去析出的沉淀，避光保存于棕色试剂瓶中，然后进行标定。

三、实验仪器和试剂

（1）仪器　电子分析天平、称量瓶、酸碱两用式滴定管、烧杯、漏斗、锥形瓶。

（2）试剂：基准试剂 $Na_2C_2O_4$、固体 $KMnO_4$、$3mol \cdot L^{-1}$ H_2SO_4 溶液。

四、实验步骤

1. 配制 0.2mol·L^{-1} $KMnO_4$ 溶液

称取 1.7g $KMnO_4$ 固体，置于 500mL 烧杯中，加蒸馏水 520mL 使之溶解，盖上表面皿，加热至沸，缓缓煮沸 15min，并随时加水补充至 1500mL。冷却后，在暗处放置 2～3d，然后用微孔玻璃漏斗或玻璃棉过滤除去 MnO_2 沉淀。滤液贮存在干燥棕色瓶中。此 $KMnO_4$ 溶液浓度约为 0.02mol·L^{-1}。

2. 标定 $KMnO_4$ 溶液

准确称取在 110℃ 烘干的 $Na_2C_2O_4$ 0.15～0.20g，置于 250mL 锥形瓶中，加入蒸馏水 40mL 及 3mol·L^{-1} H_2SO_4 10mL，加热至 70～85℃，立即用待标定的 $KMnO_4$ 溶液滴定至溶液呈微红色，并且在 30s 内不褪色即为终点。平行测定 3 次。

3. 计算 $KMnO_4$ 溶液浓度

根据称取的 $Na_2C_2O_4$ 质量和消耗的 $KMnO_4$ 溶液的体积，计算 $KMnO_4$ 标准溶液的准确浓度，计算式为：

$$c_{KMnO_4}=\frac{2m_{Na_2C_2O_4}}{5M_{Na_2C_2O_4}}\times\frac{1}{V_{KMnO_4}} \qquad (7\text{-}11)$$

五、实验数据与处理（表 7-3）

表 7-3 标定 $KMnO_4$ 溶液数据记录与处理

项目	1	2	3
倾倒前 $Na_2C_2O_4$＋称量瓶质量/g			
倾倒后 $Na_2C_2O_4$＋称量瓶质量/g			
$Na_2C_2O_4$ 质量/g			
$KMnO_4$ 溶液初读数/mL			
$KMnO_4$ 溶液终读数/mL			
V_{KMnO_4}/mL			
c_{KMnO_4}/(mol·L^{-1})			
$KMnO_4$ 溶液平均浓度/(mol·L^{-1})			
相对偏差/%			

六、思考题

1. 配制 $KMnO_4$ 溶液时，为什么要将 $KMnO_4$ 溶液煮沸一定时间或放置一段时间？为什么要冷却放置后过滤？

2. 简述读取 $KMnO_4$ 溶液体积的正确方法。

3. 装 $KMnO_4$ 溶液的容器放置久后，壁上常有棕色沉淀物，怎样才能洗净？

实验技能二 污水或废水中化学需氧量的测定（重铬酸钾法）

一、实验目的

（1）学习重铬酸钾回流法氧化水中有机物质的操作技术。

（2）了解“空白试验”的意义与作用，熟悉“空白试验”的方法和应用。

（3）掌握污水或废水中化学需氧量的测定原理和方法。

二、实验原理

化学需氧量（COD）是指在强酸性条件下，用氧化剂氧化水样时所消耗氧化剂的量，以 O_2 的质量浓度（$mg \cdot L^{-1}$）表示。水中还原性物质包括有机物和亚硝酸盐、亚铁盐、硫化物等无机物，水体受有机质污染的倾向较为普遍且危害程度严重时，化学需氧量可作为水质有机物相对含量的重要指标之一，广泛应用于环境监测领域。

利用化学法进行 COD 的测定，可采用重铬酸钾法、高锰酸钾法等，本实验采用重铬酸钾法。在强酸性溶液中，加入准确过量的 $K_2Cr_2O_7$ 标准溶液，以 Ag_2SO_4 为催化剂，加热回流，将水样中的还原性物质（主要为有机物）氧化，过量的 $K_2Cr_2O_7$ 以试亚铁灵为指示剂，用 $(NH_4)_2Fe(SO_4)_2$ 标准溶液回滴，滴定终点试液呈试亚铁灵的红褐色，有关化学反应式如下：

$$C_6H_{12}O_6+4Cr_2O_7^{2-}+32H^+ = 8Cr^{3+}+6CO_2+22H_2O \text{（以氧化葡萄糖为例）}$$

$$Cr_2O_7^{2-}+6Fe^{2+}+14H^+ = 2Cr^{3+}+6Fe^{3+}+7H_2O \text{（返滴定）}$$

三、实验仪器和试剂

（1）仪器　电子分析天平、称量瓶、酸碱两用式滴定管、烧杯、漏斗、锥形瓶、回流装置（250mL 磨口锥形瓶及配套球形冷凝管）、加热装置（电炉或电热板）。

（2）试剂　$0.25mol \cdot L^{-1}$ $\frac{1}{6}K_2Cr_2O_7$ 标准溶液、$0.1mol \cdot L^{-1}$ $(NH_4)_2Fe(SO_4)_2$ 标准溶液、Ag_2SO_4-H_2SO_4 溶液（75mL H_2SO_4 中含有 1g Ag_2SO_4）、$15g \cdot L^{-1}$ 试亚铁灵指示剂。

四、实验步骤

1. 氧化有机质

量取 20.0mL 混合均匀的水样（体积为 V），置于 250mL 磨口锥形瓶中，准确加入

10.0mL $c(1/6K_2Cr_2O_7)=0.25mol \cdot L^{-1}$ 的标准溶液，缓慢加入 30mL Ag_2SO_4-H_2SO_4 溶液和数粒玻璃珠，轻轻摇动锥形瓶使试液混匀，加热回流 2h，冷却，用水冲洗冷凝管内壁，并入锥形瓶中。

2. 剩余氧化剂的测定

从回流装置上取下锥形瓶，用水稀释至 140mL 左右（该酸度下，滴定终点较为明显），加 2～3 滴 $15g \cdot L^{-1}$ 试亚铁灵指示剂，用 $0.1mol \cdot L^{-1}$ $(NH_4)_2Fe(SO_4)_2$ 标准溶液滴定到试液由黄色至蓝绿色刚变为红褐色，即为终点［此时消耗 $(NH_4)_2Fe(SO_4)_2$ 的体积为 V_1］。同时做空白试验（取 50mL 水如上法进行对应操作），此时消耗 $(NH_4)_2Fe(SO_4)_2$ 的体积为 V_0。

根据空白与水样消耗 $(NH_4)_2Fe(SO_4)_2$ 标准溶液的量，计算试样的化学需氧量，以 O_2 的质量浓度（$mg \cdot L^{-1}$）表示。

$$COD=\frac{(V_0-V_1)\times c\times 8g \cdot mol^{-1}\times 1000mg \cdot g^{-1}}{V} \tag{7-12}$$

测定结果的相对偏差应不大于 4.0%。

五、实验数据与处理（表 7-4）

表 7-4　重铬酸钾法测定化学需氧量的数据记录与处理

项目	1	2	3
混合均匀水样的体积 V/mL			
消耗 $(NH_4)_2Fe(SO_4)_2$ 的体积 V_1/mL			
消耗 $(NH_4)_2Fe(SO_4)_2$ 的体积 V_0/mL			
试样的化学需氧量 COD			
化学需氧量 COD 的平均值			
相对偏差/%			

六、思考题

1. 测定水样时，为什么需做空白校正？
2. 水样加酸酸化时，为什么必须慢加、摇匀后才能进行回流？
3. 测定水样的 COD 值时，加入 Ag_2SO_4 的作用是什么？

【知识拓展】

国家标准《工业循环冷却水中化学需氧量（COD）的测定　高锰酸盐指数法》（GB/T 15456—2019）

1. 容量法

1.1　方法提要

水样经酸化处理后，准确加入已知量的高锰酸钾标准溶液，加热使之充分氧化后，加入过量的草酸钠标准溶液还原剩余的高锰酸钾，再用高锰酸钾标准滴定溶液回滴过量的草酸钠，直至氧化还原反应的终点，由消耗的高锰酸钾的量换算成消耗氧的质量浓度。

$$MnO_4^- + 8H^+ + 5e^- \Longrightarrow Mn^{2+} + 4H_2O$$

$$2MnO_4^- + 5C_2O_4^{2-} + 16H^+ \Longrightarrow 2Mn^{2+} + 10CO_2\uparrow + 8H_2O$$

1.2　试剂或材料

警示——本标准所使用的强酸具有腐蚀性，使用时应避免吸入或接触皮肤。溅到身上应立即用大量水冲洗，严重时应立即就医。

1.2.1　本标准所用试剂和水，除非另有规定，应使用分析纯试剂和符合 GB/T 6682 三级水的规定。

1.2.2　试验中所用标准滴定溶液、制剂及制品，在没有注明其他要求时，均按 GB/T 601、GB/T 603 的规定制备。

1.2.3　硫酸溶液：1+3。

1.2.4　硝酸银溶液：$200g \cdot L^{-1}$，贮存于棕色瓶中。

1.2.5　草酸钠标准溶液：$c(1/2Na_2C_2O_4)$ 约 $0.01mol \cdot L^{-1}$，其使用浓度应大于高锰酸钾标准滴定溶液。

1.2.6　高锰酸钾标准滴定溶液：$c(1/5KMnO_4)$ 约 $0.01mol \cdot L^{-1}$。

1.3　试验步骤

用移液管量取 25～100mL 现场水样于 250mL 锥形瓶中，加水至约 100mL，加入 5mL 硫酸溶液、10～15 滴硝酸银溶液，再加入 10.00mL 高锰酸钾标准滴定溶液。在电炉或电热板上加热并保持微沸 5min。水样应为粉红色或红色。若为无色，则减少取样量或将水样稀释后，重新按上述过程进行。趁热用移液管加入 10.00mL 草酸钠标准溶液，保持溶液温度为 60～80℃，用高锰酸钾标准滴定溶液滴至粉红色为终点。同时做空白试验。

注：当试样溶液中氯离子浓度小于 $200mg \cdot L^{-1}$ 时，可不加硝酸银溶液。

1.4　结果计算

水样中化学需氧量（COD）含量（以 O_2 计）以质量浓度 ρ_1 计，按式(7-13) 计算：

$$\rho_1 = \frac{(V_1 - V_0)cM/4}{V} \times 10^3 \tag{7-13}$$

式中，ρ_1 为水样中化学需氧量含量的数值，$mg \cdot L^{-1}$；V_1 为测定水样时消耗的高锰酸钾标准滴定溶液的体积的数值，mL；V_0 为空白试验时消耗的高锰酸钾标准滴定溶液的体积的数值，mL；c 为高锰酸钾标准滴定溶液的浓度的准确数值，$mol \cdot L^{-1}$；M 为氧（O_2）的摩尔质量的数值，$M = 32.00g \cdot mol^{-1}$；$V$ 为水样的体积的数值，mL。

1.5　允许差

取平行测定结果的算术平均值为测定结果。平行测定结果的绝对差值不大于 $0.1mg \cdot L^{-1}$。

2. 电位滴定法

2.1　方法提要

水样经酸化处理后，准确加入已知量的高锰酸钾标准溶液，置于沸水浴中加热使之充分氧化后，加入过量的草酸钠标准溶液还原剩余的高锰酸钾，置于自动电位滴定仪上，用高锰酸钾标准滴定溶液回滴过量的草酸钠，直至出现电位突跃，由消耗的高锰酸钾的量换算成消耗氧的质量浓度。

2.2 试剂或材料

同 1.2。

2.3 仪器设备

2.3.1 水浴或相当的加热装置：温度可达到 98℃±2℃。

2.3.2 自动电位滴定仪：配有铂环复合电极和温度探头。也可使用性能相当的测量电极和参比电极。

2.4 试验步骤

用移液管量取 25～50mL 试样置于滴定杯中，加水至约 50mL，加入 3mL 硫酸溶液、10～15 滴硝酸银溶液，再加入 5.00mL 高锰酸钾标准滴定溶液，摇匀后加盖表面皿，置于沸水浴中加热并保持微沸 25min。趁热用移液管加入 5.00mL 草酸钠标准溶液，保持溶液温度为 60～80℃，置于自动电位滴定仪上用高锰酸钾标准滴定溶液进行滴定，直到出现电位突跃。同时做空白试验。

注：当试样溶液中氯离子浓度小于 $200mg \cdot L^{-1}$ 时，可不加硝酸银溶液。

2.5 结果计算

水样中化学需氧量（COD）含量（以 O_2 计）以质量浓度 ρ_2 计，按式(7-14) 计算：

$$\rho_2 = \frac{(V_1 - V_0)cM/4}{V} \times 10^3 \tag{7-14}$$

式中，ρ_2 为水样中化学需氧量含量的数值，$mg \cdot L^{-1}$；V_1 为测定水样时消耗的高锰酸钾标准滴定溶液的体积的数值，mL；V_0 为空白试验时消耗的高锰酸钾标准滴定溶液的体积的数值，mL；c 为高锰酸钾标准滴定溶液的浓度的准确数值，$mol \cdot L^{-1}$；M 为氧（O_2）的摩尔质量的数值，$M = 32.00g \cdot mol^{-1}$；$V$ 为水样的体积的数值，mL。

2.6 允许差

取平行测定结果的算术平均值为测定结果。平行测定结果的绝对差值不大于 $0.2mg \cdot L^{-1}$。

【立德树人】

化学名人能斯特

德国物理化学家能斯特，1864 年 6 月 25 日生于西普鲁士的布利森。进入莱比锡大学后，在奥斯特瓦尔德指导下学习和工作。1887 年获博士学位。1891 年任哥丁根大学物理化学教授。1905 年任柏林大学教授。1925 年起担任柏林大学原子物理研究院院长。1932 年被选为伦敦皇家学会会员。1941 年 11 月 18 日在柏林逝世。

能斯特的研究主要在热力学方面。1889 年，他提出溶解压假说，从热力学导出电极电势与溶液浓度的关系式，即电化学中著名的能斯特方程。同年，他还引入溶度积这个重要概念，用来解释沉淀反应。他用量子理论的观点研究低温下固体的比热；提出光化学的“原子链式反应”理论。1906 年，根据对低温现象的研究，得出了热力学第三定律，人们称之为“能斯特热定理”，这个定理有效地解决了计算平衡常数问题和许多工业生产难题，能斯特因此获得了 1920 年诺贝尔化学奖。此外，还研制出含氧化锆及其他氧化物发光剂的白炽电灯；

设计出用指示剂测定介电常数、离子水化度和酸碱度的方法；发展了分解和接触电势、钯电极性状和神经刺激理论。主要著作有《新热定律的理论与实验基础》等。

【模块总结】

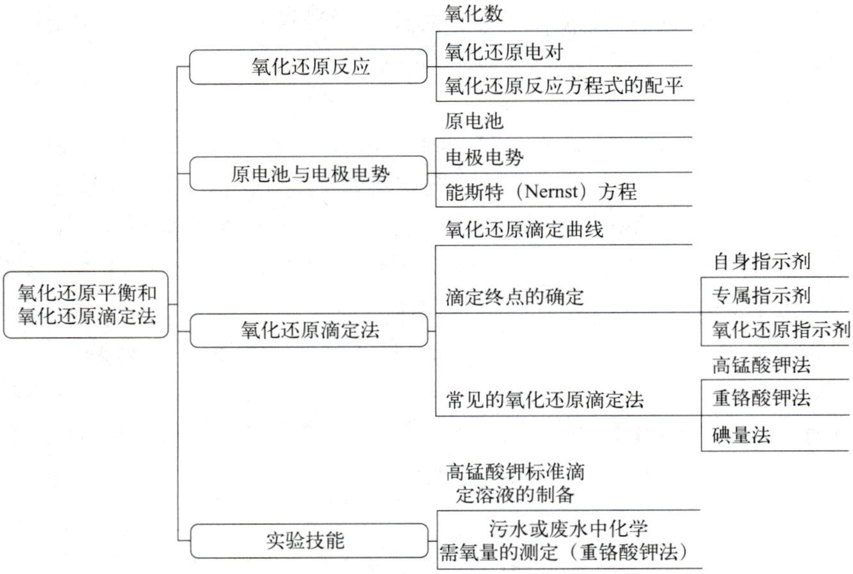

【知识检测】

一、选择题

1. 关于氧化还原反应说法错误的是（　　）。

A. 氧化还原反应实际是由氧化半反应和还原半反应组成的

B. 氧化数升高是得到电子

C. 还原剂发生的是氧化反应

D. 氧化剂发生的是还原反应

2. 有关氧化数的叙述，不正确的是（　　）。

A. 单质的氧化数总是0　　B. 氢的氧化数总是+1，氧的氧化数总是−2

C. 氧化数可为整数或分数　　D. 多原子分子中各原子氧化数之和是0

3. 下列有关氧化还原反应的叙述中，正确的是（　　）。

A. 一定有氧元素参加　　B. 氧化剂本身发生氧化反应

C. 氧化反应一定先于还原反应发生　　D. 一定有电子转移（得失或偏移）

4. 在金属氢化物 NaH 中，氢的氧化值为（　　）。

A. −1　　B. −2　　C. −3　　D. 0

5. 下列关于氧化值和化合价的说法，错误的是（　　）。

A. 化合价只能是整数

B. 共价数没有正负之别

C. 氧化数可以是分数，可以大于元素的价电子数

D. 氧化数可以是分数，不可以大于元素的价电子数

6. 电对中氧化数较大的物种为（　　）。

A. 还原剂　　B. 氧化剂　　C. 还原型　　D. 氧化型

7. 氧化还原反应中除了氧化剂和还原剂外，往往还有第三种物质参加，这种物质被称为（　　）。

A. 酸　　B. 碱　　C. 介质　　D. 水

8. 离子-电子法配平的基本原则是（　　）。

A. 电荷守恒　　B. 质量守恒

C. 能量守恒　　D. 电荷守恒和质量守恒

9. 对于反应 $MnO_4^- + SO_3^{2-} + H^+ \longrightarrow Mn^{2+} + SO_4^{2-} +$ ______（酸性介质）配平正确的是（　　）。

A. 2、6、5、2、5、$3H_2O$　　B. 2、5、5、2、5、$3H_2O$

C. 2、6、5、2、5、$4H_2O$　　D. 2、6、5、2、5、$3H_2O$

10. 标准电极电势在下列哪种环境中适用？（　　）

A. 水溶液　　B. 非水溶液　　C. 高温反应　　D. 固相反应

二、判断题

1. 有单质参加或有单质生成的化学反应一定是氧化还原反应。（　　）

2. 氧化还原反应中有一种元素被氧化时，一定有另一种元素被还原。（　　）

3. 还原反应的实质是失去电子的过程，氧化反应是得到电子的过程。（　　）

4. 氧化还原反应发生时，反应前后元素的氧化数并没有发生改变。（　　）

5. 氧化数就是化合价，如 HCl 中，氢的化合价是+1，氧化数也是+1。（　　）

6. 任何氧化还原反应系统都是由两个电对构成的。（　　）

7. 任何一个氧化还原电对，原则上都可以构成一个半电池，其半反应一般都采用氧化反应的形式书写。（　　）

8. 在氧化还原反应系统中，介质的氧化值不发生变化。（　　）

9. 离子-电子法适用于发生在任何体系中的氧化还原反应的配平。（　　）

10. 电极电势是一个重要的物理量，因此任何一个电极的电极电势的绝对值都是可以测量的。（　　）

三、简答题

1. 已知下列各标准电极电势：

$\varphi^{\ominus}_{Br_2/Br^-} = +1.07V$　　$\varphi^{\ominus}_{NO_3^-/HNO_2} = +0.94V$　　$\varphi^{\ominus}_{Co^{3+}/Co^{2+}} = +1.82V$

$\varphi^{\ominus}_{O_2/H_2O} = +1.23V$　　$\varphi^{\ominus}_{H^+/H_2} = 0V$　　$\varphi^{\ominus}_{HBrO/Br_2} = +1.59V$

$\varphi^{\ominus}_{As/AsH_3} = -0.60V$

根据各电对的电极电势，最强的还原剂是（　　），最强的氧化剂是（　　）。

2. 写出该电池反应相应的电池符号：$H_2 + 2Ag^+ \Longrightarrow 2H^+ + 2Ag$。

3. 用离子-电子法配平下列离子反应方程式。

（1）$MnO_4^- + Cl^- \longrightarrow Mn^{2+} + Cl_2$（酸性介质）

（2）$Cr^{3+} + PbO_2 \longrightarrow Cr_2O_7^{2-} + Pb^{2+}$（酸性介质）

（3）$CrO_4^{2-} + H_2SnO_2^{-} \longrightarrow CrO_2^{-} + HSnO_3^{-}$（碱性介质）

四、计算题

1. 已知$\varphi^{\ominus}(O_2/OH^-)=0.4V$，求 pH=13，$p_{O_2}=100kPa$ 时，电极反应（298K）$O_2 + 2H_2O + 4e^- = 4OH^-$ 的 $\varphi(O_2/OH^-)$。

2. 称取铁矿石试样 0.2000g，用 $0.008400mol \cdot L^{-1}$ $K_2Cr_2O_7$ 标准溶液滴定，到达终点时消耗 $K_2Cr_2O_7$ 溶液 26.78mL，计算试样中 Fe_2O_3 的质量分数。

模块七知识检测参考答案

模块八

配位平衡与配位滴定法

【学习目标】

知识目标

1. 掌握配合物的组成和命名；
2. 熟悉影响配位平衡的因素及有关计算；
3. 掌握 EDTA 的性质及与金属离子配位的特点；
4. 了解酸度对配位滴定的影响以及条件稳定常数的意义；
5. 掌握金属离子被准确滴定的条件；
6. 熟悉金属指示剂的变色原理、具备条件和常用的金属指示剂。

能力目标

1. 能用减量法熟练称量基准物质；
2. 能正确使用金属指示剂并会正确判断滴定终点；
3. 能正确制备 EDTA 标准溶液并会测定样品中相关组分含量。

素质目标

1. 培养规范操作的职业习惯；
2. 培养严谨认真、实事求是的工作态度；
3. 培养安全、节约、环保、质量意识。

【项目引入】

水样总硬度的测定

硬度是水的一个重要指标，主要指水中钙离子、镁离子的浓度。镜面布满的水渍，水龙头的斑斑点点，浴缸的日渐泛黄，暖壶里的层层水垢……生活中，这些现象屡见不鲜，而硬水就是造成这些问题的主要原因。那么，水质硬度过高会带来哪些不良影响呢？

（1）造成设备的管路堵塞　有研究显示，由硬水所致的水垢会造成1/3以上的燃料浪费。随着水垢的日渐累积，还会造成设备的管路堵塞、流量减小、加热效率下降等。

（2）对衣物等的洗涤也会产生很大影响　水中的钙、镁等离子会和洗涤剂中的活性成分发生反应，生成金属盐，从而降低去污能力。同时，金属颗粒还可能附着在衣物上，致使衣物的色泽和亮度逐渐降低，甚至板结、发硬、变脆，缩短衣物的使用寿命。

（3）硬水会降低个人洗护用品的清洁能力　由于头发生长喜欢弱酸性环境，经常使用弱碱性的硬水洗发，会使头发逐渐受到侵蚀，而变得干枯、毛糙、打结。此外，硬水还会降低个人洗护用品的清洁能力，增加洗护用品的用量，甚至还可能对头发和皮肤造成影响。

（4）引起人体重金属超标，危害人体健康　热水器、暖壶使用过程所形成的水垢中，除有大部分的碳酸钙、碳酸镁外，还有多种重金属元素。据化学分析，每克水垢中含有12mg铅、21mg砷、44mg汞、3.4mg镉及24mg铁，如不经常及时清除，反复烧水装水后，有害元素会再次溶于水中，长期饮用会引起人体重金属超标，危害人体健康。硬水中的钙离子还易与食物中的草酸、磷酸等发生反应，形成草酸钙、磷酸钙等沉淀，导致肾结石发病率增加。由于硬水对人体健康有潜在危害，我国《生活饮用水卫生标准》要求，生活饮用水的总硬度不得超出450mg·L^{-1}。

在实际生产生活中，如何来检测水的硬度呢？在这一模块，将对配位平衡与配位滴定法进行相关讨论。

【知识链接】

知识点一　配位化合物的基本概念

配位化合物简称配合物，又称为络合物。配合物的存在极为广泛，就数量而言已超过一般无机化合物。配合物应用非常广泛，例如，金属的分离提取、化学分析、印染工业、食品工业等都与配合物密切相关，特别是在生物和医学方面其更有特殊的重要性。生物体内的金属元素多以配合物的形式存在，例如，血红蛋白是铁的配合物，叶绿素是镁的配合物。医药上，许多药物均为配合物，例如，胰岛素是锌的配合物，维生素B_{12}是钴的配合物。

据史料记载，在1704年德国颜料制造者狄斯巴赫发现了第一个配合物，即亚铁氰化钾，化学式为$K_4[Fe(CN)_6]$，俗称黄血盐。经过300多年的研究，目前配位化学已经发展成为一门独立的学科。

一、配合物的定义

配合物是一类组成比较复杂的化合物，例如$[Cu(NH_3)_4]SO_4$、$[Ag(NH_3)_2]Cl$、

$[Cu(H_2O)_4]SO_4$ 等，它们的共同点是都含有复杂的组成单元（方括号部分），在水溶液中都能离解出复杂离子，如$[Cu(NH_3)_4]^{2+}$、$[Ag(NH_3)_2]^+$、$[Cu(H_2O)_4]^{2+}$，这些离子在水溶液中有较强的稳定性。这些由一个简单阳离子或原子和一定数目的中性分子或阴离子以配位键相结合，形成的复杂离子叫作配离子（或配分子）。带正电荷的配离子称为配阳离子，如$[Cu(NH_3)_4]^{2+}$、$[Ag(NH_3)_2]^+$等；带负电荷的配离子称为配阴离子，如$[Fe(NCS)_6]^{3-}$、$[HgI_4]^{2-}$等；配分子是一些不带电荷的电中性化合物，如$[CoCl_3(NH_3)_3]$、$[Fe(CO)_5]$等。含有配离子的化合物和配位分子统称为配位化合物，简称配合物。如 $K_2[HgI_4]$、$[PtCl_2(NH_3)_2]$都是配合物。

二、配合物的组成

配合物一般由内界和外界组成，内界是配合物的特征部分，是中心离子（或原子）和配位体组成的配离子（或配分子），写化学式时，要用方括号括起来；不在内界的其他离子构成外界。配分子只有内界，没有外界。如图 8-1 所示。

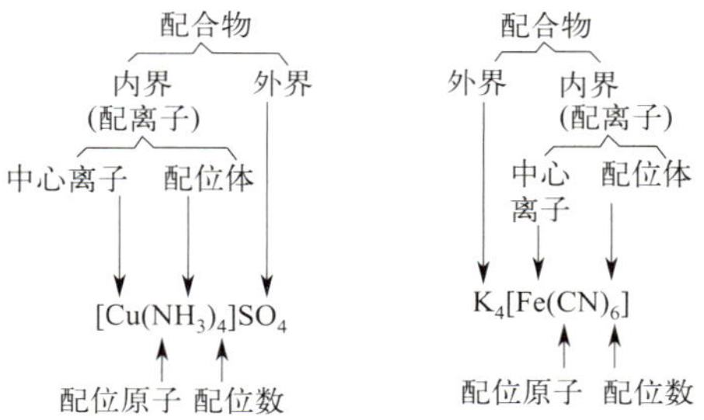

图 8-1　配合物的组成示意图

1. 中心离子（或原子）

中心离子（或原子）是配合物的形成体，是配合物的核心部分，是孤对电子的接受体，一般为带正电荷的金属离子或中性原子，还有极少数的阴离子。常见的中心离子（或原子）大都是过渡金属离子（如 Fe^{3+}、Co^{3+}、Ni^{2+} 等）或原子（如$[Fe(CO)_5]$中的 Fe）。

2. 配位体

配位体（简称配体）是配离子内与中心离子结合的负离子或中性分子。配体中直接与中心离子结合的原子称为配位原子。如$[Cu(NH_3)_4]^{2+}$中的 NH_3 是配体，NH_3 中的 N 原子是配位原子；$[Fe(CO)_5]$中的 CO 是配体，C 是配位原子。

常见的配位体有 NH_3、H_2O、Cl^-、I^-、CN^-、SCN^-，而配位原子通常是电负性较大的非金属原子，如 N、O、C、S、F、Cl、Br、I 等。

根据配体中所含配位原子的数目不同，可将配体分为单齿配体和多齿配体。只含有一个配位原子的配体称为单齿配体，如 CN^-、SCN^-、NH_3、H_2O、X^-（卤素离子）等。含有两个或两个以上配位原子的配体称为多齿配体，如乙二胺、草酸根均为双齿配体，乙二胺四乙酸为六齿配体。

3. 配位数

在配合物中，配位原子的个数，称为该中心离子的配位数。若配体是单齿的，则中心离子的配位数等于配体的数目，如$[Cu(NH_3)_4]^{2+}$的配位数是4；若配体是多齿的，则中心离子的配位数$=\sum i$（配体数）×齿数，如$[Zn(en)_2]SO_4$中，中心离子Zn^{2+}与两个乙二胺分子结合，每个乙二胺分子中有两个N原子，因此Zn^{2+}的配位数是4。应特别注意配位数与配体数的区别，通常配合物中，中心离子的常见配位数是2、4、6。

4. 配离子的电荷

配离子的电荷数等于中心离子和配体总电荷的代数和。如$[Cu(NH_3)_4]^{2+}$的电荷数为$(+2)+0\times4=+2$。由于整个配合物是电中性的，因此也可以从配合物外界离子的电荷来确定配位离子的电荷。这种方法对于有变价的中心离子所形成的配离子电荷的推算更为方便。

三、配合物的命名

配合物的命名与一般无机化合物的命名相同，命名时阴离子在前，阳离子在后，称为某化某或某酸某。

配合物一般按下列顺序依次命名：

配体数（中文数字）—配体名称（不同配体间用“·”分开）—“合”—中心离子名称—中心离子氧化数（加圆括号，用罗马数字表示）。

若有多种配体时，配体的命名顺序为：先无机配体后有机配体；先阴离子配体后中性分子配体。若配体均为阴离子或中性分子时，按配位原子元素符号的英文字母的顺序排列。

配分子的中心原子的氧化数可不标明。

下面列出一些配合物命名实例：

$K_3[Fe(CN)_6]$	六氰合铁（Ⅲ）酸钾
$Na[Cr(SCN)_4(NH_3)_2]$	四硫氰·二氨合铬（Ⅲ）酸钠
$H[AuCl_4]$	四氯合金（Ⅲ）酸
$[Cu(NH_3)_4]SO_4$	硫酸四氨合铜（Ⅱ）
$[CoCl_2(NH_3)_3(H_2O)]Cl$	氯化二氯·三氨·一水合钴（Ⅲ）
$[Ag(NH_3)_2]OH$	氢氧化二氨合银（Ⅰ）
$[PtCl_2(NH_3)_2]$	二氯·二氨合铂（Ⅱ）
$[Ni(CO)_4]$	四羰基合镍

四、配合物的结构

配合物的结构是指配合物的化学键及其空间构型。配合物的化学键理论主要有价键理论、晶体场理论和分子轨道理论。本书只简单介绍价键理论。

1. 配合物中的化学键

配合物的中心离子（或原子）和配体之间是通过配位键结合的。中心离子（或原子）用其杂化了的空轨道来接受配位原子的孤对电子，实际是中心离子空的杂化轨道与配位原子具有孤对电子的原子轨道相互重叠成键。通常以 L→M 表示（L 为配体，M 为中心离子或原子）。

2. 配合物的空间构型

配合物的空间构型指的是配体围绕着中心离子（或原子）排布的几何构型。目前已有多种方法测定配合物的空间构型。普遍采用的是 X 射线对配合物晶体的衍射，这种方法能够精确地测出配合物中各原子的位置、键角和键长等，从而得出配合物分子或离子的空间构型。配合物的空间构型取决于中心体的杂化方式。配离子的杂化轨道与空间构型的关系见表 8-1。

表 8-1　配离子的杂化轨道与空间构型

配位数	杂化轨道		空间构型	配离子类型	实例
	轨道数	杂化方式			
2	2	sp	直线形	外轨型	$[AgCN_2]^-$、$[Ag(NH_3)_2]^+$
3	3	sp^2	平面三角形	外轨型	$[CuCl_3]^{2-}$
4	4	sp^3	四面体	外轨型	$[HgI_4]^{2-}$、$[Zn(NH_3)_4]^{2+}$
		dsp^2	平面正方形	内轨型	$[PtCl_4]^{2-}$、$[Ni(CN)_4]^{2-}$、$[Cu(NH_3)_4]^{2+}$
6	6	d^2sp^3	八面体	内轨型	$[Fe(CN)_6]^{4-}$、$[PtCl_6]^{2-}$、$[Co(NH_3)_6]^{3+}$
		sp^3d^2		外轨型	$[AlF_6]^{3-}$、$[FeF_6]^{3-}$、$[Co(NH_3)_6]^{2+}$

3. 外轨配合物与内轨配合物

当中心离子以最外层的空轨道组成杂化轨道后与配位原子形成配键，这种配键称为外轨型配键，相应的配合物称为外轨配合物，如 $[FeF_6]^{3-}$、$[Ag(NH_3)_2]^+$ 等。此时，中心离子次外层轨道上的电子仍保持自由离子时的构型，未发生重排。

当中心离子以部分次外层轨道参与组成杂化轨道后与配位原子形成配键，这种配键称为内轨型配键，相应的配合物称为内轨配合物，如 $[Fe(CN)_6]^{3-}$、$[Ni(CN)_4]^{2-}$ 等。

外轨或内轨配合物的形成，取决于中心离子的价层电子构型、离子所带电荷、配体性质。d^{10} 构型的离子，如 Cu^+、Ag^+、Zn^{2+} 只能形成外轨型配合物；d^8 构型的离子，如 Ni^{2+}、Pt^{2+} 大多形成内轨型配合物；其他构型的离子，既可形成内轨型配合物，也可形成外轨型配合物。一般电负性大的原子，如 F、O 等作为配位原子，易形成外轨型配合物；C 原子作为配位原子时，常形成内轨型配合物；N 原子作为配位原子时，既可形成内轨型配合物，也可形成外轨型配合物。

同一中心离子形成的配位数相同的不同配离子，一般内轨型配合物比外轨型配合物稳定。在水溶液中，外轨型配离子更易离解，如外轨型的 $[FeF_6]^{3+}$ 比内轨型的 $[Fe(CN)_6]^{3-}$ 离解程度大。

五、螯合物

当多齿配体中的多个配位原子同时与中心离子结合时，可形成具有环状结构的配合物，这类具有环状结构的配合物称为螯合物，螯合即成环的意思，又称内配合物。其中，多齿配体称为螯合剂，相应的反应称为螯合反应。例如，Ni^{2+} 与两分子乙二胺反应生成具有 2 个五元环的配合物。

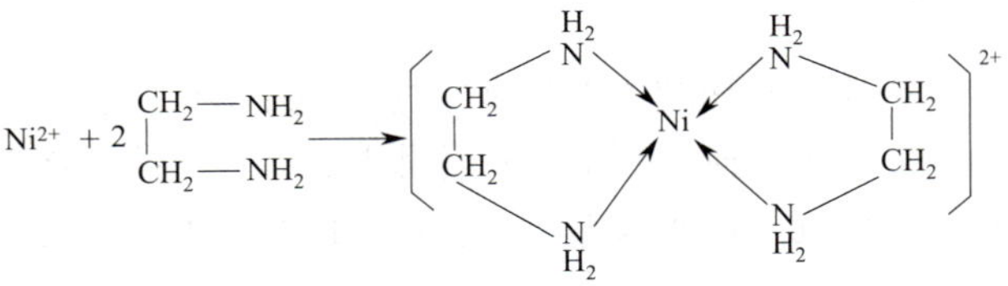

螯合物最基本的特征就是它的环状结构，理论和实践均证明具有五元环或六元环的螯合物最稳定，螯合剂中的 2 个配位原子之间要间隔 2～3 个原子，并且像联氨（NH_2NH_2）这样的配位体，尽管也有两个配位原子，但因距离较近，在与同一中心离子配位时，因为分子张力太大，不能成环形成螯合物。

螯合物的环数越多其稳定性越高，越难以离解，许多螯合剂不易溶于水，而易溶于有机溶剂，且多具有特征颜色，因此被广泛应用于金属离子的分离、提纯、定性鉴定及定量分析等方面。

氨羧配位剂是最常见的一类螯合剂。以氨基二乙酸为基体的有机配位剂，它的分子结构中同时含有氨氮和羧氧两种配位能力很强的配位原子，氨氮能与 Co、Ni、Zn、Cu、Hg 等配位，而羧氧几乎能与一切高价金属离子配位。因此，氨羧配位剂几乎能与所有金属离子配位，形成多个多元环状结构的配合物。氨羧配位剂中，又以乙二胺四乙酸（简称 EDTA）的应用最为广泛。EDTA 的结构如图 8-2 所示。

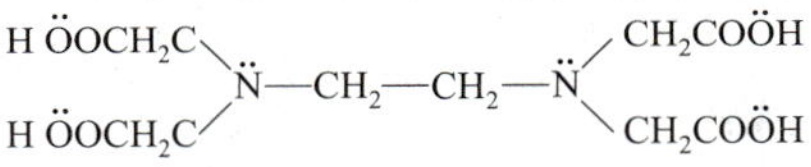

图 8-2 EDTA 的结构

EDTA 是一种无毒无臭，具有酸味的白色结晶粉末，熔点为 241.5℃，常温下 100g 水中可溶解 0.2g EDTA，难溶于酸和一般有机溶剂（如无水乙醇、丙酮、苯等），但易溶于氨水和氢氧化钠溶液中。

从结构上看，EDTA 是四元酸，常用 H_4Y 表示。在酸度很高的水溶液中，乙二胺四乙酸的两个羧酸根还可以接受质子，EDTA 便转变成六元酸 H_6Y^{2+}。因在水溶液中存在着一系列的离解平衡，EDTA 在水溶液中共有 7 种存在形式，分别是 H_6Y^{2+}、H_5Y^{+}、H_4Y、H_3Y^{-}、H_2Y^{2-}、HY^{3-} 和 Y^{4-}，当 pH 值不同时，各种存在形式组成不同。在不同 pH 值时，EDTA 的主要存在形式列于表 8-2 中。

表 8-2　不同 pH 值时，EDTA 的主要存在形式

pH 值	<1	1～1.6	1.6～2	2～2.7	2.7～6.2	6.2～10.3	>10.3
主要存在形式	H_6Y^{2+}	H_5Y^{+}	H_4Y	H_3Y^{-}	H_2Y^{2-}	HY^{3-}	Y^{4-}

在这七种形式中，只有 Y^{4-} 能与金属离子直接配位，也就是说 Y^{4-} 的分布分数越大，EDTA 的配位能力越强，因此溶液的酸度是影响“EDTA-金属M”配合物的稳定性的一个重要因素。

EDTA 分子中含有两个氨基和四个羧基，既可作为四齿配体，也可作为六齿配体。所以 EDTA 是一种配位能力很强的螯合剂，在一定条件下，EDTA 能够与周期表中绝大多数金属离子形成含有多个五元环的螯合物，结构非常稳定，且易溶于水。EDTA 与大多数金属离子以 1∶1 的配位比形成配合物，配位比恒定、简单，为定量计算提供了极大的方便。因此，分析中以配位滴定法测定金属离子含量时，常用 EDTA 作为配位剂。

EDTA 与无色的金属离子形成的配合物仍为无色，如 $[ZnY]^{2-}$、$[AlY]^{-}$、$[CaY]^{2-}$、$[MgY]^{2-}$ 等；与有色的金属离子形成的配合物其颜色更深，如 $[CuY]^{2-}$ 为深蓝色，$[NiY]^{2-}$ 为蓝色，$[MnY]^{2-}$ 为紫红色，$[FeY]^{-}$ 为黄色等。

知识点二　配位平衡

拓展-配位化合物的应用

一、配离子的稳定常数

将过量的氨水加到 $AgNO_3$ 溶液中，有$[Ag(NH_3)_2]^+$配离子生成，这类反应称为配位反应。当在此溶液中加入 NaCl 时，无 AgCl 白色沉淀产生，说明溶液中游离的 Ag^+ 很少，似乎全部与 NH_3 反应生成$[Ag(NH_3)_2]^+$。但当加入 KBr 溶液后，便有浅黄色的 AgBr 沉淀生成，证明$[Ag(NH_3)_2]^+$溶液中有少许 Ag^+ 存在。这说明 Ag^+ 和 NH_3 发生配位反应的同时还存在着$[Ag(NH_3)_2]^+$的离解反应。当配位反应和离解反应的速率相等时，体系达到动态平衡，称为配位平衡。

$$Ag^+ + 2NH_3 \underset{\text{解离}}{\overset{\text{配位}}{\rightleftharpoons}} [Ag(NH_3)_2]^+$$

根据平衡移动原理可得其离解平衡常数，即不稳定常数，用 $K_{不稳}$ 表示：

$$K_{不稳} = \frac{[Ag^+][NH_3]^2}{\{[Ag(NH_3)_2]^+\}}$$

$K_{不稳}$ 数值越大，配离子越不稳定，配离子在溶液中越容易离解。

也可用配离子的生成反应来表征配合物的稳定性，其平衡常数用 $K_{稳}$ 表示：

$$K_{稳} = \frac{\{[Ag(NH_3)_2]^+\}}{[Ag^+][NH_3]^2}$$

$K_{稳}$ 数值越大，配离子越稳定。对同一配合物，$K_{稳}$ 与 $K_{不稳}$ 互为倒数，即：

$$K_{稳} = \frac{1}{K_{不稳}}$$

应注意，对于相同类型的配合物（最高配位数相同），$K_{稳}$ 值越大，该配合物就越稳定。如$[Ni(CN)_4]^{2-}$ 和$[Zn(CN)_4]^{2-}$ 的 $\lg K_{稳}$ 分别为 31.3 和 16.7，说明$[Ni(CN)_4]^{2-}$ 比$[Zn(CN)_4]^{2-}$稳定得多。但对于不同类型的配合物（最高配位数不同），就不能简单地由 $K_{稳}$ 值比较它们的稳定性。

【例 8-1】 在 1.0mL 0.04mol · L^{-1} $AgNO_3$ 溶液中加入 1.0mL 2.00mol · L^{-1} 氨水，计算平衡时溶液中 Ag^+ 浓度。

解：查附录得 $K_{稳[Ag(NH_3)_2]^+}=1.6\times10^7$。

由于等体积混合，浓度减半，$c(AgNO_3)=0.02mol\cdot L^{-1}$，$c(NH_3)=1.00mol\cdot L^{-1}$。

设平衡时 $c(Ag^+)=x\,mol\cdot L^{-1}$，则：

	Ag^+	$+2NH_3$	$\rightleftharpoons$ $[Ag(NH_3)_2]^+$
起始浓度/$(mol\cdot L^{-1})$	0.02	1.00	0
平衡浓度/$(mol\cdot L^{-1})$	x	$1-2\times(0.02-x)$ ≈0.96	$0.02-x$ ≈0.02 （因 x 较小）

$$K_{稳}=\frac{\{[Ag(NH_3)_2]^+\}}{[Ag^+][NH_3]^2}=\frac{0.02}{x\times(0.96)^2}=1.6\times10^7$$

$$x=1.36\times10^{-9}$$

$$c(Ag^+)=1.36\times10^{-9}\,mol\cdot L^{-1}$$

实际上，配离子的生成或离解都是分级进行的。每一级都有一个相应的平衡常数，称为配合物的逐级稳定常数或逐级离解常数。

$$M+L\rightleftharpoons ML;K_1=\frac{[ML]}{[M][L]}$$

$$ML+L\rightleftharpoons ML_2;K_2=\frac{[ML_2]}{[ML][L]}$$

$$\vdots \qquad\qquad \vdots$$

$$ML_{n-1}+L\rightleftharpoons ML_n;K_n=\frac{[ML_n]}{[ML_{n-1}][L]} \tag{8-1}$$

式中，K_1、K_2、…、K_n 为逐级稳定常数。

将逐级稳定常数依次相乘等于该配离子的累积稳定常数（β）。

第一级累积稳定常数 $\beta_1=K_1$；

第二级累积稳定常数 $\beta_2=K_1K_2$；

$\vdots \qquad \vdots$

第 n 级累积稳定常数 $\beta_n=K_1K_2\cdots K_n$； (8-2)

最后一级累积稳定常数 β_n，又称为总稳定常数。常见配离子的累积稳定常数见附录 5。

表 8-3 为常见金属离子与 EDTA 形成的配合物的稳定常数。

表 8-3　常见金属离子与 EDTA 形成的配合物的稳定常数

阳离子	$\lg K_{MY}$	阳离子	$\lg K_{MY}$	阳离子	$\lg K_{MY}$
Na^+	1.66	Ce^{3+}	15.98	Cu^{2+}	18.8
Li^+	2.97	Al^{3+}	16.3	Hg^{2+}	21.8
Be^{2+}	9.2	Co^{2+}	16.31	Th^{4+}	23.2
Ba^{2+}	7.86	Co^{3+}	36	Cr^{3+}	23.4
Sr^{2+}	8.73	Cd^{2+}	16.46	Fe^{3+}	25.1
Mg^{2+}	8.69	Zn^{2+}	16.5	U^{4+}	25.8
Ca^{2+}	10.69	Pb^{2+}	18.04	Bi^3	27.94
Mn^{2+}	13.87	Y^{3+}	18.09	Sn^{2+}	22.11
Fe^{2+}	14.32	Ni^{2+}	18.62	Sc^{3+}	23.1

续表

阳离子	$\lg K_{MY}$	阳离子	$\lg K_{MY}$	阳离子	$\lg K_{MY}$
Ag^{+}	7.32	Ga^{3+}	20.3	Tl^{3+}	37.8
Pd^{2+}	18.5	In^{3+}	25	Zr^{4+}	29.5

二、影响配合物稳定性的因素

配合物的稳定性主要取决于金属离子的性质和配体的性质，一般将金属离子 M 与滴定剂 Y 之间的反应称为主反应，溶液中存在的其他反应都称为副反应。因此引入副反应系数来定量表示副反应进行的程度。配位反应各平衡关系可表示如下：

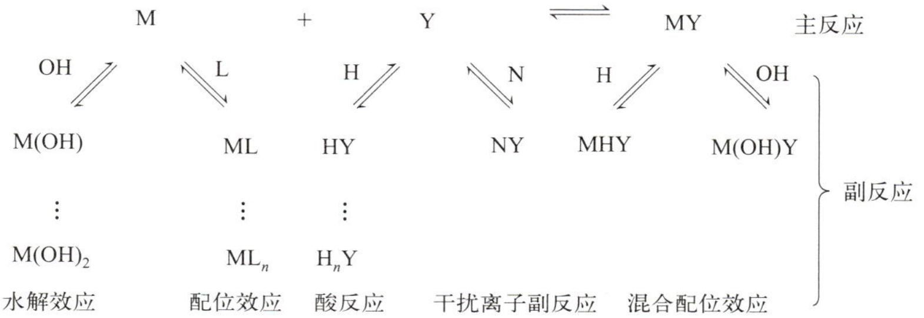

式中，L 为辅助配位体；N 为干扰离子。

反应物 M 或 Y 副反应的发生不利于主反应的进行，而生成物 MY 发生的副反应，则有利于主反应进行，但这些混合配合物大多不太稳定，可以忽略不计。本书以滴定剂 EDTA 为例，主要讨论对配位平衡影响较大的酸效应和配位效应。

1. EDTA 酸效应及酸效应系数

EDTA 在溶液中的存在形式共有 7 种，溶液 pH 值不同，占主导地位的存在形式不同。这种由于 H^{+} 与 Y^{4-} 作用，使 $[Y^{4-}]$ 降低，造成 Y^{4-} 参加主反应能力降低的现象称为 EDTA 的酸效应。酸效应的大小可用酸效应系数 $\alpha_{Y(H)}$ 表示，$\alpha_{Y(H)}$ 等于在一定 pH 值下未参加反应的配位体总浓度与游离配位体浓度的比值。

$$\alpha_{Y(H)}=\frac{c_Y}{[Y]}=\frac{[Y^{4-}]+[HY^{3-}]+[H_2Y^{2-}]+[H_3Y^{-}]+[H_4Y]+[H_5Y^{+}]+[H_6Y^{2+}]}{[Y^{4-}]}$$

$$\alpha_{Y(H)}=1+\frac{[H]}{K_6}+\frac{[H]^2}{K_6K_5}+\frac{[H]^3}{K_6K_5K_4}+\cdots+\frac{[H]^6}{K_6K_5\cdots K_1}$$

式中，各 K 值为 EDTA 的各级离解常数。

由上式可知，温度一定时，EDTA 的各级离解常数一定，EDTA 酸效应系数 $\alpha_{Y(H)}$ 的大小随溶液酸度增加而增大，$\alpha_{Y(H)}$ 的数值越大，表示酸效应引起的副反应越严重。表 8-4 列出了不同 pH 值时 EDTA 的酸效应系数的对数值 $\lg\alpha_{Y(H)}$。

表 8-4 不同 pH 值时 EDTA 的 $\lg\alpha_{Y(H)}$ 值

pH	$\lg\alpha_{Y(H)}$	pH	$\lg\alpha_{Y(H)}$	pH	$\lg\alpha_{Y(H)}$
0.0	23.64	3.4	9.70	6.8	3.55
0.4	21.32	3.8	8.85	7.0	3.32

续表

pH	$\lg\alpha_{Y(H)}$	pH	$\lg\alpha_{Y(H)}$	pH	$\lg\alpha_{Y(H)}$
0.8	19.08	4.0	8.44	7.5	2.78
1.0	18.01	4.4	7.64	8.0	2.27
1.4	16.02	4.8	6.84	8.5	1.77
1.8	14.27	5.0	6.45	9.0	1.28
2.0	13.51	5.4	5.69	9.5	0.83
2.4	12.19	5.8	4.98	10.0	0.45
2.8	11.09	6.0	4.65	11.0	0.07
3.0	10.60	6.4	4.06	12.0	0.01

由表 8-4 可见，只有当 pH≥12 时，$\alpha_{Y(H)}=1$，此时 Y^{4-} 才不与 H^+ 发生副反应，EDTA 的配位能力最强。

2. 金属离子的配位效应及配位效应系数

当溶液中除配位剂 Y 以外，还有其他配位剂 L 时，L 也可与 M 发生反应，使与 Y 配位的 [M] 降低，这种由于其他配位剂存在使金属离子参加主反应能力降低的现象，称为金属离子的配位效应，其影响程度大小用配位效应系数 $\alpha_{M(L)}$ 表示。$\alpha_{M(L)}$ 表示未与 Y 配位的金属离子的总浓度与游离金属离子浓度之比，同理可得：

$$\alpha_{M(Y)}=\frac{c_M}{[M]}=\frac{[M]+[ML]+[ML_1]\cdots+[ML_n]}{[M]}=1+\beta_1[L]+\beta_2[L]^2+\cdots+\beta_n[L]^n$$

$\alpha_{M(L)}$ 越大，金属离子被配位越完全，则辅助配位反应越严重。当 $\alpha_{M(L)}=1$ 时，金属离子没有发生副反应。

3. 条件稳定常数

由于副反应的存在，用 $K_稳$ 来衡量配合物的稳定性是不符合实际的。综合考虑副反应的影响，可推导出配合物的实际稳定常数，也称之为条件稳定常数，用 K'_{MY} 表示，其表达式为：

$$K'_{MY}=\frac{[MY']}{[M'][Y']}$$

若 MY 的副反应不考虑，则 $[MY']\approx[MY]$，故可得：

$$K'_{MY}=\frac{[MY]}{[M'][Y']}$$

根据副反应系数的定义可得：

$$[Y']=[Y]\alpha_{Y(H)}$$
$$[M']=[M]\alpha_{M(L)}$$

代入上式得：

$$K'_{MY}=\frac{[MY]}{[M'][Y']}=\frac{[MY]}{[M][Y]\alpha_{M(L)}\alpha_{Y(H)}}=\frac{K_{MY}}{\alpha_{M(L)}\alpha_{Y(H)}}$$
$$\lg K'_{MY}=\lg K_{MY}-\lg\alpha_{M(L)}-\lg\alpha_{Y(H)}$$

当溶液中无配位效应时，$\alpha_{M(L)}=1$，即 $\lg\alpha_{M(L)}=0$，上式可简化为：

$$\lg K'_{MY}=\lg K_{MY}-\lg\alpha_{Y(H)} \quad (8\text{-}3)$$

条件稳定常数可以说明配合物在一定条件下的实际稳定程度，比 K_{MY} 更具有实际意义。K'_{MY}越大，配合物MY的稳定性越高。应用条件稳定常数可以判断滴定金属离子的可行性和混合金属离子分别滴定的可行性，还可进行滴定终点时金属离子的浓度计算等。

【例8-2】 假设只考虑酸效应，计算pH=2.0和pH=5.0时ZnY的$\lg K'_{ZnY}$值。

解： 查表8-3得$\lg K_{ZnY}=16.5$。

① 查表8-4，pH=2.0时，$\lg\alpha_{Y(H)}=13.51$，故：

$$\lg K'_{ZnY}=16.5-13.51=2.99$$

② 查表8-4，pH=5.0时，$\lg\alpha_{Y(H)}=6.45$，故：

$$\lg K'_{ZnY}=16.5-6.45=10.05$$

由上例可知，pH=2.0时$\lg K'_{ZnY}$为2.99，此时ZnY很不稳定，配位反应进行不完全，Zn^{2+}不能被准确滴定；pH=5.0时$\lg K'_{ZnY}$为10.05，ZnY很稳定，配位反应可以进行完全，Zn^{2+}可被准确滴定。因此，控制溶液的酸度对配位滴定非常重要。

三、配位平衡的移动

配位平衡同样遵循化学平衡移动的规律，当平衡体系中某一组分浓度发生改变，平衡就会发生移动。配位平衡与溶液的酸度、沉淀反应、氧化还原反应等有着密切的关系。

1. 配位平衡与酸碱平衡

配离子的配体若为弱酸根（如F^-、SCN^-、Y^{4-}等），当溶液酸度增大（pH值减小）时，它们便和H^+结合，导致配体浓度下降，平衡向离解方向移动。例如，$[FeF_6]^{3-}$溶液中存在如下平衡：

$$[FeF_6]^{3-}\rightleftharpoons Fe^{3+}+6F^-$$

当溶液中H^+浓度增大，F^-会与H^+结合生成HF，从而降低F^-浓度，使平衡右移，促使$[FeF_6]^{3-}$离解。当$[H^+]>0.5mol\cdot L^{-1}$时，几乎能使$[FeF_6]^{3-}$全部离解。

因此，当溶液pH值降低时，平衡向左移动，配合物发生离解；适当提高溶液pH值，配合物的稳定性相应提高。但要注意当配离子的中心体是易水解的金属离子时，溶液pH值较大，金属离子会与OH^-结合生成氢氧化物或羟基配合物，也使配位平衡向离解的方向移动。所以要使配离子在溶液中稳定存在，溶液的酸度必须控制在一定范围内。

2. 配位平衡与沉淀平衡

配位平衡与沉淀平衡的关系，实质是配位剂和沉淀剂对金属离子的争夺。例如在含有$[Cu(NH_3)_4]^{2+}$的溶液中，加入Na_2S溶液，会产生黑色的CuS沉淀，就是沉淀剂S^{2-}夺取了与NH_3结合的Cu^{2+}，反应式如下：

$$[Cu(NH_3)_4]^{2+}+S^{2-}\longrightarrow CuS+4NH_3$$

同样也可利用配位平衡使沉淀溶解，如：

$$AgCl(s)+2NH_3\longrightarrow[Ag(NH_3)_2]^++Cl^-$$

反应的平衡常数可表示为：

$$K=\frac{\{[Ag(NH_3)_2]^+\}[Cl^-]}{[NH_3]^2}=\frac{\{[Ag(NH_3)_2]^+\}[Cl^-]}{[NH_3]^2}\times\frac{[Ag]}{[Ag]}$$

$$=K_{稳,[Ag(NH_3)_2]^+}+K_{sp,AgCl}$$

由上式可知，配离子与沉淀之间的转化方向及进行的程度，可由配离子的 $K_{稳}$ 和沉淀物的 K_{sp} 决定。$K_{稳}$ 和 K_{sp} 越大，沉淀物越易溶解；反之，$K_{稳}$ 和 K_{sp} 越小，配离子越易离解生成沉淀。

3. 配位平衡与氧化还原平衡

如在含有配离子的溶液中，加入能与中心离子或配体发生氧化还原反应的试剂，则中心离子或配体的浓度发生改变，会导致配位平衡朝离解方向移动。

4. 配位平衡之间的转化

在含有配离子的溶液中，加入另外一种能与中心离子反应生成更稳定配合物的配位剂，则发生配合物之间的转化。例如在$[Fe(SCN)_6]^{3-}$溶液中加入 NaF，会生成 $[FeF_6]^{3-}$，使溶液从血红色变为无色。

习题-配位滴定分析核心考点

知识点三 配位滴定法

配位滴定法是以生成稳定配合物的化学反应为基础的滴定分析方法。配位反应具有极大的普遍性，但不是所有的配位反应均能用于配位滴定，需满足以下条件：

① 配位反应必须完全，即生成的配合物的稳定常数应足够大；

② 反应按一定的反应式定量进行，即金属离子与配位剂的比例（配位比）恒定；

③ 反应速率快；

④ 有适当的方法确定终点。

一、配位滴定原理

1. 配位滴定曲线

配位滴定常用 EDTA 标准溶液滴定金属离子 M，随着 EDTA 的加入，溶液中金属离子的浓度呈现规律性变化。以金属离子浓度的负对数 pM 与 EDTA 的加入体积作图，可得到配位滴定曲线。

现以 $0.01000mol\cdot L^{-1}$ EDTA 标准溶液，在 pH=12.0 时滴定 20.00mL $0.01000mol\cdot L^{-1}$ Ca^{2+}溶液为例，通过计算说明滴定过程中配位剂的加入量与待测金属离子浓度之间的变化关系。

$$Ca^{2+} + Y^{4-} \rightleftharpoons CaY^{2-}$$

查表 8-4 得 pH=12.0 时，$\lg\alpha_{Y(H)}=0.01$，此时，

$$\lg K'_{CaY} = \lg K_{CaY} - \lg\alpha_{Y(H)} = 10.7 - 0.01 = 10.69$$

说明配合物很稳定，可以进行测定，下面主要讨论四个主要阶段溶液 pCa 随滴定剂的加入呈现的变化规律。

(1) 滴定前　溶液中只有 Ca^{2+}，$[Ca^{2+}]=0.01000mol \cdot L^{-1}$，$pCa=-\lg[Ca^{2+}]=-\lg 0.01000=2.0$。

(2) 滴定开始至化学计量点前　滴定过程中，随着 EDTA 的不断滴加，$[Ca^{2+}]$ 逐渐减小，设加入的 EDTA 的体积是 VmL，则溶液中剩下 Ca^{2+} 的浓度为：

$$[Ca^{2+}] = \frac{20.00 - V}{20.00 + V} \times 0.01000\ mol \cdot L^{-1}$$

当 $V=19.98$mL，EDTA 标准溶液已加入 99.9%时，则：

$$[Ca^{2+}] = \frac{20.00 - 19.98}{20.00 + 19.98} \times 0.01000 = 5.0 \times 10^{-6} mol \cdot L^{-1}$$

$$pCa = -\lg[Ca^{2+}] = 5.3$$

(3) 化学计量点时　$V=20.00$mL，此时 Ca^{2+} 与 EDTA 几乎完全反应生成 $[CaY]^{2-}$，$[CaY^{2-}]=5.0\times10^{-3} mol \cdot L^{-1}$，且 $[Ca^{2+}]=[Y^{4-}]$。

$$K'_{CaY^{2-}} = \frac{[CaY^{2-}]}{[Ca^{2+}][Y^{4-}]} = \frac{[CaY^{2-}]}{[Ca^{2+}]^2} = 10^{10.69}$$

$$[Ca^{2+}] = 3.2 \times 10^{-7} mol \cdot L^{-1}$$

$$pCa = -\lg[Ca^{2+}] = 6.5$$

(4) 化学计量点之后　当 $V=20.02$mL，EDTA 标准溶液已加入 100.1%时，则溶液中 EDTA 过量，$[CaY^{2-}]=5.0\times10^{-3} mol \cdot L^{-1}$，$[Ca^{2+}]\neq[Y^{4-}]$。此时：

$$[Y^{4-}] = \frac{20.02 - 20.00}{20.02 + 20.00} \times 0.01000 mol \cdot L^{-1} = 5.0 \times 10^{-6} mol \cdot L^{-1}$$

$$K'_{CaY^{2-}} = \frac{[CaY^{2-}]}{[Ca^{2+}][Y^{4-}]}$$

$$[Ca^{2+}] = 10^{-7.69} mol \cdot L^{-1}$$

$$pCa = 7.7$$

如此逐一计算，然后以 pCa 对 V_{EDTA} 作图，可得到 pH=12.0 时，用 $0.01000mol \cdot L^{-1}$ EDTA 标准溶液滴定 $0.01000mol \cdot L^{-1}$ Ca^{2+} 的滴定曲线，如图 8-3 所示。

由图 8-3 可以看出：在 pH=12 时，用 $0.01000mol \cdot L^{-1}$ EDTA 滴定 $0.01000mol \cdot L^{-1}$ Ca^{2+}，化学计量点时 pCa=6.5，滴定突跃为 5.3～7.7，滴定突跃较大，可以准确滴定。由于 CaY^{2-} 中 Ca 和 Y 的摩尔比为 1∶1，所以化学计量点前后 0.1%时的 pCa 值对称于化学计量点。

2. 影响滴定突跃的因素

(1) 配合物的条件稳定常数　图 8-4 是金属离子浓度一定的情况下，不同 $\lg K'_{MY}$ 时的滴

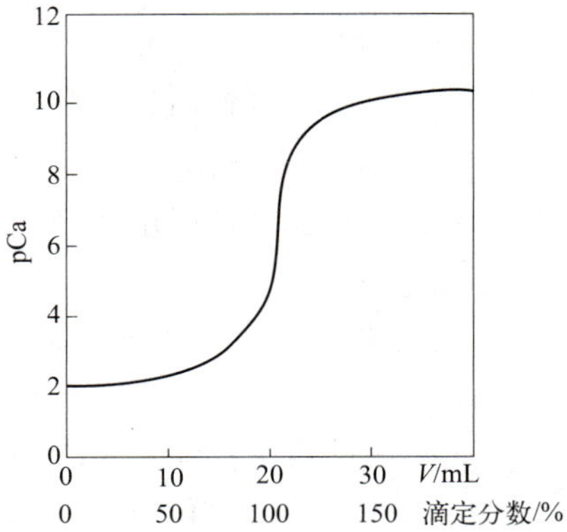

图 8-3　0.01000mol·L^{-1} EDTA 滴定 0.01000mol·L^{-1} Ca^{2+} 的滴定曲线

定曲线。由图可知 $\lg K'_{CaY^{2-}}$ 越大，滴定突跃越大。

$$\lg K'_{MY}=\lg K_{MY}-\lg\alpha_{M(L)}-\lg\alpha_{Y(H)}$$

影响配合物的条件稳定常数的因素首先是配合物的稳定常数，当被测金属离子浓度一定时，K_{MY} 值一定，此时溶液的酸度、配位掩蔽剂及其他辅助配位剂的配位作用将起决定作用。

① 酸度。在一定酸度范围内，酸度高，$\lg\alpha_{Y(H)}$ 大，$\lg K'_{MY}$ 变小，滴定突跃减小。

② 其他配位剂的配位作用。掩蔽剂、缓冲溶液等辅助配位剂会使 $\lg\alpha_{M(L)}$ 增大，$\lg K'_{MY}$ 减小，从而使滴定突跃范围减小。

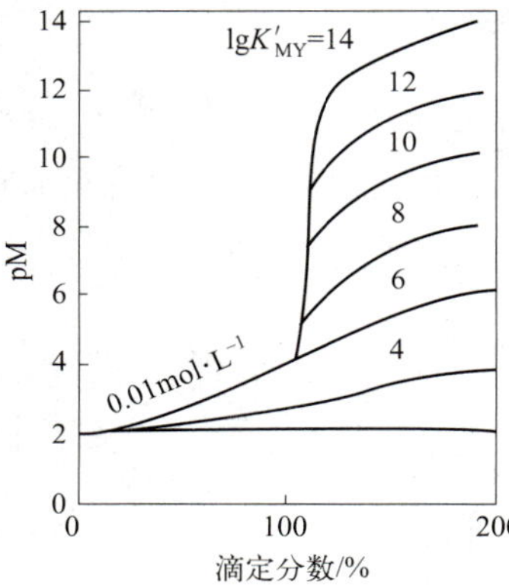

图 8-4　金属离子浓度一定，不同 $\lg K'_{MY}$ 时的滴定曲线

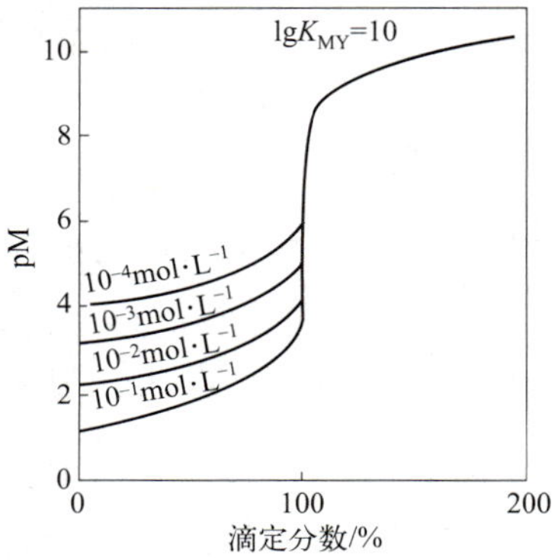

图 8-5　EDTA 滴定不同浓度溶液的滴定曲线

(2) 金属离子的浓度　图 8-5 是用 EDTA 滴定不同浓度金属离子溶液时的滴定曲线。由图 8-5 可知，在条件稳定常数 K'_{MY} 值一定时，金属离子浓度越大，滴定突跃也越大。金属离子的浓度越低，滴定突跃就越小。

3. EDTA 准确滴定单一金属离子的条件

在配位滴定中，滴定误差不超过 0.1%，则可认为金属离子可被准确滴定。据有关公式，可推导出准确测定单一金属离子的条件是：

$$\lg(c_M K'_{MY}) \geqslant 6 \tag{8-4}$$

当 $c_M = 1.0\times10^{-2}\text{mol}\cdot\text{L}^{-1}$ 时，

$$\lg K'_{MY} \geqslant 8 \tag{8-5}$$

上式即为特定浓度的金属离子能被 EDTA 准确滴定的条件，但需同时考虑必须有确定滴定终点的方法。

4. EDTA 滴定中酸度的控制

在配位滴定中，当只考虑酸效应时，若 $c_M = 1.0\times10^{-2}\text{mol}\cdot\text{L}^{-1}$，则有：

$$\lg K'_{MY} = \lg K_{MY} - \lg\alpha_{Y(H)} \geqslant 8$$

$$\lg\alpha_{Y(H)} \leqslant \lg K_{MY} - 8$$

将各金属离子 K_{MY} 代入，可求出准确滴定该金属离子对应的允许的最小 pH 值。图 8-6 为金属离子浓度为 $0.01\text{mol}\cdot\text{L}^{-1}$，允许测定的相对误差为 ±0.1%时，用 EDTA 滴定金属离子的最小 pH 值连成的曲线，称为 EDTA 酸效应曲线。从酸效应曲线可以方便地查到准确滴定各种金属离子允许的最小 pH 值。例如，$\lg K_{FeY^-} = 25.1$，可查得 pH=1.0，要求在滴定 $0.01\text{mol}\cdot\text{L}^{-1}$ 的 Fe^{3+} 时，应使 pH≥1.0。

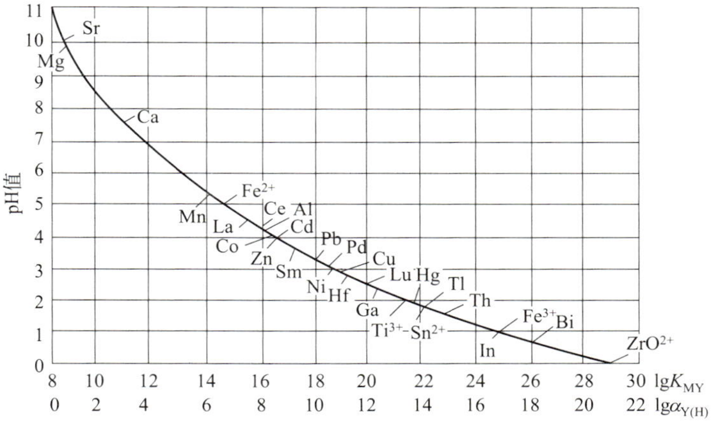

图 8-6　酸效应曲线

（金属离子浓度 $0.01\text{mol}\cdot\text{L}^{-1}$，允许测定的相对误差为±0.1%）

实际测定某金属离子时，应将 pH 值控制在大于最小 pH 值且金属离子又不发生水解的范围之内。

二、金属指示剂

配位滴定指示终点的方法很多，其中最常用的指示剂是金属指示剂，其以指示溶液中金属离子浓度的变化确定终点。

1. 金属指示剂的作用原理

金属指示剂是一种有机配位剂（用 In 表示），因能与金属离子反应生成与其本身颜色显著不同的配合物而指示滴定终点。反应如下：

$$M+In \rightleftharpoons MIn$$

这时溶液呈现配合物 MIn 的颜色，滴入 EDTA 后，Y 先与金属离子 M 结合，至化学计量点附近，Y 夺取 MIn 中的 M：

$$MIn+Y \rightleftharpoons MY+In$$

指示剂 In 游离出来，溶液颜色由配合物 MIn 的颜色，转变为指示剂 In 的颜色，指示滴定终点到达。

例如，pH=10 时，铬黑 T 本身呈蓝色，在含金属离子的溶液中加入少量铬黑 T，这时有少量 MIn 生成，溶液呈现红色。随着 EDTA 的滴入，游离的金属离子逐步被 EDTA 配合生成 MY，等到游离的金属离子大部分配合后，继续滴入 EDTA 时，由于配合物 MY 的条件稳定常数大于配合物 MIn 的条件稳定常数，因此稍过量的 EDTA 将夺取 MIn 中的 M，使指示剂游离出来，红色溶液突然变为蓝色，指示滴定终点的到达。

2. 金属指示剂应具备的条件

作为金属指示剂必须具备以下条件：

(1) 颜色变化显著　指示剂 In 与其金属离子配合物 MIn 应有显著的色差，终点颜色变化明显。

(2) MIn 稳定性适当　适当是指 MIn 要有足够的稳定性，但又要比 MY 的稳定性低。

(3) 反应灵敏　指示剂 In 与金属离子 M 之间反应迅速，变色可逆。

(4) 易溶于水　指示剂 In 与金属离子配合物 MIn 都应易溶于水。

(5) 良好的应用性　金属指示剂应易溶于水，不易变质，便于使用和保存。

3. 金属指示剂使用中的常见问题

(1) 指示剂的封闭现象　指示剂与金属离子生成了比 MY 稳定性更好的配合物，以致到达化学计量点时，滴入过量的 EDTA，也不能将指示剂从它的配合物中置换出来，看不到颜色的变化，这种现象称为指示剂的封闭现象。如用 EDTA 滴定 Ca^{2+}、Mg^{2+} 时，Al^{3+}、Fe^{3+}、Ni^{2+}、Cu^{2+} 和 Co^{2+} 对铬黑 T 有封闭作用，可加入少量三乙醇胺（掩蔽 Al^{3+}、Fe^{3+}）和 KCN（掩蔽 Cu^{2+}、Ni^{2+} 和 Co^{2+}）以消除干扰。

(2) 指示剂的僵化现象　有些金属指示剂与金属离子的配合物在水中溶解度很小，使 EDTA 与指示剂金属离子配合物 MIn 的置换缓慢，终点拖长，这种现象叫作指示剂的僵化。如 PAN[1-(2-吡啶偶氮)-2-萘酚]指示剂在温度较低时易发生僵化，这时，可加入少量的有机溶剂或加热以增大其溶解度，以加快置换速度，使指示剂的变色较明显。

(3) 指示剂的氧化变质现象　指示剂在使用或贮存过程中，由于受空气中的氧气或其他物质的作用发生变质而失去指示终点作用的现象，称为指示剂的氧化变质现象。如铬黑 T、钙指示剂的水溶液均易氧化变质，可采取配成固体配合物或有机溶剂溶液的方法预防；配成水溶液时，可加入一定量还原剂，如盐酸羟胺、抗坏血酸等。

4. 常用的金属指示剂

一些常用金属指示剂的主要使用情况列于表 8-5。

表 8-5 常用的金属指示剂

指示剂	pH 值范围	直接滴定的离子	颜色变化		指示剂配制	注意事项
			In	MIn		
铬黑 T (EBT)	8～10	pH=10，Mg^{2+}、Zn^{2+}、Cd^{2+}、Ca^{2+}、Mn^{2+}、稀土离子	蓝	红	1∶100NaCl(s)	Fe^{3+}、Al^{3+}、Cu^{2+}、Ni^{2+} 等离子封闭
钙指示剂 (NN)	12～13	pH=12～13，Ca^{2+}	蓝	酒红	1∶100NaCl(s)	Fe^{3+}、Al^{3+}、Cu^{2+}、Ni^{2+} 等离子封闭
二甲酚橙 (XO)	<6	pH<1，ZrO^{2+}；pH=1～3.5，Bi^{3+}、Th^{4+}；pH=5～6，Tl^{3+}、Zn^{2+}、Pb^{2+}、Cd^{2+}、Hg^{2+}、稀土元素离子	亮黄	紫红	0.5%水溶液	Fe^{3+}、Al^{3+} 等离子封闭
1-(2-吡啶偶氮)-2-萘酚(PAN)	2～12	pH=2～3，Th^{4+}、Bi^{3+}；pH=4～5，Cu^{2+}、Ni^{2+}	黄	紫红	0.1%乙醇溶液 ($1g\cdot L^{-1}$)	MIn 在水中溶解度小，为防止 PAN 僵化，滴定时需加热
酸性铬蓝 K	8～13	pH=10，Mg^{2+}、Zn^{2+}、Mn^{2+}；pH=13，Ca^{2+}	蓝	红	1∶100NaCl(s)	

5. 提高配位滴定选择性的方法

EDTA 配位剂具有很强的配位能力，能与多种金属离子形成配合物，因此 EDTA 被广泛应用。但实际分析对象是多元素同时存在时，往往互相干扰。对此，常采用控制酸度和使用掩蔽剂等方法提高配位滴定的选择性。

(1) 控制溶液的酸度 不同的金属离子和 EDTA 所形成的配合物 MY 的稳定常数是不同的，所以滴定时允许的最小 pH 值也不同。溶液中若同时有两种或两种以上的金属离子，通过控制酸度，使其中一种离子与 EDTA 形成稳定的配合物，而其他离子与 EDTA 不发生配位反应或形成的配合物不稳定，这样就可以避免干扰。

经计算推导，当溶液中含有能与 EDTA 形成配合物的金属离子 M 和 N，想通过控制酸度进行分别滴定的条件是：

$$\Delta \lg K + \lg \frac{c_M}{c_N} \geqslant 5$$

$$c_M = c_N \text{ 时，} \Delta \lg K \geqslant 5$$

混合离子滴定通常允许误差 $E_t \leqslant \pm 0.5\%$。

【例 8-3】 溶液中含 Ca^{2+}、Mg^{2+}，浓度均为 $1.0\times10^{-2}mol\cdot L^{-1}$，用相同浓度的 EDTA 标准溶液滴定 Ca^{2+}，将溶液 pH 值调到 12，若要求 $E_t \leqslant \pm 0.1\%$，Mg^{2+} 对滴定有无干扰？

解： pH=12 时，

$$[Mg^{2+}] = \frac{K_{sp}[Mg(OH)_2]}{[OH^-]^2} = \frac{1.8\times10^{-11}}{10^{-4}} = 1.8\times10^{-7}(mol\cdot L^{-1})$$

查表 8-3 得，$\lg K_{CaY}=10.69$，$\lg K_{MgY}=8.69$，则：

$$\Delta \lg K + \lg \frac{c_M}{c_N} = 10.69 - 8.69 + \lg \frac{10^{-2}}{1.8\times10^{-7}} = 6.74 > 6$$

所以，Mg^{2+} 对 Ca^{2+} 的滴定无干扰。

（2）使用掩蔽剂　当 $\Delta \lg K + \lg \frac{c_M}{c_N} < 5$ 时，已不能采用控制酸度的方法进行分别滴定，这时可加入掩蔽剂降低干扰离子的浓度，以消除干扰。常用的掩蔽方法按反应类型不同，可分为配位掩蔽法、沉淀掩蔽法和氧化还原掩蔽法，其中以配位掩蔽法用得最为普遍。

① 配位掩蔽法。利用配位反应降低干扰离子浓度以消除干扰的方法，称为配位掩蔽法。例如，用 EDTA 测定水中的 Ca^{2+}、Mg^{2+} 时，Fe^{3+}、Al^{3+} 等的存在对测定有干扰，可加入三乙醇胺作掩蔽剂。它能与 Fe^{3+}、Al^{3+} 反应生成更稳定的配合物，而不干扰测定。

采用配位掩蔽法，掩蔽剂必须具备下列条件：

a. 干扰离子与掩蔽剂形成的配合物的稳定性，必须大于干扰离子与 EDTA 形成的配合物，而且这些配合物应无色或浅色，不影响终点的观察；

b. 掩蔽剂不与被测离子配位，或形成配合物的稳定性远小于被测离子与 EDTA 所形成的配合物；

c. 掩蔽作用与配位滴定反应的 pH 值范围大致相同。

滴定分析中常用的配位掩蔽剂见表 8-6。

表 8-6　常用的配位掩蔽剂

名称	pH 值范围	被掩蔽的离子	备注
NH_4F	pH=4～6	Al^{3+}、Ti^{4+}、Sn^{4+}、Zr^{4+}、W^{6+} 等	用 NH_4F 比 NaF 好，优点是加入后溶液 pH 值变化不大
	pH=10	Al^{3+}、Mg^{2+}、Ca^{2+}、Sr^{2+}、Ba^{2+} 及稀土元素	
三乙醇胺(TEA)	pH=10	Al^{3+}、Sn^{4+}、Ti^{4+}、Fe^{3+} 等	与 KCN 并用，可提高掩蔽效果
	pH=10～12	Fe^{3+}、Al^{3+} 及少量 Mn^{2+}	
KCN	pH>8	Co^{2+}、Ni^{2+}、Cu^{2+}、Zn^{2+}、Hg^{+}、Cd^{2+}、Ag^{+}、Tl^{+} 及铂族元素	
二巯基丙醇	pH=10	Bi^{3+}、Pb^{2+}、Zn^{2+}、Sb^{2+}、Sn^{4+}、Cd^{2+}、Cu^{2+}	
硫脲	—	Cu^{2+}、Hg^{+}	
酒石酸	pH=1.2	Sb^{3+}、Sn^{4+}、Fe^{3+}、Cu^{2+}	在抗坏血酸存在下
	pH=2	Fe^{3+}、Sn^{4+}、Mn^{2+}	
	pH=5.5	Fe^{3+}、Al^{3+}、Sn^{4+}、Ca^{2+}	
	pH=6～7.5	Mg^{2+}、Cu^{2+}、Fe^{3+}、Al^{3+}、Mo^{4+}、Sb^{3+}	
	pH=10	Al^{3+}、Sn^{4+}	

② 沉淀掩蔽法。利用沉淀反应降低干扰离子浓度，以消除干扰的方法，称为沉淀掩蔽法。

例如，在 Ca^{2+}、Mg^{2+} 共存的溶液中加入 NaOH，使溶液的 pH>12.0，Mg^{2+} 即形成 $Mg(OH)_2$ 沉淀，不干扰 Ca^{2+} 的滴定。

由于沉淀通常有颜色，且可吸附待测离子，还存在反应不完全等方面原因，所以沉淀掩蔽法不是一种理想的掩蔽方法，在实际工作中应用不多。

常用的沉淀掩蔽剂见表 8-7。

表 8-7　常用的沉淀掩蔽剂

掩蔽剂	pH 值	被掩蔽离子	被滴定离子	指示剂
NH_4F	10	Ba^{2+}、Ca^{2+}、Sr^{2+}、Mg^{2+}	Zn^{2+}、Cd^{2+}、Mn^{2+}	铬黑 T
NH_4F	10	Ba^{2+}、Ca^{2+}、Sr^{2+}、Mg^{2+}	Cu^{2+}、Co^{2+}、Ni^{2+}	紫脲酸胺
KI	5～6	Cu^{2+}	Zn^{2+}	PAN

续表

掩蔽剂	pH 值	被掩蔽离子	被滴定离子	指示剂
K_2CrO_4	10	Ba^{2+}	Sr^{2+}	MgY+EBT
铜试剂	10	Pb^{2+}、Bi^{3+}、Cu^{2+}、Cd^{2+}	Ca^{2+}、Mg^{2+}	铬黑 T
H_2SO_4	1	Pb^{2+}	Bi^{3+}	二甲酚橙

③ 氧化还原掩蔽法。利用氧化还原反应来改变干扰离子价态，以消除其干扰的方法，称为氧化还原掩蔽法。如锆铁矿中锆的测定，Fe^{3+} 干扰 Zr^{4+} 测定，此时可加入抗坏血酸或盐酸羟胺，将 Fe^{3+} 还原为 Fe^{2+}，由于 Fe^{2+} 与 EDTA 配合物的稳定性比 Fe^{3+} 与 EDTA 配合物的稳定性小得多（$\lg K_{[FeY]^-}=25.1$，$\lg K_{[FeY]^{2-}}=14.33$），因而能掩蔽 Fe^{3+} 的干扰。

④ 解蔽方法。将干扰离子掩蔽，待测离子滴定完成后，在金属离子配合物的溶液中，加入一种试剂（解蔽剂），将已被 EDTA 或掩蔽剂配位的金属离子释放出来的过程称为解蔽。如测定合金中的 Pb^{2+}，常用 KCN（注意：KCN 是剧毒物，只允许在碱性溶液中使用！）掩蔽 Zn^{2+}，测定完成后，再向溶液中加入甲醛破坏 $[Zn(CN)_4]^{2-}$，使 Zn^{2+} 释放出来，再用 EDTA 继续滴定。

$$4HCHO+[Zn(CN)_4]^{2-}+4H_2O \longrightarrow Zn^{2+}+4H_2C\begin{matrix}OH\\CN\end{matrix}+4OH^-$$

在实际分析中，用一种掩蔽剂常不能得到令人满意的结果，当有许多离子共存时，常将几种掩蔽剂或沉淀剂联合使用，这样才能获得较好的选择性。但需注意，共存干扰离子的量不能太多，否则不能得到满意的结果。

当采用控制酸度或使用掩蔽剂都有困难时，可用化学分离法把被测离子从干扰离子中分离出来，再进行滴定。当用 EDTA 滴定选择性不好时，可以选用其他的配位剂，来提高配位滴定的选择性。

三、配位滴定的方式及应用

采用不同方式的配位滴定，可扩大配位滴定的应用范围，提高配位滴定的选择性。常用的配位滴定方式有四种，即直接滴定、返滴定、置换滴定和间接滴定。

1. 直接滴定法及应用

直接滴定法是将待测溶液调至所需酸度，再用 EDTA 直接滴定被测离子。这种方法操作简单、快速，只要能满足直接滴定的要求，应尽可能地采用直接滴定法。

直接滴定法的要求如下：

① 被测金属离子与 EDTA 配位速度快，且满足条件：$\lg c_M K'_{MY}\geqslant 6$。

② 在选定的滴定条件下，被测金属离子不发生沉淀和水解反应，必要时可先加入辅助配位剂防止这些反应的发生。

③ 必须有变色敏锐的指示剂指示终点，且没有封闭现象。

大多数金属离子都可采用直接滴定法。表 8-8 列出了部分 EDTA 直接滴定金属离子的实例。

表 8-8　部分 EDTA 直接滴定金属离子的实例

金属离子	pH 值	指示剂	终点颜色	备注
Cu^{2+}	2.5～10	PAN	红色变为黄绿色	加热或加乙醇
Fe^{3+}	1.5～2.5	磺基水杨酸	红紫色变为黄色	加热
Fe^{2+}、Cd^{2+}、Pb^{2+}、Zn^{2+}	5～6	二甲酚橙	红紫色变为黄色	六亚甲基四胺
Ca^{2+}	12～13	钙指示剂	酒红色变为蓝色	
Cd^{2+}、Mg^{2+}、Zn^{2+}	9～10	铬黑 T	红色变为蓝色	氨性缓冲溶液

2. 返滴定法及应用

当被测离子与 EDTA 配位缓慢，或在滴定的 pH 值下会发生水解，或对指示剂有封闭作用，无合适的指示剂时，可采用返滴定法。返滴定法是在试液中加入过量的 EDTA 标准溶液，待反应完全后，用另一种金属离子标准溶液滴定过量的 EDTA。

例如，Al^{3+} 的测定，由于 Al^{3+} 与 EDTA 配位缓慢且对二甲酚橙等指示剂有封闭作用，较高 pH 值时易水解，Al^{3+} 不能被直接测定，一般采用返滴定法。先加入一定量并且过量的 EDTA 标准溶液，调节 pH=3.5，煮沸加速反应进行。冷却后，调节 pH 值至 5.0～6.0，加入二甲酚橙作为指示剂，然后用 Zn^{2+} 标准溶液返滴定过量的 EDTA。

【例 8-4】 测定某样品中铝的含量，称取试样 0.2000g，溶解后加入 $c=0.04620\text{mol}\cdot\text{L}^{-1}$ 的 EDTA 标准溶液 30.00mL，加热煮沸，冷却后调节溶液 pH 值为 5.0，以二甲酚橙为指示剂，用 $0.04710\text{mol}\cdot\text{L}^{-1}$ 的锌标准溶液返滴定过量的 EDTA，消耗锌标准溶液 6.80mL。分别计算以铝、氧化铝的质量分数表示的铝含量。已知 $M_{Al}=26.98\text{g}\cdot\text{mol}^{-1}$，$M_{Al_2O_3}=101.96\text{g}\cdot\text{mol}^{-1}$。

解： 根据题意可知铝含量的测定采用的是返滴定法，则：

$$m_{Al}=(c_{EDTA}\times V_{EDTA}-c_{Zn^{2+}}\times V_{Zn^{2+}})M_{Al}$$

$$w_{Al}=\frac{m_{Al}}{m_{样}}\times 100\%$$

$$w_{Al_2O_3}=\frac{m_{Al_2O_3}}{m_{样}}\times 100\%$$

代入数值：

$$w_{Al}=\frac{(c_{EDTA}\times V_{EDTA}-c_{Zn^{2+}}\times V_{Zn^{2+}})M_{Al}}{m_{样}}\times 100\%$$

$$=\frac{(0.04620\times 0.03000-0.04710\times 0.00680)\times 26.98}{0.2000}\times 100\%=14.38\%$$

$$w_{Al_2O_3}=\frac{(c_{EDTA}\times V_{EDTA}-c_{Zn^{2+}}\times V_{Zn^{2+}})M_{Al_2O_3}}{2\times m_{样}}\times 100\%$$

$$=\frac{(0.04620\times 0.0300-0.04710\times 0.00680)\times 101.96}{2\times 0.2000}\times 100\%=27.17\%$$

答： 试样中铝的质量分数为 14.38%，氧化铝的质量分数为 27.17%。

3. 置换滴定法及应用

配位滴定中用到的置换滴定有两种，分别是置换出金属离子或置换出 EDTA。即利用置换反应，从配合物中置换出等物质的量的另一种金属离子或 EDTA 然后进行滴定。

例如，不能直接用 EDTA 滴定 Ag^+，但可在待测溶液中加入过量的 $[Ni(CN)_4]^{2-}$，反应生成 $[Ag(CN)_4]^-$ 和 Ni^{2+}，然后用 EDTA 滴定置换出的 Ni^{2+}，即可求得 Ag^+ 的含量。

再如，测定锡青铜中的锡时，将试样溶解后加入过量的 EDTA，Sn^{4+} 与共存的 Pb^{2+}、Zn^{2+}、Cu^{2+} 等一起与 EDTA 配位，用 Zn^{2+} 标准溶液滴定除去过量的 EDTA，加入 NH_4F，利用 F^- 将 SnY 中的 Y 置换出来，再用 Zn^{2+} 标准溶液滴定置换出来的 Y，即可求得 Sn 的含量。

有些金属离子（如 Li^+、Na^+、K^+ 等）和一些非金属离子（如 SO_4^{2-}、PO_4^{3-} 等）不能和 EDTA 配位，或与 EDTA 生成的配合物不稳定，可采用间接滴定法进行滴定。

例如，PO_4^{3-} 的测定，在一定条件下，可将 PO_4^{3-} 沉淀为 $MgNH_4PO_4$，然后过滤、洗净并将它溶解，调节溶液的 pH=10，用铬黑 T 作指示剂，以 EDTA 标准溶液滴定 Mg^{2+}，从而求得试样中磷的含量。

【技能训练】

实验技能一　EDTA 标准溶液的制备

一、实验目的

（1）掌握间接法配制 EDTA 标准溶液的原理和方法。

（2）熟悉铬黑 T 作指示剂，终点颜色的判断。

（3）提高平行测定的精密度。

二、实验原理

EDTA 具有与金属离子配位反应普遍性的特点，即使是水和试剂中的微量金属离子也会与 EDTA 反应，故常采用间接法配制标准溶液。一般配制成浓度约为 $0.01mol \cdot L^{-1}$ 的 EDTA 溶液，然后用基准物质来标定，常用的基准物质是 Zn、ZnO、$CaCO_3$。本实验采用酸度控制在 pH=10 的 NH_3-NH_4Cl 缓冲溶液，以铬黑 T 作指示剂，用 ZnO 作为基准物质滴定 EDTA，终点颜色由酒红色变为纯蓝色。

三、实验仪器和试剂

1. 仪器　分析天平、滴定台、称量瓶、酸式滴定管、移液管、容量瓶、锥形瓶、试剂瓶、烧杯、量筒、玻璃棒、表面皿。

2. 试剂

(1) EDTA 二钠盐（$Na_2H_2Y \cdot 2H_2O$）。

(2) 基准试剂氧化锌，ZnO 基准物质在 900℃灼烧至恒重。

(3) 铬黑 T 指示剂。称取 1.0g 铬黑 T，与 100g NaCl 一起研细混匀，临用前配制。

(4) HCl（1+1）。

(5) pH=10 的 NH_3-NH_4Cl 缓冲溶液。称取 5.4 固体 NH_4Cl，加水 20mL，加浓氨水 35mL，溶解后用水稀释至 100mL。

(6) 40%氨水。量取 40mL 氨水，加水稀释至 100mL。

四、实验步骤

1. 配制 0.01mol·L^{-1} 的 EDTA 溶液

称取 2.0g EDTA 二钠盐，溶于 200mL 蒸馏水中，加热溶解，冷却后转入试剂瓶中，加水稀释至 500mL，充分摇匀，待标定。

2. Zn^{2+} 标准溶液配制

准确称取 0.2g 基准试剂 ZnO，置于 250mL 烧杯中，盖上表面皿。从烧杯嘴处滴加 3mL HCl 溶液（1+1），放置至 ZnO 全部溶解，定量转移至 250mL 容量瓶中，用水稀释至刻度，摇匀。

3. EDTA 溶液浓度标定

用移液管准确移取 25.00mL 锌标准溶液于 250mL 锥形瓶中，加入 70mL 蒸馏水，用 40%氨水中和至 pH 值为 7～8，再加入 10mL NH_3-NH_4Cl 缓冲溶液，加入少许铬黑 T 指示剂，用配好的 EDTA 溶液滴定至溶液由酒红色变为纯蓝色，记录消耗的 EDTA 溶液的体积，平行测定 3 次。

4. EDTA 标准溶液浓度计算

根据称取的 ZnO 的质量和消耗的 EDTA 溶液的体积，计算 EDTA 标准溶液的准确浓度。

$$c_{EDTA} = \frac{m_{ZnO} \times \frac{25.00}{250.00}}{M_{ZnO} V_{EDTA}}$$

五、实验数据与处理（表 8-9）

表 8-9　制备 EDTA 标准溶液的数据记录与处理

项目	1	2	3
倾样前 ZnO+称量瓶质量/g			
倾样后 ZnO+称量瓶质量/g			

续表

项目	1	2	3
倾出 ZnO 质量/g			
移取 Zn^{2+} 标准溶液体积/mL	25.00	25.00	25.00
滴定前 EDTA 溶液初始读数/mL			
滴定后 EDTA 溶液终读数/mL			
V_{EDTA}/mL			
c_{EDTA}/($mol \cdot L^{-1}$)			
EDTA 溶液的平均浓度/($mol \cdot L^{-1}$)			
相对偏差/%			

六、思考题

1. 为什么在调节溶液 pH 值为 7～8 之后，再加入 NH_3-NH_4Cl 缓冲溶液？

2. EDTA 溶液标定时，是否可以三份样品同时加入指示剂，然后再一份一份滴定，为什么？

3. 配制好的 EDTA 溶液应保存在什么材质的试剂瓶中，为什么？

实验技能二　自来水硬度的测定

一、实验目的

（1）掌握采用配位滴定法直接测定自来水硬度的原理和方法。

（2）掌握自来水硬度的表示方法。

（3）掌握钙指示剂的使用条件和滴定终点的判定。

（4）提高平行测定的精密度。

二、实验原理

自来水中的金属离子主要是 Ca^{2+}、Mg^{2+}，此外还有微量的 Fe^{3+}、Al^{3+} 等。通常把 Ca^{2+}、Mg^{2+} 的总浓度看作水的总硬度。水硬度的测定分为测定钙镁总硬度和分别测定钙和镁硬度两种，前者测定钙镁的总量，后者是分别测定钙和镁的含量。我国《生活饮用水卫生标准》规定总硬度以 $CaCO_3$ 计，不得超过 $450mg \cdot L^{-1}$。

水的总硬度测定，用 NH_3-NH_4Cl 缓冲溶液调节水样 pH=10，以铬黑 T 为指示剂，用

三乙醇胺掩蔽 Fe^{3+}、Al^{3+} 等共存离子，然后用 EDTA 标准溶液直接滴定水中的 Ca^{2+}、Mg^{2+}，终点时溶液由酒红色变为纯蓝色。

钙硬度测定，先用 NaOH 调节 pH＝12，使 Mg^{2+} 以 $Mg(OH)_2$ 沉淀，再以钙指示剂指示终点，用 EDTA 标准溶液滴定，终点时溶液由酒红色变为纯蓝色。

镁硬度可由总硬度和钙硬度之差得到。

三、实验仪器和试剂

1. 仪器　酸式滴定管、移液管、锥形瓶、烧杯、量筒。

2. 试剂

（1）EDTA 标准溶液（0.01mol·L^{-1}）。

（2）NaOH 溶液（10%）。

（3）pH＝10 的 NH_3-NH_4Cl 缓冲溶液。

（4）铬黑 T。

（5）钙指示剂，称取 1.0g 钙指示剂，与 100g NaCl 一起研细混匀。

（6）三乙醇胺溶液（1∶2）。

（7）待测水样。

四、实验步骤

1. 总硬度的测定

移取水样 100.00mL 于 250mL 锥形瓶中，加入 5mL 三乙醇胺（无 Fe^{3+}、Al^{3+} 等时可不加），加 5mL NH_3-NH_4Cl 缓冲溶液，加入少许铬黑 T 指示剂，用 EDTA 标准溶液滴定至溶液颜色由酒红色变为纯蓝色，记录所消耗的 EDTA 的体积 V_1。平行测定 3 次。

$$\rho_{CaCO_3}=\frac{c_{EDTA}V_1M_{CaCO_3}}{V_{水样}}\times 10^3$$

2. 钙、镁硬度的测定

移取水样 100.00mL 于 250mL 锥形瓶中，加入 5mL 三乙醇胺（无 Fe^{3+}、Al^{3+} 等时可不加）摇匀。加入 5mL 10%NaOH 溶液使 Mg^{2+} 形成沉淀，摇匀后加入 0.01g 钙指示剂，用 EDTA 标准溶液滴定至溶液颜色由酒红色变为纯蓝色，记录所消耗的 EDTA 的体积 V_2。平行测定 3 次。

$$\rho_{Ca}=\frac{c_{EDTA}V_2M_{Ca}}{V_{水样}}\times 10^3$$

$$\rho_{Mg}=\frac{c_{EDTA}(V_1-V_2)M_{Mg}}{V_{水样}}\times 10^3$$

五、实验数据与处理

1. 总硬度的测定（表 8-10）

表 8-10　测定总硬度的数据记录与处理

项目	1	2	3
$V_{水样}$/mL			
c_{EDTA}/(mol·L^{-1})			
滴定前 EDTA 标准溶液读数/mL			
滴定后 EDTA 标准溶液读数/mL			
V_1/mL			
ρ_{CaCO_3}/(mg·L^{-1})			
$\bar{\rho}_{CaCO_3}$/(mg·L^{-1})			
相对偏差/%			

2. 钙、镁硬度的测定（表 8-11）

表 8-11　分别测定钙、镁硬度的数据记录与处理

项目	1	2	3
$V_{水样}$/mL			
c_{EDTA}/(mol·L^{-1})			
滴定前 EDTA 标准溶液读数/mL			
滴定后 EDTA 标准溶液读数/mL			
V_2/mL			
ρ_{Ca}/(mg·L^{-1})			
$\bar{\rho}_{Ca}$/(mg·L^{-1})			
相对偏差/%			
$\bar{\rho}_{Mg}$/(mg·L^{-1})			

六、注意事项

(1) 根据水质硬度不同，适当增减水样的体积。

(2) 当水样中 Mg^{2+} 含量较低时，铬黑 T 变色不够敏锐，可加入适量的 Mg-EDTA 混合液，以增加 Mg^{2+} 含量，使终点颜色变化敏锐。

(3) 滴定速度不宜过快，接近终点时要慢，以免滴定过量。

七、思考题

(1) 实验中所用的锥形瓶等仪器是否需要用待测水样润洗？为什么？

(2) 以测定 Ca^{2+} 为例，写出终点前后的各反应式，并说明指示剂颜色变化的原因。

【知识拓展】

广谱光催化制氢技术

太阳能和氢能是公认的清洁能源，有望缓解当前全球范围的能源危机。光催化分解水制氢技术是一种可以直接将太阳辐射能转化为氢能的途径，是极具发展潜力的新能源技术。光催化制氢技术是基于半导体带间跃迁的一种作用机制，其实际应用目前主要受限于催化剂成本和能量转换性能。有机半导体材料通常由自然界丰富的碳、氢、氮等元素组成，有利于降低材料成本，从而实现大规模的光催化剂生产。有机半导体如石墨相C_3N_4往往具有较宽的能带隙，使其只能吸收紫外线等短波太阳光，而紫外线只占太阳光全谱的5%左右，造成了充分利用太阳能的困难。因此，非常有必要发展能够广谱吸光并完成光催化转化的有机半导体材料。

中国科学技术大学熊宇杰教授课题组提出了一种新型的光催化制氢机制，将配位化学的理念引入有机纳米材料中，产品在广谱光照下展现出大幅度提高的光催化制氢性能。该工作为高性能和低成本的广谱光催化材料设计提供了新的视角，论文发表于国际重要材料期刊《先进材料》，共同第一作者是博士生李燕瑞和访问学者王赵武。

广谱光催化分解水制氢是近年来业界一直期望解决的难题。熊宇杰课题组先前基于贵金属纳米结构的等离激元效应，通过形成贵金属和半导体的异质结构，将等离激元效应中的热电子注入、共振传能和电磁场增强等作用机制引入半导体的带间跃迁过程中，在广谱光解水制氢方面取得了一系列成果。

尽管这种技术途径使光催化性能得以显著提高，然而其贵金属用量较大，无法降低催化剂的材料成本。因此，研究人员基于低成本的有机半导体材料，将配位化学与光催化技术相结合，提出了一种新的广谱光催化作用机制（图8-7）。

在这种新发展的作用机制中，熊宇杰课题组借鉴了均相配位化合物中金属中心与配体分子之间的电荷转移跃迁过程。该金属-配体电荷转移跃迁可以在低于带间跃迁的能量范围内吸光，从而与带间跃迁形成了互补型的广谱吸光。研究人员将有机半导体二维纳米材料作为大分子配体，利用其中的氮原子位点，引入不到千分之一含量的铂离子或者更为廉价的铜离子，形成了金属-有机半导体的纳米配位结构。该极少量的纳米配位单元诱导产生的电荷转移跃迁过程，使得催化剂产品可以在广谱太阳光范围内进行光催化制氢。国家同步辐射实验室的宋礼教授和朱俊发教授课题组分别利用X射线吸收精细结构谱和光电子能谱解析出了光催化剂的配位结构及能带结构，江俊教授课题组通过理论模拟证实了该电荷转移跃迁作用机制。该技术途径的发展将推动有机半导体材料在光解水制氢方面的应用，也为广谱光催化材料的设计开辟了一条新的思路。

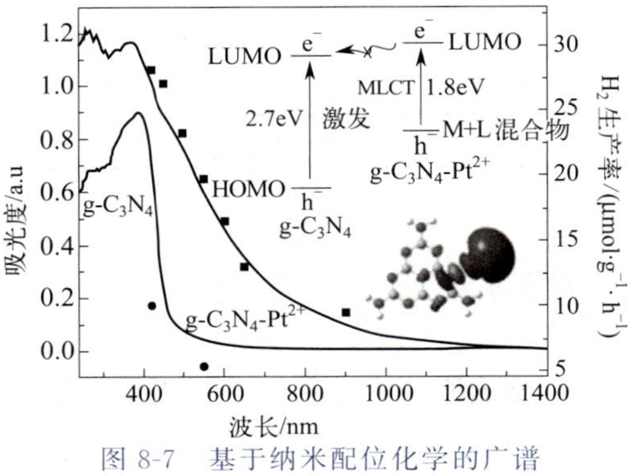

图8-7 基于纳米配位化学的广谱光催化制氢机制及其性能展示

广谱太阳光催化制氢的优势：

（1）绿色环保 广谱太阳光催化制氢利用太阳光作为能量来源，无须消耗化石燃料，因此具有零排放、无污染的特点，符合环保理念。

（2）可再生性　太阳光是一种无限可再生的能源，利用广谱太阳光催化制氢技术，可以实现氢气的持续、稳定生产。

（3）高效性　广谱太阳光催化制氢技术具有较高的光能利用率，能够有效利用广谱太阳光，提高制氢效率。

尽管广谱太阳光催化制氢技术具有诸多优势，但仍面临一些挑战。首先，光催化剂的性能直接影响制氢效率，因此需要研发更高效、更稳定的光催化剂。其次，如何降低成本，提高制氢的经济性，也是该技术推广应用的关键。

展望未来，广谱太阳光催化制氢技术有望在新能源领域发挥重要作用。随着光催化剂研究的深入，以及制氢工艺的改进，相信这一技术将实现更高效、更经济的制氢过程。同时，随着全球能源结构的调整和清洁能源政策的推动，广谱太阳光催化制氢技术有望在更多的领域得到应用，为人类社会的可持续发展提供有力支持。

广谱太阳光催化制氢技术作为一种新型、高效的制氢方法，具有巨大的应用潜力和市场前景。虽然目前仍面临一些挑战，但随着科技的不断进步和研究的深入，相信这些问题将逐一得到解决。相信广谱太阳光催化制氢技术能够在未来为人类社会带来更多的绿色能源，推动全球能源结构的优化和可持续发展。

【立德树人】

中国配位化学的先驱——陈荣悌

陈荣悌是我国配位化学学科的先驱者和推进者之一，还是国际上进行溶液配位化学、热力学和动力学研究的开拓者之一。

1919 年 11 月，陈荣悌出生于四川。他的学习之路一直都很顺利，1941 年从四川大学化学专业毕业后又取得了武汉大学化学专业的硕士学位。对学术很有追求的陈荣悌还远赴海外留学，1952 年获美国印第安纳大学化学专业博士学位。此后，他又在美国西北大学和芝加哥大学做研究工作。

1954 年，在祖国的召唤下，陈荣悌义无反顾地回国发展，并任南开大学教授。在南开大学，陈荣悌主要从事热力学、动力学、配位化学及络合催化方面的教学和研究工作。当时南开大学化学系拟设立热力学专门化课程，但苦于力量不足。陈荣悌用了不到一年时间，自编讲义，除了主讲化学热力学和化学动力学等课程外，还筹建了热力学专门化实验室。在完成繁重的教学工作的同时，他还积极克服设备、经费不足等困难，坚持开展科学研究。

陈荣悌在配位化学领域的开拓性成果在国际上产生了巨大影响。20 世纪 50 年代末，他正式提出了配位化学中的直线自由能和直线焓关系的定量关系式，引起了国际配位化学界的高度重视。这项成果发表于 1962 年德国《物理化学杂志》后，受到国内外同行的广泛重视。年轻的化学家陈荣悌将他的名字和杰出贡献载入了国际配位化学史册，为新中国赢得了荣誉。

从 1973 年开始，他从事无汞催化剂的研究工作，经过数年努力，研制出了具有优良催化性能的固相无汞催化剂。他还领导了乙炔加氯化氢制氯乙烯的无汞液相络合催化剂的研制工作。这项成果在国内外处于领先水平，是对中国化学工业的重要贡献。1978 年，陈荣梯又投入到线性热力学函数关系的研究中，证明了直线焓关系的存在，在此基础上，又证实了直线熵关系的存在。他将这三种直线关系定义为“配位化学反应中线性热力学函数关系”。1983 年，在山西化工厂调查研究中，发现氯丁橡胶生产中乙炔二聚反应的催化剂仍为 20 世纪 30 年代开发的纽兰德催化剂，转化率低，选择性差，还产生多种副反应，他领导的科研组筛选出了一种既有助催化作用，又有溶解高聚物能力的液相络合催化剂，并一次试车成功。他研究发明的 NS-02 催化剂是国内首创的乙炔二聚反应双功能络合催化剂，已达到国际最高水平。此项成果在国内氯橡胶行业推广使用后，经济效益十分显著。1995 年出版专著《配位化学中的相关分析》。

除了在学术上取得的成就以外，陈荣悌的奉献精神也让人动容。自 1955 年招收研究生以来，他培养了大量优秀人才，其中有硕士生 30 余人、博士生 20 余人。教书育人是他的追求，在教导学生时，陈荣悌平易近人，对青年学子极为关心、爱护。可以说，陈荣悌为我国教育与科技事业洒下了辛勤的汗水，倾注了毕生的心血，即使到了耄耋之年，他仍在指导博士研究生的毕业论文。

陈荣悌是当之无愧的爱国科学家，为了祖国配位化学领域的发展，为了培育我国化学界科技人才，解决化学领域的实际问题，陈荣悌献出了毕生的心血，做出了卓越的贡献。从他身上，我们看到了中国科学家的风骨和脊梁，这也将影响一代代优秀的年轻人以他为榜样，奋发向上。

【模块总结】

- 配位平衡与配位滴定法
  - 配位化合物的基本概念
    - 配合物的定义
    - 配合物的组成
      - 中心离子(或原子)
      - 配位体
      - 配位数
      - 配离子的电荷
    - 配合物的命名
    - 配合物的结构
      - 配合物中的化学键
      - 配合物的空间构型
      - 外轨配合物与内轨配合物
    - 螯合物
  - 配位平衡
    - 配离子的稳定常数
    - 影响配合物稳定性的因素
      - EDTA酸效应及酸效应系数
      - 金属离子的配位效应及配位效应系数
      - 条件稳定常数
    - 配位平衡的移动
      - 配位平衡与酸碱平衡
      - 配位平衡与沉淀平衡
      - 配位平衡与氧化还原平衡
      - 配位平衡之间的转化
  - 配位滴定法
    - 配位滴定原理
      - 配位滴定曲线
      - 影响滴定突跃的因素
      - EDTA准确滴定单一金属离子的条件
      - EDTA滴定中酸度的控制
    - 金属指示剂
      - 金属指示剂的作用原理
      - 金属指示剂应具备的条件
      - 金属指示剂使用中常见问题
      - 常用的金属指示剂
      - 提高配位滴定选择性的方法
    - 配位滴定的方式及应用
      - 直接滴定法及应用
      - 返滴定法及应用
      - 置换滴定法及应用
      - 间接滴定法及应用
  - 实验技能
    - EDTA标准溶液的配制
    - 自来水硬度的测定

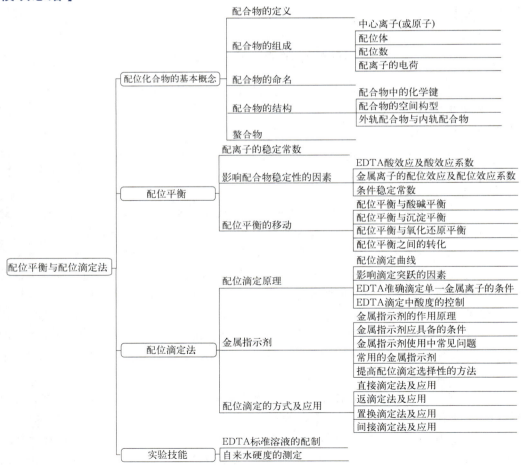

【知识检测】

一、选择题

1. 下列物质属于配合物的是（　　）。

A. $Na_2S_2O_3$　　B. H_2O_2

C. $[Ag(NH_3)_2]Cl$　　D. $KAl(SO_4)_2 \cdot 12H_2O$

2. $[Co(SCN)_4]^{2-}$ 中钴的价态和配位数分别是（　　）。

A. －2，4　　B. ＋2，4　　C. ＋3，2　　D. ＋2，12

3. 若用 EDTA 测定 Zn^{2+} 时，Cr^{3+} 有干扰，为消除影响，应采用的方法是（　　）。

A. 控制酸度　　B. 配位掩蔽　　C. 氧化还原掩蔽　　D. 沉淀掩蔽

4. 配制 EDTA 标准溶液用自来水，在直接滴定中将使测定结果（　　）。

A. 偏大　　B. 偏小　　C. 不影响　　D. 大小不确定

5. 用碳酸钙基准物质标定 EDTA 时，用（　　）作指示剂。

A. 二甲酚橙　　B. 铬黑 T　　C. 钙指示剂　　D. 六亚甲基四胺

6. 产生金属指示剂的封闭现象是因为（　　）。

A. 指示剂不稳定　　B. MIn 溶解度小　　C. $K'_{MIn} < K'_{MY}$　　D. $K'_{MIn} > K'_{MY}$

7. 用 EDTA 测定 SO_4^{2-} 时，应采用的方法是（　　）。

A. 直接滴定　　B. 间接滴定　　C. 连续滴定　　D. 返滴定

8. 某溶液主要含有 Ca^{2+}、Mg^{2+} 及少量 Al^{3+}、Fe^{3+}，在 pH＝10 时加入三乙醇胺后，用 EDTA 滴定，用铬黑 T 为指示剂，则测出的是（　　）的含量。

A. Mg^{2+}　　B. Ca^{2+}、Mg^{2+}

C. Al^{3+}、Fe^{3+}　　D. Ca^{2+}、Mg^{2+}、Al^{3+}、Fe^{3+}

9. 已知在 pH＝9 时，$\lg\alpha_{Y(H)}=1.29$，$K_{CaY}=10.69$，则条件稳定常数为（　　）。

A. $10^{1.29}$　　B. $10^{-9.40}$　　C. $10^{9.40}$　　D. $10^{10.69}$

10. 在 Fe^{3+}、Al^{3+}、Ca^{2+}、Mg^{2+} 的混合液中，用 EDTA 法测定 Fe^{3+}、Al^{3+}，要消除 Ca^{2+}、Mg^{2+} 的干扰，最简便的方法是（　　）。

A. 沉淀分离法　　B. 控制酸度法　　C. 络合掩蔽法　　D. 氧化还原掩蔽法

二、判断题

1. 氨羧配位体有氨氮和羧氧两种配位原子，能与金属离子 1∶1 形成稳定的配合物。（　　）

2. 金属指示剂的僵化现象是指滴定时终点没有出现。（　　）

3. 在只考虑酸效应的配位反应中，酸度越大，形成配合物的条件稳定常数越大。（　　）

4. 当 EDTA 溶解于酸度较高的溶液中时，它就相当于六元酸。（　　）

5. 在配位滴定中，通常用 EDTA 的二钠盐，这是因为其比 EDTA 溶解度小。（　　）

6. 分析室常用的 EDTA 水溶液呈弱酸性。（　　）

7. 在测定水硬度的过程中加入 NH_3-NH_4Cl 是为了保持溶液酸度基本不变。（　　）

8. 掩蔽剂的用量过量太多，被测离子也可能被掩蔽而引起误差。（　　）

9. 用 EDTA 测定 Ca^{2+}、Mg^{2+} 总量时，以铬黑 T 作指示剂，pH 值应控制在 12。（　　）

10. 若被测金属离子与 EDTA 配合反应速率慢，一般采用置换滴定方式进行测定。（　　）

三、简答题

1. 写出下列配离子、配合物的名称或结构：

（1）$[Cr(CO)_6]$

（2）$[Zn(CN)_4]^{2-}$

（3）$[CoCl_2(H_2O)_4]Cl$

（4）二硫代硫酸合银（Ⅰ）酸钠

（5）二氯·一草酸根·一乙二胺合铁（Ⅲ）离子

（6）三氯化六氨合铬（Ⅲ）

2. 向 $[Cu(NH_3)_4]SO_4$ 溶液中分别加入少量下列物质，请问下列平衡会怎样移动？

$$[Cu(NH_3)_4]^{2+} \rightleftharpoons Cu^{2+} + 4NH_3$$

（1）硝酸；（2）氨水；（3）K_2S 溶液；（4）NaOH 溶液

3. EDTA 与金属离子的配合物有哪些特点？

四、计算题

1. 将 0.50mol·L^{-1} 氨水加入 0.50mL 0.20mol·L^{-1} 的 $AgNO_3$ 溶液中，计算平衡时溶液中 Ag^+、$[Ag(NH_3)_2]^+$、NH_3 及 H^+ 的浓度。

2. 取干燥的 Al $(OH)_3$ 凝胶 0.3986g，处理后在 250mL 容量瓶中配制成试液。吸取此试液 25.00mL，准确加入 0.05000mol·L^{-1}EDTA 溶液 25.00mL，反应后过量的 EDTA 用 0.05000mol·$L^{-1}$$Zn^{2+}$ 标准溶液返滴定，用去 15.02mL，计算试样中 Al_2O_3 的质量分数。

3. 分析铅、锌、镁合金时，称取合金 0.4800g，溶解后，用容量瓶准确配制成 100mL 试液。吸取 25.00mL 试液，加 KCN 将 Zn^{2+} 掩蔽。然后用 c(EDTA)＝0.02000mol·L^{-1} 的 EDTA 标准滴定溶液滴定 Pb^{2+} 和 Mg^{2+}，消耗 EDTA 溶液 46.40mL。继续加入二巯基丙醇（DMP）掩蔽 Pb^{2+}，使其置换出等量的 EDTA，再用 $c(Mg^{2+})$＝0.01000mol·L^{-1} 的 Mg^{2+} 标准滴定溶液滴定置换出的 EDTA，消耗 Mg^{2+} 溶液 22.60mL。最后加入甲醛解蔽 Zn^{2+}，再用上述 EDTA 标准滴定溶液滴定 Zn^{2+}，又消耗 EDTA 溶液 44.10mL。计算合金中铅、锌、镁的质量分数。

习题-配位滴定
分析核心考点

模块八知识检测
参考答案

附　　录

附录1　元素周期表

IUPAC 2013

图例（以95号元素为例）：

+2 +3 +4 +5 +6	氧化态(单质的氧化态为0，未列入；常见的为红色)
95	原子序数
Am	元素符号(红色的为放射性元素)
镅▲	元素名称(注▲的为人造元素)
$5f^{7}7s^{2}$	价层电子构型
243.06138(2)+	以^{12}C=12为基准的原子量(注+的是半衰期最长同位素的原子量)

s区元素　p区元素　d区元素　ds区元素　f区元素　稀有气体

（各格内容依次为：氧化态；原子序数 元素符号；元素名称；价层电子构型；原子量）

周期＼族	1 IA	2 IIA	3 IIIB	4 IVB	5 VB	6 VIB	7 VIIB	8 VIIIB(VIII)	9 VIIIB(VIII)	10 VIIIB(VIII)	11 IB	12 IIB	13 IIIA	14 IVA	15 VA	16 VIA	17 VIIA	18 VIIIA(0)	电子层
1	−1 +1 1 H 氢 $1s^{1}$ 1.008																	2 He 氦 $1s^{2}$ 4.002602(2)	K
2	3 Li 锂 $2s^{1}$ 6.94	+2 4 Be 铍 $2s^{2}$ 9.0121831(5)											+3 5 B 硼 $2s^{2}2p^{1}$ 10.81	−4 +2 +4 6 C 碳 $2s^{2}2p^{2}$ 12.011	−3 −2 −1 +1 +2 +3 +4 7 N 氮 $2s^{2}2p^{3}$ 14.007	−2 −1 8 O 氧 $2s^{2}2p^{4}$ 15.999	−1 9 F 氟 $2s^{2}2p^{5}$ 18.998403163(6)	10 Ne 氖 $2s^{2}2p^{6}$ 20.1797(6)	L K
3	−1 +1 11 Na 钠 $3s^{1}$ 22.98976928(2)	+2 12 Mg 镁 $3s^{2}$ 24.305											+3 13 Al 铝 $3s^{2}3p^{1}$ 26.9815385(7)	−4 +2 +4 14 Si 硅 $3s^{2}3p^{2}$ 28.085	−3 −2 +1 +3 +5 15 P 磷 $3s^{2}3p^{3}$ 30.973761998(5)	−2 +2 +4 +6 16 S 硫 $3s^{2}3p^{4}$ 32.06	−1 +3 +5 +7 17 Cl 氯 $3s^{2}3p^{5}$ 35.45	18 Ar 氩 $3s^{2}3p^{6}$ 39.948(1)	M L K
4	−1 +1 19 K 钾 $4s^{1}$ 39.0983(1)	+2 20 Ca 钙 $4s^{2}$ 40.078(4)	+3 21 Sc 钪 $3d^{1}4s^{2}$ 44.955908(5)	−1 0 +2 +3 +4 22 Ti 钛 $3d^{2}4s^{2}$ 47.867(1)	0 ±1 +2 +3 +4 +5 23 V 钒 $3d^{3}4s^{2}$ 50.9412(1)	−3 0 ±1 +2 +3 +4 +5 +6 24 Cr 铬 $3d^{5}4s^{1}$ 51.9961(6)	−2 0 ±1 +2 ±3 +4 +5 +6 +7 25 Mn 锰 $3d^{5}4s^{2}$ 54.938044(3)	−2 0 ±1 +2 +3 +4 +5 +6 26 Fe 铁 $3d^{6}4s^{2}$ 55.845(2)	0 ±1 +2 +3 +4 +5 27 Co 钴 $3d^{7}4s^{2}$ 58.933194(4)	0 ±1 +2 +3 +4 28 Ni 镍 $3d^{8}4s^{2}$ 58.6934(4)	+1 +2 +3 +4 29 Cu 铜 $3d^{10}4s^{1}$ 63.546(3)	+1 +2 30 Zn 锌 $3d^{10}4s^{2}$ 65.38(2)	+1 +3 31 Ga 镓 $4s^{2}4p^{1}$ 69.723(1)	+2 +4 32 Ge 锗 $4s^{2}4p^{2}$ 72.630(8)	−3 +3 +5 33 As 砷 $4s^{2}4p^{3}$ 74.921595(6)	−2 +2 +4 +6 34 Se 硒 $4s^{2}4p^{4}$ 78.971(8)	−1 +1 +3 +5 +7 35 Br 溴 $4s^{2}4p^{5}$ 79.904	+2 +4 36 Kr 氪 $4s^{2}4p^{6}$ 83.798(2)	N M L K
5	−1 +1 37 Rb 铷 $5s^{1}$ 85.4678(3)	+2 38 Sr 锶 $5s^{2}$ 87.62(1)	+3 39 Y 钇 $4d^{1}5s^{2}$ 88.90584(2)	+1 +2 +3 +4 40 Zr 锆 $4d^{2}5s^{2}$ 91.224(2)	0 ±1 +2 +3 +4 +5 41 Nb 铌 $4d^{4}5s^{1}$ 92.90637(2)	0 ±1 +2 +3 +4 +5 +6 42 Mo 钼 $4d^{5}5s^{1}$ 95.95(1)	0 ±1 +2 +3 +4 +5 +6 +7 43 Tc 锝▲ $4d^{5}5s^{2}$ 97.90721(3)	0 ±1 +2 +3 +4 +5 +6 +7 +8 44 Ru 钌 $4d^{7}5s^{1}$ 101.07(2)	0 ±1 +2 +3 +4 +5 +6 45 Rh 铑 $4d^{8}5s^{1}$ 102.90550(2)	0 ±1 +2 +3 +4 46 Pd 钯 $4d^{10}$ 106.42(1)	+1 +2 +3 47 Ag 银 $4d^{10}5s^{1}$ 107.8682(2)	+1 +2 48 Cd 镉 $4d^{10}5s^{2}$ 112.414(4)	+1 +3 49 In 铟 $5s^{2}5p^{1}$ 114.818(1)	+2 +4 50 Sn 锡 $5s^{2}5p^{2}$ 118.710(7)	−3 +3 +5 51 Sb 锑 $5s^{2}5p^{3}$ 121.760(1)	−2 +2 +4 +6 52 Te 碲 $5s^{2}5p^{4}$ 127.60(3)	−1 +1 +3 +5 +7 53 I 碘 $5s^{2}5p^{5}$ 126.90447(3)	+2 +4 +6 +8 54 Xe 氙 $5s^{2}5p^{6}$ 131.293(6)	O N M L K
6	−1 +1 55 Cs 铯 $6s^{1}$ 132.90545196(3)	+2 56 Ba 钡 $6s^{2}$ 137.327(7)	57~71 La~Lu 镧系	+1 +2 +3 +4 72 Hf 铪 $5d^{2}6s^{2}$ 178.49(2)	0 ±1 +2 +3 +4 +5 73 Ta 钽 $5d^{3}6s^{2}$ 180.94788(2)	0 ±1 +2 +3 +4 +5 +6 74 W 钨 $5d^{4}6s^{2}$ 183.84(1)	0 ±1 +2 +3 +4 +5 +6 +7 75 Re 铼 $5d^{5}6s^{2}$ 186.207(1)	0 ±1 +2 +3 +4 +5 +6 +7 +8 76 Os 锇 $5d^{6}6s^{2}$ 190.23(3)	0 ±1 +2 +3 +4 +5 +6 77 Ir 铱 $5d^{7}6s^{2}$ 192.217(3)	0 +2 +3 +4 +5 +6 78 Pt 铂 $5d^{9}6s^{1}$ 195.084(9)	+1 +2 +3 +5 79 Au 金 $5d^{10}6s^{1}$ 196.966569(5)	+1 +2 +3 80 Hg 汞 $5d^{10}6s^{2}$ 200.592(3)	+1 +3 81 Tl 铊 $6s^{2}6p^{1}$ 204.38	+2 +4 82 Pb 铅 $6s^{2}6p^{2}$ 207.2(1)	−3 +3 +5 83 Bi 铋 $6s^{2}6p^{3}$ 208.98040(1)	−2 +2 +4 +6 84 Po 钋 $6s^{2}6p^{4}$ 208.98243(2)+	+1 +5 +7 85 At 砹 $6s^{2}6p^{5}$ 209.98715(5)+	+2 86 Rn 氡 $6s^{2}6p^{6}$ 222.01758(2)+	P O N M L K
7	+1 87 Fr 钫 $7s^{1}$ 223.01974(2)+	+2 88 Ra 镭 $7s^{2}$ 226.02541(2)+	89~103 Ac~Lr 锕系	104 Rf 𬬻▲ $6d^{2}7s^{2}$ 267.122(4)+	105 Db 𬭊▲ $6d^{3}7s^{2}$ 270.131(4)+	106 Sg 𬭳▲ $6d^{4}7s^{2}$ 269.129(3)+	107 Bh 𬭛▲ $6d^{5}7s^{2}$ 270.133(2)+	108 Hs 𬭶▲ $6d^{6}7s^{2}$ 270.134(2)+	109 Mt 鿏▲ $6d^{7}7s^{2}$ 278.156(5)+	110 Ds 𫟼▲ 281.165(4)+	111 Rg 𬬭▲ 281.166(6)+	112 Cn 鿔▲ 285.177(4)+	113 Nh 鿭▲ 286.182(5)+	114 Fl 𫓧▲ 289.190(4)+	115 Mc 镆▲ 289.194(6)+	116 Lv 𫟷▲ 293.204(4)+	117 Ts 鿬▲ 293.208(6)+	118 Og 鿫▲ 294.214(5)+	Q P O N M L K

★ 镧系	+3 57 La ★ 镧 $5d^{2}6s^{2}$ 138.90547(7)	+2 +3 +4 58 Ce 铈 $4f^{1}5d^{1}6s^{2}$ 140.116(1)	+3 +4 59 Pr 镨 $4f^{3}6s^{2}$ 140.90766(2)	+2 +3 +4 60 Nd 钕 $4f^{4}6s^{2}$ 144.242(3)	+3 61 Pm 钷▲ $4f^{5}6s^{2}$ 144.91276(2)	+2 +3 62 Sm 钐 $4f^{6}6s^{2}$ 150.36(2)	+2 +3 63 Eu 铕 $4f^{7}6s^{2}$ 151.964(1)	+3 64 Gd 钆 $4f^{7}5d^{1}6s^{2}$ 157.25(3)	+3 +4 65 Tb 铽 $4f^{9}6s^{2}$ 158.92535(2)	+3 +4 66 Dy 镝 $4f^{10}6s^{2}$ 162.500(1)	+3 67 Ho 钬 $4f^{11}6s^{2}$ 164.93033(2)	+3 68 Er 铒 $4f^{12}6s^{2}$ 167.259(3)	+2 +3 69 Tm 铥 $4f^{13}6s^{2}$ 168.93422(2)	+2 +3 70 Yb 镱 $4f^{14}6s^{2}$ 173.045(10)	+3 71 Lu 镥 $4f^{14}5d^{1}6s^{2}$ 174.9668(1)
★ 锕系	+3 89 Ac ★ 锕 $6d^{1}7s^{2}$ 227.02775(2)+	+3 +4 90 Th 钍 $6d^{2}7s^{2}$ 232.0377(4)	+3 +4 +5 91 Pa 镤 $5f^{2}6d^{1}7s^{2}$ 231.03588(2)	+2 +3 +4 +5 +6 92 U 铀 $5f^{3}6d^{1}7s^{2}$ 238.02891(3)	+3 +4 +5 +6 +7 93 Np 镎 $5f^{4}6d^{1}7s^{2}$ 237.04817(2)+	+3 +4 +5 +6 +7 94 Pu 钚 $5f^{6}7s^{2}$ 244.06421(4)+	+2 +3 +4 +5 +6 95 Am 镅▲ $5f^{7}7s^{2}$ 243.06138(2)+	+3 +4 96 Cm 锔▲ $5f^{7}6d^{1}7s^{2}$ 247.07035(3)+	+3 +4 97 Bk 锫▲ $5f^{9}7s^{2}$ 247.07031(4)+	+2 +3 +4 98 Cf 锎▲ $5f^{10}7s^{2}$ 251.07959(3)+	+2 +3 99 Es 锿▲ $5f^{11}7s^{2}$ 252.0830(3)+	+2 +3 100 Fm 镄▲ $5f^{12}7s^{2}$ 257.09511(5)+	+2 +3 101 Md 钔▲ $5f^{13}7s^{2}$ 258.09843(3)+	+2 +3 102 No 锘▲ $5f^{14}7s^{2}$ 259.1010(7)+	+3 103 Lr 铹▲ $5f^{14}6d^{1}7s^{2}$ 262.110(2)+

附录 2　常见弱酸、弱碱的离解常数（298.15K）

（1）弱酸在水中的离解常数

物质	化学式	$K^{\ominus}_{a1}$	$K^{\ominus}_{a2}$	$K^{\ominus}_{a3}$
砷酸	H_3AsO_4	6.3×10^{-3}	1.0×10^{-7}	3.2×10^{-12}
硼酸	H_3BO_3	5.7×10^{-10}		
碳酸	H_2CO_3	4.30×10^{-7}	5.61×10^{-11}	
氢氰酸	HCN	6.2×10^{-10}		
铬酸	H_2CrO_4	4.1	1.3×10^{-6}	
次氯酸	HClO	2.8×10^{-8}		
过氧化氢	H_2O_2	2.2×10^{-12}		
氢氟酸	HF	6.6×10^{-4}		
次碘酸	HIO	2.3×10^{-11}		
碘酸	HIO_3	0.16		
亚硝酸	HNO_2	5.1×10^{-4}		
磷酸	H_3PO_4	7.6×10^{-3}	6.3×10^{-8}	4.4×10^{-13}
亚磷酸	H_3PO_3	6.3×10^{-2}	2.0×10^{-7}	
氢硫酸	HS	1.3×10^{-7}	7.1×10^{-15}	
硫酸	H_2SO_4		1.2×10^{-2}	
亚硫酸	H_2SO_3	1.3×10^{-2}	6.3×10^{-8}	
偏硅酸	H_2SiO_3	1.7×10^{-10}	1.6×10^{-12}	
甲酸	HCOOH	1.77×10^{-4}		
乙酸	CH_3COOH	1.8×10^{-5}		
乙二酸（草酸）	$H_2C_2O_4$	5.4×10^{-2}	5.4×10^{-5}	
一氯乙酸	$CH_2ClCOOH$	1.4×10^{-3}		
苯甲酸	C_6H_5COOH	6.2×10^{-5}		
邻苯二甲酸	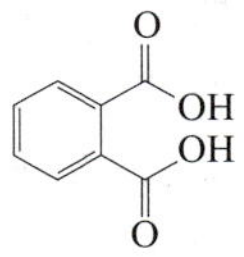	1.1×10^{-3}	3.9×10^{-6}	
乙二胺四乙酸	H_6Y^{2+}	0.13	3.0×10^{-2}	1.0×10^{-2}
		2.1×10^{-3}（$K^{\ominus}_{a4}$）	6.9×10^{-7}（$K^{\ominus}_{a5}$）	5.9×10^{-11}（$K^{\ominus}_{a6}$）

（2）弱碱在水中的离解常数

物质	化学式	$K^{\ominus}_{b}$	物质	化学式	$K^{\ominus}_{b}$
氨	NH_3	1.8×10^{-5}	二甲胺	$(CH_3)_2NH$	1.2×10^{-4}
联氨	H_2NNH_2	3.0×10^{-6}（$K^{\ominus}_{b1}$）	乙醇胺	$HOCH_2CH_2NH_2$	3.2×10^{-5}
		7.6×10^{-15}（$K^{\ominus}_{b2}$）	三乙醇胺	$(HOCH_2CH_2)_3N$	5.8×10^{-7}
羟氨	NH_2OH	9.1×10^{-9}	苯胺	$C_6H_5NH_2$	4.3×10^{-10}
甲胺	CH_3NH_2	4.2×10^{-4}	六亚甲基四胺	$(CH_2)_6N_4$	1.4×10^{-9}
乙胺	$C_2H_5NH_2$	5.6×10^{-4}	吡啶	C_5H_5N	1.7×10^{-9}

附录 3 溶度积常数（298.15K）

难溶电解质	$K_{sp}^{\ominus}$	难溶电解质	$K_{sp}^{\ominus}$
AgCl	1.77×10^{-10}	Cu_2S	2.5×10^{-13}
AgBr	5.35×10^{-13}	CuS	6.3×10^{-15}
AgI	8.52×10^{-17}	$CuCO_3$	1.4×10^{-10}
AgOH	2.0×10^{-8}	$Fe(OH)_2$	8.0×10^{-11}
Ag_2SO_4	1.20×10^{-5}	$Fe(OH)_3$	4.0×10^{-19}
Ag_2SO_3	1.50×10^{-14}	$FeCO_3$	3.2×10^{-11}
Ag_2S	6.3×10^{-20}	FeS	6.3×10^{-11}
Ag_2CO_3	8.46×10^{-12}	$Hg(OH)_2$	3.0×10^{-25}
$Ag_2C_2O_4$	3.40×10^{-11}	Hg_2Cl_2	1.3×10^{-18}
Ag_2CrO_4	1.12×10^{-12}	Hg_2Br_2	5.6×10^{-2}
$Ag_2Cr_2O_7$	2.0×10^{-7}	Hg_2I_2	4.5×10^{-29}
Ag_3PO_4	1.4×10^{-18}	Hg_2CO_3	8.9×10^{-17}
$Al(OH)_3$	1.3×10^{-33}	$HgBr_2$	6.2×10^{-20}
As_2S_3	2.1×10^{-22}	HgI_2	2.8×10^{-29}
$Au(OH)_3$	5.5×10^{-46}	Hg_2S	1.0×10^{-47}
BaF_2	1.0×10^{-6}	HgS(红)	4×10^{-53}
$Ba(OH)_2\cdot8H_2O$	2.55×10^{-4}	HgS(黑)	1.6×10^{-52}
$BaSO_4$	1.08×10^{-10}	LiF	3.8×10^{-3}
$BaSO_3$	8×10^{-7}	$K_2[PtCl_6]$	1.1×10^{-5}
$BaCO_3$	5.1×10^{-9}	$La(OH)_3$	2.0×10^{-19}
BaC_2O_4	1.6×10^{-7}	$Mg(OH)_2$	1.8×10^{-11}
$BaCrO_4$	1.17×10^{-10}	$MgCO_3$	3.5×10^{-8}
$Ba_3(PO_4)_2$	3.4×10^{-23}	$Mn(OH)_2$	1.9×10^{-13}
$Be(OH)_2$	1.6×10^{-22}	MnS(无定形)	2.5×10^{-10}
$Bi(OH)_3$	4×10^{-30}	MnS(结晶)	2.5×10^{-13}
BiOCl	1.8×10^{-31}	$MnCO_3$	1.8×10^{-11}
$BiO(NO_3)$	2.82×10^{-3}	$Ni(OH)_2$(新析出)	2.0×10^{-15}
Bi_2S_3	1×10^{-97}	$NiCO_3$	6.6×10^{-9}
$CaSO_4$	9.1×10^{-6}	α-NiS	3.2×10^{-19}
$CaCO_3$	2.8×10^{-9}	$Pb(OH)_2$	1.2×10^{-15}
$Ca(OH)_2$	5.5×10^{-6}	$Pb(OH)_4$	3.2×10^{-66}
CaF_2	2.7×10^{-11}	PbF_2	2.7×10^{-8}
$CaC_2O_4\cdot H_2O$	4×10^{-9}	$PbCl_2$	1.6×10^{-5}
$Ca_3(PO_4)_2$	2.07×10^{-29}	$PbBr_2$	4.0×10^{-5}
$Cd(OH)_2$	5.27×10^{-15}	PbI_2	7.1×10^{-9}
CdS	8.0×10^{-27}	$PbSO_4$	1.6×10^{-8}
$Co(OH)_2$	1.6×10^{-15}	$PbCO_3$	7.4×10^{-14}
$Co(OH)_3$	1.6×10^{-44}	$PbCrO_4$	2.8×10^{-13}
$CoCO_3$	1.4×10^{-13}	PbS	1.3×10^{-28}
α-CoS	4.0×10^{-21}	$Sn(OH)_2$	1.4×10^{-28}
β-CoS	2.0×10^{-25}	$Sn(OH)_4$	1.0×10^{-56}
$Cr(OH)_3$	6.3×10^{-31}	SnS	1.0×10^{-25}
$CsClO_4$	3.95×10^{-3}	$SrCO_3$	1.1×10^{-10}
CuOH	1×10^{-14}	$SrCrO_4$	2.2×10^{-5}
$Cu(OH)_2$	2.2×10^{-20}	$Zn(OH)_2$	1.2×10^{-17}
CuCl	1.2×10^{-6}	$ZnCO_3$	1.4×10^{-11}
CuBr	5.3×10^{-9}	α-ZnS	1.6×10^{-24}
CuI	1.1×10^{-12}	β-ZnS	2.5×10^{-22}

附录 4　标准电极电势（298.15K）

（1）在酸性溶液中

电对	电极反应	$\varphi^{\ominus}/V$
Li^+/Li	$Li^+ + e^- \rightleftharpoons Li$	−3.045
K^+/K	$K^+ + e^- \rightleftharpoons K$	−2.925
Ba^{2+}/Ba	$Ba^{2+} + 2e^- \rightleftharpoons Ba$	−2.91
Ca^{2+}/Ca	$Ca^{2+} + 2e^- \rightleftharpoons Ca$	−2.87
Na^+/Na	$Na^+ + e^- \rightleftharpoons Na$	−2.714
Mg^{2+}/Mg	$Mg^{2+} + 2e^- \rightleftharpoons Mg$	−2.37
Be^{2+}/Be	$Be^{2+} + 2e^- \rightleftharpoons Be$	1.85
Al^{3+}/Al	$Al^{3+} + 3e^- \rightleftharpoons Al$	−1.66
Mn^{2+}/Mn	$Mn^{2+} + 2e^- \rightleftharpoons Mn$	−1.17
Zn^{2+}/Zn	$Zn^{2+} + 2e^- \rightleftharpoons Zn$	−0.763
Cr^{3+}/Cr	$Cr^{3+} + 3e^- \rightleftharpoons Cr$	−0.86
Fe^{2+}/Fe	$Fe^{2+} + 2e^- \rightleftharpoons Fe$	−0.440
Cd^{2+}/Cd	$Cd^{2+} + 2e^- \rightleftharpoons Cd$	−0.403
$PbSO_4/Pb$	$PbSO_4 + 2e^- \rightleftharpoons Pb + SO_4^{2-}$	−0.356
Co^{2+}/Co	$Co^{2+} + 2e^- \rightleftharpoons Co$	−0.29
Ni^{2+}/Ni	$Ni^{2+} + 2e^- \rightleftharpoons Ni$	−0.25
AgI/Ag	$AgI + e^- \rightleftharpoons Ag + I^-$	−0.152
Sn^{2+}/Sn	$Sn^{2+} + 2e^- \rightleftharpoons Sn$	−0.136
Pb^{2+}/Pb	$Pb^{2+} + 2e^- \rightleftharpoons Pb$	−0.126
H^+/H_2	$2H^+ + 2e^- \rightleftharpoons H_2$	0.0000
$AgBr/Ag$	$AgBr + e^- \rightleftharpoons Ag + Br^-$	0.071
Cu^{2+}/Cu^+	$Cu^{2+} + 2e^- \rightleftharpoons Cu^+$	0.34
$AgCl/Ag$	$AgCl + e^- \rightleftharpoons Ag + Cl^-$	0.2223
Cu^+/Cu	$Cu^+ + e^- \rightleftharpoons Cu$	0.52
I_2/I^-	$I_2 + 2e^- \rightleftharpoons 2I^-$	0.545
$H_3AsO_4/HAsO_2$	$H_3AsO_4 + 2H^+ + 2e^- \rightleftharpoons HAsO_2 + 2H_2O$	0.581
$HgCl_2/Hg_2Cl_2$	$2HgCl_2 + 2e^- \rightleftharpoons Hg_2Cl_2 + 2Cl^-$	0.63
O_2/H_2O_2	$O_2 + 2H^+ + 2e^- \rightleftharpoons H_2O_2$	0.69
Fe^{3+}/Fe^{2+}	$Fe^{3+} + e^- \rightleftharpoons Fe^{2+}$	0.771
Hg_2^{2+}/Hg	$Hg_2^{2+} + 2e^- \rightleftharpoons 2Hg$	0.907
Ag^+/Ag	$Ag^+ + e^- \rightleftharpoons Ag$	0.7991
Hg^{2+}/Hg	$Hg^{2+} + 2e^- \rightleftharpoons Hg$	0.8535
Cu^{2+}/CuI	$Cu^{2+} + I^- + e^- \rightleftharpoons CuI$	0.907
Hg^{2+}/Hg_2^{2+}	$2Hg^{2+} + 2e^- \rightleftharpoons Hg_2^{2+}$	0.911
NO_3^-/HNO_2	$NO_3^- + 3H^+ + 2e^- \rightleftharpoons HNO_2 + H_2O$	0.94
NO_3^-/NO	$NO_3^- + 4H^+ + 3e^- \rightleftharpoons NO + 2H_2O$	0.957
HIO/I^-	$HIO + H^+ + 2e^- \rightleftharpoons I^- + H_2O$	0.985
HNO_2/NO	$HNO_2 + H^+ + e^- \rightleftharpoons NO + H_2O$	0.996
$Br_2(l)/Br^-$	$Br_2 + 2e^- \rightleftharpoons 2Br^-$	1.065
IO_3^-/HIO	$IO_3^- + 5H^+ + 4e^- \rightleftharpoons HIO + 2H_2O$	1.14
IO_3^-/I_2	$2IO_3^- + 12H^+ + 10e^- \rightleftharpoons I_2 + 6H_2O$	1.19
ClO_4^-/ClO_3^-	$ClO_4^- + 2H^+ + 2e^- \rightleftharpoons ClO_3^- + H_2O$	1.19
O_2/H_2O	$O_2 + 4H^+ + 4e^- \rightleftharpoons 2H_2O$	1.229
MnO_2/Mn^{2+}	$MnO_2 + 4H^+ + 2e^- \rightleftharpoons Mn^{2+} + 2H_2O$	1.23
HNO_2/N_2O	$2HNO_2 + 4H^+ + 4e^- \rightleftharpoons N_2O + 3H_2O$	1.297
Cl_2/Cl^-	$Cl_2 + 2e^- \rightleftharpoons 2Cl^-$	1.3583
$Cr_2O_4^{3-}/Cr^{3+}$	$Cr_2O_7^{2-} + 14H^+ + 6e^- \rightleftharpoons 2Cr^{3+} + 7H_2O$	1.36

续表

电对	电极反应	$\varphi^{\ominus}$/V
ClO_4^-/Cl^-	$ClO_4^- + 8H^+ + 8e^- \rightleftharpoons Cl^- + 4H_2O$	1.389
ClO_4^-/Cl_2	$2ClO_4^- + 16H^+ + 14e^- \rightleftharpoons Cl_2 + 8H_2O$	1.392
ClO_3^-/Cl^-	$ClO_3^- + 6H^+ + 6e^- \rightleftharpoons Cl^- + 3H_2O$	1.45
PbO_2/Pb^{2+}	$PbO_2 + 4H^+ + 2e^- \rightleftharpoons Pb^{2+} + 2H_2O$	1.46
ClO_3^-/Cl_2	$2ClO_3^- + 12H^+ + 10e^- \rightleftharpoons Cl_2 + 6H_2O$	1.468
BrO_3^-/Br	$BrO_3^- + 6H^+ + 6e^- \rightleftharpoons Br^- + 3H_2O$	1.44
$BrO_3^-/Br_2(l)$	$2BrO_3^- + 12H^+ + 10e^- \rightleftharpoons Br_2(l) + 6H_2O$	1.5
MnO_4^-/Mn^{2+}	$MnO_4^- + 8H^+ + 5e^- \rightleftharpoons Mn^{2+} + 4H_2O$	1.51
$HClO/Cl_2$	$2HClO + 2H^+ + 2e^- \rightleftharpoons Cl_2 + 2H_2O$	1.630
MnO_4^-/MnO_2	$MnO_4^- + 4H^+ + 3e^- \rightleftharpoons MnO_2 + 2H_2O$	1.70
H_2O_2/H_2O	$H_2O_2 + 2H^+ + 2e^- \rightleftharpoons 2H_2O$	1.763
$S_2O_8^{2-}/SO_4^{2-}$	$S_2O_8^{2-} + 2e^- \rightleftharpoons 2SO_4^{2-}$	1.96
BaO_2/Ba	$BaO_2 + 4H^+ + 2e^- \rightleftharpoons Ba^{2+} + 2H_2O$	2.365
$XeF_2/Xe(g)$	$XeF_2 + 2H^+ + 2e^- \rightleftharpoons Xe(g) + 2HF$	2.64
$F_2(g)/F^-$	$F_2(g) + 2e^- \rightleftharpoons 2F^-$	2.87
$F_2(g)/HF(aq)$	$F_2(g) + 2H^+ + 2e^- \rightleftharpoons 2HF(aq)$	3.053
$XeF/Xe(g)$	$XeF + e^- \rightleftharpoons Xe(g) + F^-$	3.4

（2）在碱性溶液中

电对	电极反应	$\varphi^{\ominus}$/V
$Ca(OH)_2/Ca$	$Ca(OH)_2 + 2e^- \rightleftharpoons Ca + 2OH^-$	(−3.02)
$Mg(OH)_2/Mg$	$Mg(OH)_2 + 2e^- \rightleftharpoons Mg + 2OH^-$	−2.69
$[Al(OH)_4]/Al$	$[Al(OH)_4] + 4e^- \rightleftharpoons Al + 4OH^-$	−2.26
SiO_3^{2-}/Si	$SiO_3^{2-} + 3H_2O + 4e^- \rightleftharpoons Si + 6OH^-$	(−1.697)
$Cr(OH)_3/Cr$	$Cr(OH)_3 + 3e^- \rightleftharpoons Cr + 3OH^-$	(−1.48)
$[Zn(OH)_4]^{2-}/Zn$	$[Zn(OH)_4]^{2-} + 2e^- \rightleftharpoons Zn + 4OH^-$	−1.285
$HSnO_2^-/Sn$	$HSnO_2^- + H_2O + 2e^- \rightleftharpoons Sn + 3OH^-$	−0.91
H_2O/H_2	$2H_2O + 2e^- \rightleftharpoons H_2 + 2OH^-$	−0.828
$Ni(OH)_2/Ni$	$Ni(OH)_2 + 2e^- \rightleftharpoons Ni + 2OH^-$	−0.72
AsO_2^-/As	$AsO_2^- + 2H_2O + 3e^- \rightleftharpoons As + 4OH^-$	−0.66
AsO_4^{3-}/AsO_2^-	$AsO_4^{3-} + 2H_2O + 2e^- \rightleftharpoons AsO_2^- + 4OH^-$	−0.67
SO_3^{2-}/S	$SO_3^{2-} + 3H_2O + 4e^- \rightleftharpoons S + 6OH^-$	−0.59
$SO_3^{2-}/S_2O_3^{2-}$	$2SO_3^{2-} + 3H_2O + 4e^- \rightleftharpoons S_2O_3^{2-} + 6OH^-$	−0.576
NO_2^-/NO	$NO_2^- + H_2O + e^- \rightleftharpoons NO + 2OH^-$	(−0.46)
S/S^{2-}	$S + 2e^- \rightleftharpoons S^{2-}$	−0.48
$CrO_4^{2-}/[Cr(OH)_4]^-$	$CrO_4^{2-} + 4H_2O + 3e^- \rightleftharpoons [Cr(OH)_4]^- + 4OH^-$	−0.12
O_2/HO_2^-	$O_2 + H_2O + 2e^- \rightleftharpoons HO_2^- + OH^-$	−0.076
$Co(OH)_3/Co(OH)_2$	$Co(OH)_3 + e^- \rightleftharpoons Co(OH)_2 + OH^-$	0.17
O_2/OH^-	$O_2 + 2H_2O + 4e^- \rightleftharpoons 4OH^-$	0.421
ClO^-/Cl_2	$2ClO^- + 2H_2O + 2e^- \rightleftharpoons Cl_2 + 4OH^-$	0.401
MnO_4^-/MnO_4^{2-}	$MnO_4^- + e^- \rightleftharpoons MnO_4^{2-}$	0.421
MnO_4^-/MnO_2	$MnO_4^- + 2H_2O + 3e^- \rightleftharpoons MnO_2 + 4OH^-$	0.56
MnO_4^{2-}/MnO_2	$MnO_4^{2-} + 2H_2O + 2e^- \rightleftharpoons MnO_2 + 4OH^-$	0.60
HO_2^-/OH^-	$HO_2^- + H_2O + 2e^- \rightleftharpoons 3OH^-$	0.62
ClO^-/Cl	$ClO^- + H_2O + 2e^- \rightleftharpoons Cl^- + 2OH^-$	0.867
O_3/OH^-	$O_3 + H_2O + 2e^- \rightleftharpoons O_2 + 2OH^-$	0.890

附录 5 金属配合物的稳定常数

金属离子		离子强度	n	$\lg\beta_n$
氨配合物	Ag^{+}	0.1	1,2	3.40,7.40
	Cd^{2+}	0.1	1,2,3,4,5,6	2.60,4.65,6.04,6.92,6.6,4.9
	Co^{2+}	0.1	1,2,3,4,5,6	2.05,3.62,4.61,5.31,5.43,4.75
	Cu^{2+}	2	1,2,3,4	4.13,7.61,10.48,12.59
	Ni^{2+}	0.1	1,2,3,4,5,6	2.75,4.95,6.64,7.79,8.50,8.49
	Zn^{2+}	0.1	1,2,3,4	2.27,4.61,7.01,9.06
羟基配合物	Ag^{+}	0	1,2,3	2.3,3.6,4.8
	Al^{3+}	2	4	33.3
	Bi^{3+}	3	1	12.4
	Cd^{2+}	3	1,2,3,4	4.3,7.7,10.3,12.0
	Cu^{2+}	0	1	6.0
	Fe^{2+}	1	1	4.5
	Fe^{3+}	3	1,2	11.0,21.7
	Mg^{2+}	0	1	2.6
	Ni^{2+}	0.1	1	4.6
	Pb^{2+}	0.3	1,2,3	6.2,10.3,13.3
	Zn^{2+}	0	1,2,3,4	4.4,—,14.4,15.5
	Zr^{4+}	4	1,2,3,4	13.8,27.2,40.2,53
氰配合物	Ag^{+}	0-0.3	1,2,3,4	—,21.1,21.8,20.7
	Cd^{2+}	3	1,2,3,4	5.5,10.6,15.3,18.9
	Cu^{+}	0	1,2,3,4	—,24.0,28.6,30.3
	Fe^{2+}	0	6	35.4
	Fe^{3+}	0	6	43.6
	Hg^{2+}	0.1	1,2,3,4	18.0,34.7,38.5,41.5
	Ni^{2+}	0.1	4	31.3
	Zn^{2+}	0.1	4	16.7
硫氰酸配合物	Fe^{3+} ①	—	1,2,3,4,5	2.3,4.2,5.6,6.4,6.4
	Hg^{2+}	1	1,2,3,4	—,16.1,19.0,20.9
氟配合物	Al^{3+}	0.53	1,2,3,4,5,6	6.1,11.15,15.0,17.7,19.4,19.7
	Fe^{3+}	0.5	1,2,3	5.2,9.2,11.9
	Th^{4+}	0.5	1,2,3	7.7,13.5,18.0
	TiO^{2+}	3	1,2,3,4	5.4,9.8,13.7,17.4
	Sn^{4+} ①	—	6	25
	Zr^{4+}	2	1,2,3	8.8,16.1,21.9

续表

金属离子		离子强度	n	$\lg\beta_n$
氯配合物	Ag^{+}	0.2	1,2,3,4	2.9,4.7,5.0,5.9
	Hg^{2+}	0.5	1,2,3,4	6.7,13.2,14.1,15.1
碘配合物	Cd^{2+}①	—	1,2,3,4	2.4,3.4,5.0,6.15
	Hg^{2+}	0.5	1,2,3,4	12.9,23.8,27.6,29.8
硫代硫酸配合物	Ag^{+}	0	1,2	8.82,13.5
	Hg^{2+}	0	1,2	29.86,32.26
柠檬酸配合物	Al^{3+}	0.5	1	20.0
	Cu^{2+}	0.5	1	18
	Fe^{3+}	0.5	1	25
	Ni^{2+}	0.5	1	14.3
	Pb^{2+}	0.5	1	12.3
	Zn^{2+}	0.5	1	11.4
磺基水杨酸配合物	Al^{3+}	0.1	1,2,3	12.9,22.9,29.0
	Fe^{3+}	3	1,2,3	14.4,25.2,32.2
乙酰丙酮配合物	Al^{3+}	0.1	1,2,3	8.1,15.7,21.2
	Cu^{2+}	0.1	1,2	7.8,14.3
	Fe^{3+}	0.1	1,2,3	9.3,17.9,25.1
邻二氮菲配合物	Ag^{+}	0.1	1,2	5.02,12.07
	Cd^{2+}	0.1	1,2,3	6.4,11.6,15.8
	Co^{2+}	0.1	1,2,3	7.0,13.7,20.1
	Cu^{2+}	0.1	1,2,3	9.1,15.8,21.0
	Fe^{2+}	0.1	1,2,3	5.9,11.1,21.3
	Hg^{2+}	0.1	1,2,3	—,19.65,23.35
	Ni^{2+}	0.1	1,2,3	8.8,17.1,24.8
	Zn^{2+}	0.1	1,2,3	6.4,12.15,17.0
乙二胺配合物	Ag^{+}	0.1	1,2	4.7,7.7
	Cd^{2+}	0.1	1,2	5.47,10.02
	Cu^{2+}	0.1	1,2	10.55,19.60
	Co^{2+}	0.1	1,2,3	5.89,10.72,13.82
	Hg^{2+}	0.1	2	23.42
	Ni^{2+}	0.1	1,2,3	7.66,14.06,18.59
	Zn^{2+}	0.1	1,2,3	5.71,10.37,12.08

① 表示离子强度不定。

附录6　实验考核标准

考核项目	考核内容	扣分说明	扣分	得分
(一)天平称量(8分)	分析天平的准备(1分)	①检查、调节天平水平		
		②清扫天平		
		③调零		
		注:每错一项扣0.5分,本大项的分扣完为止		
	称量操作(2分)	①干燥器的使用方法		
		②称量瓶的取放方法		
		③敲样		
		④关闭天平门后读数		
		⑤数值稳定后读数		
		注:每错一项扣0.5分,本大项的分扣完为止		
	称量质量范围(4分)	①在指定质量的±5%范围内不扣分		
		②在指定质量的±(5～10)%范围内1个扣1分		
		③大于指定质量的±10%范围1个扣2分		
		注:本大项的分扣完为止		
	称量结束工作(1分)	①天平复原		
		②除天平以外的称量相关用品的复位		
		③天平使用记录		
		注:每错一项扣0.5分,本大项的分扣完为止		
	重新称量	物质重新称量1次扣4分		
(二)容量瓶的使用(3分)	容量瓶的使用(3分)	①定容方法		
		②液面调节准确		
		③摇匀操作方法		
		④摇匀次数≥15		
		注:每错一项扣1分,本大项的分扣完为止		
	溶液重配	溶液重配1次扣3分		
(三)移液管的使用(5分)	移液管的准备(2分)	①从烧杯中吸取溶液润洗移液管		
		②插入溶液前管尖及其外壁擦拭方法、次数		
		③润洗液的用量		
		④润洗次数≥3次		
		注:每错一项扣0.5分,本大项的分扣完为止		
	移液管移取溶液的操作(1分)	①插入溶液前管尖及其外壁擦拭		
		②移液管尖插入溶液的深度		
		③移液操作方法		
		注:每错一项扣0.5分,本大项的分扣完为止		
	移液管液面的调节(1分)	①调节液面前管尖外壁的擦拭		
		②液面调节方法		
		③液面调节准确		
		④液面不得调过		
		注:每错一项扣0.5分,本大项的分扣完为止		
	移液管放液操作(1分)	①放液方法		
		②放液结束后的停留时间		
		注:每错一项扣0.5分,本大项的分扣完为止		
	试液重吸	因吸空等原因重吸1次扣2分		
(四)滴定操作(12分)	滴定管润洗方法(1分)	①溶液润洗方法		
		②溶液润洗次数		
		注:每错一项扣0.5分,本大项的分扣完为止		

续表

考核项目	考核内容	扣分说明	扣分	得分
（四）滴定操作（12分）	滴定管装液方法（2分）	①装液前摇匀试剂瓶中溶液		
		②溶液由试剂瓶直接装入滴定管		
		③装液时溶液不得淋在滴定管外		
		④滴定管尖无气泡		
		注：每错一项扣0.5分，本大项的分扣完为止		
	零点调节（1分）	①零点调节正确		
		②管尖残液处理正确		
		注：每错一项扣0.5分，本大项的分扣完为止		
	滴定操作（2分）	①滴定速度适当		
		②由半滴操作到达终点		
		注：每错一项扣1分，本大项的分扣完为止		
	滴定终点（4分）	①标定终点正确		
		②测定终点正确		
		注：每错一项扣2分，本大项的分扣完为止		
	读数（2分）	①读数前的静置时间		
		②读数准确		
		注：每错一项扣1分，本大项的分扣完为止		
	实验重做	重做一次扣6分		
（五）数据记录（2分）	原始数据记录（2分）	①数据直接记录在报告单上		
		②数据记录及时		
		注：每错一项扣1分，本大项的分扣完为止		
（六）文明操作（2分）	仪器的洗涤、台面的整洁、“三废”处理、实验结束工作	①实验前、后仪器的洗涤		
		②实验过程中及实验结束后台面整洁		
		③废纸、废液不乱扔、乱倒		
		④实验结束后仪器、试剂等归位		
		注：每错一项扣0.5分，本大项的分扣完为止		
	仪器损坏	损坏仪器一件扣2分		
（七）报告与数据处理（8分）	实验数据（4分）	①不空项		
		②单位齐全、正确		
		③有效数字正确		
		④报告整洁、不修改		
		注：每错一项扣0.5分，本大项的分扣完为止		
	结果计算（4分）	①计算公式正确		
		②计算结果正确		
		注：每错一项扣2分，本大项的分扣完为止		
（八）标定结果评价（30分）	精密度（15分）	相对极差≤0.1%，不扣分		
		0.1%<相对极差≤0.2%，扣3分		
		0.2%<相对极差≤0.3%，扣6分		
		0.3%<相对极差≤0.4%，扣9分		
		0.4%<相对极差≤0.5%，扣12分		
		相对极差>0.5%，扣15分		
	准确度（15分）	|相对误差|≤0.1%，不扣分		
		0.1%<|相对误差|≤0.2%，扣3分		
		0.2%<|相对误差|≤0.3%，扣6分		
		0.3%<|相对误差|≤0.4%，扣9分		
		0.4%<|相对误差|≤0.5%，扣12分		
		|相对误差|>0.5%，扣15分		

续表

考核项目	考核内容	扣分说明	扣分	得分
（九）测定结果评价（30分）	精密度（15分）	相对极差≤0.1%，不扣分		
		0.1%＜相对极差≤0.2%，扣3分		
		0.2%＜相对极差≤0.3%，扣6分		
		0.3%＜相对极差≤0.4%，扣9分		
		0.4%＜相对极差≤0.5%，扣12分		
		相对极差＞0.5%，扣15分		
	准确度（15分）	|相对误差|≤0.1%，不扣分		
		0.1%＜|相对误差|≤0.2%，扣3分		
		0.2%＜|相对误差|≤0.3%，扣6分		
		0.3%＜|相对误差|≤0.4%，扣9分		
		0.4%＜|相对误差|≤0.5%，扣12分		
		|相对误差|＞0.5%，扣15分		
总分（100分）				

参考文献

[1] 胡伟光，张桂珍．无机化学．4版．北京：化学工业出版社，2021.

[2] 高职高专化学教材编写组．无机化学．5版．北京：高等教育出版社，2020.

[3] 浙江大学普通化学教研组．普通化学．7版．北京：高等教育出版社，2020.

[4] 古国榜，李朴．无机化学．4版．北京：化学工业出版社，2020.

[5] 郭建敏．无机及分析化学．3版．北京：高等教育出版社，2019.

[6] 刘约权，李贵深．实验化学．2版．北京：高等教育出版社，2000.

[7] 高职高专化学教材编写组．无机化学实验．5版．北京：高等教育出版社，2020.

[8] 高职高专化学教材编写组．分析化学实验．5版．北京：高等教育出版社，2020.

[9] 高职高专化学教材编写组．物理化学．4版．北京：高等教育出版社，2013.

[10] 叶芬霞．无机及分析化学．3版．北京：高等教育出版社，2019.

[11] 叶芬霞．无机及分析化学实验．3版．北京：高等教育出版社，2019.

[12] 刘丹赤．基础化学．2版．北京：中国轻工业出版社，2019.

[13] 李田霞．无机及分析化学．2版．北京：化学工业出版社，2021.

[14] 魏音，刘景清．佛尔哈德与他的沉淀滴定法．化学教育，2001，(7-8)：94-95.

[15] 陈圆．分析化学．北京：中国农业出版社，2013.

[16] 李敏．化学分析基本操作．北京：化学工业出版社，2013.

[17] 周公度，段连运．结构化学基础．4版．北京：北京大学出版社，2008.

[18] 李雪华，陈朝军．基础化学．北京：人民卫生出版社，2018.

[19] 姜维东，罗少锋，张伟．渤海稠油油田热化学复合吞吐增效技术研究与应用．中国海上油气，2024，36 (02)：141-148.

[20] 中国科学技术大学新闻网．中国科大发现基于纳米配位化学的新型广谱光催化制氢技术．2016-06-14 [2024-8-3]. https://news.ustc.edu.cn/info/1055/55605.htm.